“十四五”时期国家重点出版物出版专项规划项目

碳中和绿色建造丛书

中国机械工业教育协会“十四五”普通高等教育规划教材

一流本科专业一流本科课程建设系列教材

地下工程低碳理论与应用

郭　春　编著

机械工业出版社

本书以地下工程定额体系和LCA方法为基础，介绍了地下工程生命周期碳排放的基础理论，从计算理论、设计方法、施工措施、机电控制、行车组织等角度，系统介绍了地下工程施工期及运营期的节能减排综合技术，旨在培养地下工程开发利用专业人才。全书共分10章，包括绪论、地下工程碳排放相关基础理论、地下工程施工期碳排放计算方法、地下工程施工期碳排放不确定性分析、地下工程运营期碳排放计算方法、地下工程施工期低碳节能技术、地下工程运营期低碳节能技术、地下工程新能源利用技术、地下工程碳排放计算软件、地下工程固碳技术。

本书可作为土木工程、城市地下空间工程、交通运输工程、城乡规划等专业的本科生、研究生教材，也可供土木工程等相关行业从事碳排放计算、生命周期节能减排技术研究的人员参考。

本书配有教学大纲、授课PPT、课后习题参考答案等教学资源，免费提供给选用本书的授课教师，需要者请登录机械工业出版社教育服务网（www.cmpedu.com）注册后下载。

图书在版编目（CIP）数据

地下工程低碳理论与应用 / 郭春编著. -- 北京 : 机械工业出版社，2024. 12. -- (碳中和绿色建造丛书)(中国机械工业教育协会“十四五”普通高等教育规划教材) (一流本科专业一流本科课程建设系列教材).

ISBN 978-7-111-76582-0

Ⅰ. TU94

中国国家版本馆 CIP 数据核字第 202473YE28 号

机械工业出版社（北京市百万庄大街22号　邮政编码100037）

策划编辑：李　帅　　　　责任编辑：李　帅　高凤春

责任校对：樊钟英　张　薇　封面设计：张　静

责任印制：郜　敏

三河市宏达印刷有限公司印刷

2024年12月第1版第1次印刷

184mm×260mm・13.5印张・305千字

标准书号：ISBN 978-7-111-76582-0

定价：49.00 元

电话服务　　　　　　　　网络服务

客服电话：010-88361066　　机　工　官　网：www.cmpbook.com

010-88379833　　机　工　官　博：weibo.com/cmp1952

010-68326294　　金　　书　　网：www.golden-book.com

封底无防伪标均为盗版　　机工教育服务网：www.cmpedu.com

前 言

PREFACE

随着人类大规模利用自然资源和化石能源，埋藏在地下的化石能源快速消耗，封存在固体中的碳随着燃烧活动进入空气环境，使得全球大气中二氧化碳浓度剧烈增加。可以认为，化石燃料的大规模使用是全球气温上升的主要原因。为应对全球变暖对生态环境和人类生活的影响，全世界主要国家共同签署《巴黎协定》，致力于将全球平均气温上升控制在2℃以内。党的二十大报告指出：“完善碳排放统计核算制度，健全碳排放权市场交易制度。”为实现减排目标，我国正在多头并进，大力发展可再生能源，淘汰落后产能，建立全国碳排放交易市场。

大力发展基础设施可以促进国家和区域经济的发展，为经济和社会利益提供基础服务，以公路隧道、铁路隧道、地铁等为代表的地下工程更是近年基础设施的热点领域。日益增长的地下工程建设消耗大量资源能源，同时向环境中排放大量温室气体，大规模的基础设施建设增加了我国土木工程行业的减排压力。

以交通隧道为例，依据交通运输部资料，在2010—2015年，我国交通运输基础设施投资人民币累计为13.4万亿元。21世纪前10年，我国每年新增公路隧道555km。2011年以来，我国公路隧道年均增长超过1000km。仅2018年年底公路隧道的运营里程增加1100km以上。但相关研究表明，隧道是材料和能量密度最高的交通设施，隧道施工产生的温室气体相比于普通建筑碳排放更为庞大。美国学者对加利福尼亚高速铁路旧金山到阿纳海姆段建设阶段的部分碳排放进行了测算，发现隧道结构只占全线长度的15%，但其建设过程中的碳排放占了60%。从国内案例来看，已通车的长2.5km重庆缙云山高速公路隧道，施工期碳总排放量达到52.6万t二氧化碳当量（CO_{2eq}），可见隧道施工期的碳排放相当大。但由于地下工程是埋藏在地层中的基础设施，其碳排放计算方法是个难题，其节能减排技术不完善、系统性较差。

针对现有地下工程碳排放研究的不足，本书部分章节以公路隧道为例，对地下工程相关的碳排放理论及节能减排技术进行介绍和说明，同时可供其他类型工程参考借鉴。本书主要内容包括以下七个方面：

1）从温室气体排放的基本概念入手，介绍了碳排放量化的主要方法与生命周期评价的基本概念，主要包括生命周期评价的概念与框架，碳排放计算边界与范围及相关计算方法与内容，进而确定隧道生命周期碳排放研究的系统边界以及量化清单。

2）介绍了生命周期评价与模块化的基本概念，并建立隧道施工模块化碳排放计算的方法框架，明确了模块和基元的概念及各模块投入排放计算方法。同时给出隧道施工基元的投入排放数据，并根据工程实例开展了敏感性分析，明确了市场到隧道运输距离、市场到隧道运输载具类型、砂石回收比例、出渣运距和出渣载具载重量对碳排放的影响。

3）对不确定性分析的方法和原理进行介绍，使用 Visual Studio Code 平台编写基于 Python 的 LCI 算法，通过碳排放样本分布纠偏和拟合建立了基元碳排放的拟合模型；基于现有项目案例，根据当前隧道设计参数优化和碳排放因子趋势设定分析情景，从参数、模型和情景三个方面分析了隧道衬砌施工整体碳排放的不确定性；最后给出了隧道施工减排的建议。

4）对地下工程运营期碳排放计算方法进行分类，明确地下工程运营期碳排放计算目标与范围，并对运营期计算方法进行介绍，结合实例进行说明分析。

5）对地下工程施工期低碳节能技术进行介绍，包括施工期不同施工方法对比分析、施工期节能方法介绍以及多项施工通风节能技术。

6）从通风、照明两方面对地下工程运营期节能技术进行系统分析讲解，主要包括利用自然风节能通风技术、地下工程通风机组优化配置技术与智能控制照明、发光节能涂料照明技术等。

7）针对地下工程施工期及运营期新能源利用技术进行介绍，并详细介绍了太阳能技术、风能技术及地热能技术在地下工程节能减排中的应用。

考虑到未来我国地下工程的巨大规模，确定其碳排放计算方法，建立系统的节能减排技术，可产生显著的环境效益，对实现我国节能减排具有重要意义。本书根据科研团队多年的研究成果，以地下工程定额体系为基础，结合模块化 LCA 方法，针对传统计算数据利用率低、工作量大的缺点，提出了一种面向单元工程量的碳排放计算路径，建立了地下工程碳排放模块化计算方法，从计算理论、设计方法、施工措施、机电控制、行车组织等角度，系统建立起地下工程施工期、运营期的节能减排综合技术。本书由郭春编著。

郭　春

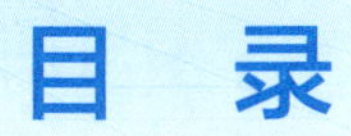

CONTENTS

前言

第 1 章　绪论 …… 1

1.1　碳排放的基本概念 …… 1

1.2　土木工程行业碳排放现状 …… 2

1.3　地下工程行业碳排放现状 …… 5

1.4　国内外相关行业碳排放的标准及规范 …… 8

课后习题 …… 12

第 2 章　地下工程碳排放相关基础理论 …… 13

2.1　生命周期评价的概念与框架 …… 13

2.2　碳排放计算边界与范围 …… 14

2.3　碳排放计算方法与内容 …… 17

2.4　碳排放因子 …… 20

课后习题 …… 22

第 3 章　地下工程施工期碳排放计算方法 …… 23

3.1　地下工程施工碳排放模块化计算方法 …… 24

3.2　地下工程施工碳排放的预测方法 …… 36

3.3　隧道衬砌设计参数对施工碳排放的影响规律 …… 50

3.4　关键要点 …… 62

课后习题 …… 63

第 4 章　地下工程施工期碳排放不确定性分析 …… 64

4.1　不确定性分析方法 …… 64

4.2　单元工程量碳排放不确定性分析 …… 70

4.3 衬砌施工碳排放不确定性分析 …… 88
课后习题 …… 95

第5章 地下工程运营期碳排放计算方法 …… 96
5.1 运营期碳排放计算目标与范围 …… 97
5.2 清单分析 …… 100
5.3 运营期碳排放计算方法 …… 103
课后习题 …… 105

第6章 地下工程施工期低碳节能技术 …… 106
6.1 不同施工方法低碳节能效果对比 …… 106
6.2 多区域混合式施工通风技术 …… 117
6.3 复杂地下工程施工网络的通风计算模型 …… 125
6.4 隧道施工的减排建议 …… 130
课后习题 …… 131

第7章 地下工程运营期低碳节能技术 …… 132
7.1 交通隧道利用自然风节能通风设计方法 …… 132
7.2 地下工程通风机组优化配置技术 …… 143
7.3 照明节能技术在隧道运营期的应用 …… 154
7.4 发光节能涂料在隧道照明中的应用 …… 158
7.5 新能源技术在隧道运营期的节能应用 …… 161
7.6 新材料在隧道运营期的节能应用 …… 166
课后习题 …… 168

第8章 地下工程新能源利用技术 …… 169
8.1 新能源汽车影响下的交通节能技术 …… 169
8.2 其他能源技术利用 …… 175
课后习题 …… 187

第9章 地下工程碳排放计算软件 …… 188
9.1 软件开发的背景与环境 …… 188
9.2 软件设计逻辑及原则 …… 191
9.3 软件开发关键技术及应用 …… 192
9.4 地下工程碳排放计算方法应用 …… 193
9.5 地下工程碳排放软件计算及评价子模块的维护 …… 194
课后习题 …… 195

第 10 章 地下工程固碳技术 …… 196
10.1 CO_2 捕集技术 …… 196
10.2 CO_2 封存技术 …… 199
10.3 生物固碳技术 …… 201
10.4 工业固碳技术 …… 203
10.5 建筑固碳技术 …… 204
10.6 地下工程中的固碳 …… 204
课后习题 …… 204

参考文献 …… 205

第1章 绪论

本章提要

本章重点介绍了碳排放的基本概念、我国土木工程领域及地下工程领域发展历程及碳排放研究相关进展，并对国内外相关行业碳排放标准进行总结归纳，使读者对地下工程碳排放相关内容有初步认识。

自工业革命后，人类社会飞速发展，但人类面临的环境问题却日益严重。全球气候变化是全人类面临的最为严重的问题之一。因温室气体排放，全球气温以每十年 0.2℃的速度上升，相较于工业革命以前，二氧化碳（CO_2）、甲烷（CH_4）、氧化亚氮（N_2O）的大气浓度分别上升了 32%、15%及 17%。全球气候变化已成为人类面临的最严峻的挑战之一。为了应对这一全人类共同危机，我国政府积极响应。2020 年 9 月 20 日，在第七十五届联合国大会一般性辩论上中国郑重宣示，中国将提高国家自主贡献力度，采取更加有力的政策和措施，力争尽早实现二氧化碳排放峰值，积极推进碳中和目标的实现。立足我国能源资源禀赋，坚持先立后破，有计划分步骤实施碳达峰行动。完善能源消耗总量和强度调控，重点控制化石能源消费，逐步转向碳排放总量和强度“双控”制度。推动能源清洁低碳高效利用，推进工业、建筑、交通等领域清洁低碳转型。

地下工程作为交通领域的重要组成部分，同时也是材料和能量密度最高的基础设施。地下工程施工、运营等产生的温室气体相比于普通建筑碳排放更为庞大。降低地下工程施工期及运营期的温室气体排放有助于“双碳”目标的实现，同时对于促进我国经济社会发展或全面绿色转型、建设人与自然和谐共生的现代化具有重要意义。

1.1 碳排放的基本概念

碳排放是指二氧化碳和其他温室气体的排放，是关于温室气体排放的简称。各种温室气体对温室效应增强的贡献，可以按二氧化碳的排放率来计算，这种折算称为二氧化碳当量。

温室气体二氧化碳当量等于给定气体的质量乘以它的全球变暖潜势（Global Warming Potential，GWP)。“温室气体二氧化碳当量”使各种温室气体的辐射强度有了一致的、可比较的度量方法。按照各种温室气体的全球变暖潜势（GWP）排序，二氧化碳实际是最小的，但由于二氧化碳总体含量很高，其对全球变暖的比例在50%以上，是最主要的温室气体，所以，温室气体排放也简称为“碳排放”。虽然用“碳排放”代表“温室气体排放”并不准确，但“控制碳排放”等这样的术语已经被大部分人所理解、接受并采用。

温室气体包括二氧化碳（CO_2)、甲烷（CH_4)、氧化亚氮（N_2O)、氢氟碳化物(HFCs)、全氟化碳（PFCs)、六氟化硫（SF_6)。这六种温室气体的全球变暖潜势（GWP）见表1-1。

表1-1　六种温室气体的全球变暖潜势（GWP）

温室气体名称		GWP（20年）	GWP（100年）	数据来源
二氧化碳（CO_2）		1	11	《IPCC第五次评估报告》(2013)
甲烷（CH_4）		84	28	
氧化亚氮（N_2O）		264	265	
氢氟碳化物（HFCs）	HFC-23	10800	12400	
	HFC-32	2430	677	
	HFC-125	6090	3170	
	HFC-134a	6940	4800	
	HFC-143a	506	138	
	HFC-152a	5360	3350	
	HFC-227ea	6940	8060	
	HFC-245fa	2920	858	
全氟化碳（PFCs）	CF_4	4880	6630	
	C_2F_6	8210	11100	
六氟化硫（SF_6）		17500	23500	

1.2 土木工程行业碳排放现状

1.2.1 我国土木工程的发展历程

土木工程是以工程建设为目标的工程，是指建在地面上、地下、陆地上、水中直接或者间接地服务于人类生活、生产、军事、科研的各类工程设施，如房屋、道路、铁路、运输管道、隧道、桥梁、运河、堤坝、港口、电站、飞机场、海洋平台、给水与排水及防护工程。土木工程是我国支柱产业之一，它为人们的生活与生产提供了各种便利条件，是人们生活水平提升与社会物质文明发展的基本保障，它在带动社会经济方面起着举足轻重的作用。现代土木工程在满足人们日益增长需求的同时还推动着材料、能源、环保、机械和服务业的迅猛发展。在未来很长一段时期内，土木工程都会面临着更高的居住质量需求、更便利的出行需求、空间全方位拓展需求、更系统的基础设施维护需求等诸多问题，改造和升级及更强的抗灾能力等多方面挑战，而这又构成土木工程专业持续创新发展的源动力。

在土木工程发展过程中起到关键性作用的首先就是工程物质基础——土木建筑材料以及与之相应的设计理论与施工技术。每一次新型优良建筑材料问世，土木工程都得到飞跃式发展。从材料发展来看，土木工程已经实现了三次跨越。

1）第一次跨越。起初人们只能靠泥土和木料等天然材料进行营造活动，后又有砖、瓦等人工建筑材料问世，人类首次突破天然建筑材料。公元前11世纪西周初期，我国生产了瓦。公元前5世纪到公元前3世纪，战国时的墓室里出现了最早的砖块。砖和瓦的力学性能优于土，既便于加工制作又就地取材。砖、瓦的问世，使得房屋、城防工程及其他工程得到了广泛且大量的建设，土木工程技术突飞猛进。砖和瓦作为土木工程中重要的建筑材料对人类文明做出了巨大贡献，至今仍得到广泛应用。

2）第二次跨越。大量使用钢材，这是土木工程中的又一次跨越。17世纪70年代开始使用生铁，19世纪初开始使用熟铁建造桥梁和房屋，这是钢结构出现的前奏。自19世纪中叶以来，冶金业熔炼轧制出抗拉及抗压强度高、延性良好、品质均一的建筑用钢，继而产生了高强度钢丝和钢索等。因此，符合发展要求的钢结构随之繁荣。它除了用于原来的梁、拱结构之外，兴起的诸如桁架、框架、网架结构、悬索结构等也逐步得到普及，呈现出结构形式百花竞放的景象。建筑跨度也从砖、石、木结构的几米、几十米发展到钢结构的百米、几百米，直至现代的千米以上。

3）第三次跨越。19世纪20年代以波特兰水泥为基础的混凝土出现。混凝土组成材料可就地取材，用混凝土做成的构件容易成形，但其抗拉强度较小，使用范围有限。19世纪中叶后钢铁产量急剧增加，钢筋混凝土作为一种新型复合建筑材料应运而生，钢筋承受拉力和混凝土承受压力并发挥其自身优势。钢筋混凝土从20世纪初期开始在土木工程各领域中得到广泛的应用。自20世纪30年代以来，预应力混凝土在抗裂性能、刚度及承载能力等方面，都远远超过钢筋混凝土，所以应用比较广泛。土木工程已步入以钢筋混凝土、预应力混凝土为主的历史时期。混凝土的问世为土木工程提供了一种新型经济而优美的工程结构，使得土木工程衍生出一种新型施工技术与工程结构设计理论。这是土木工程的又一次飞跃发展。

1.2.2 土木工程碳排放研究相关进展

国内外学者对建筑生命周期碳排放进行了相关研究，由于开始时间不同等原因，国内外在研究理论和案例研究数据等方面存在一定差异，但国内外对建筑生命周期碳排放的研究均相对成熟。

1. 国外土木工程领域碳排放研究现状

国外对建筑碳排放的开始研究相对较早，同时研究也较为系统，在进行大量案例研究的同时得出了研究成果。

由于研究内容、侧重点有所不同，各国学者对建筑施工计量模型也不尽相同，一般认为建材生产、现场建造、运行、拆除处置这四个阶段构成建筑的生命周期。有的学者认为可以将原材料生产阶段忽略，而将使用阶段拆分为运行和维护两个阶段，以及将土建工程施工和装饰装修工程安装划分到不同的阶段，并将土建工程施工阶段细分为人材机运输、现场施工机具消耗和施工辅助措施。

使用计量模型的差别以及依托不同建筑物导致最终计量结果存在明显差别。如美国建筑碳排放的统计分析发现建筑能耗占总能耗的41%，碳排放占总碳排放的39%，而其中大部分是由于建筑老化导致的。瑞士建筑业各部门和各项活动的碳排放研究中，应用了自上而下的投入产出法，发现计量结果与用自下而上的生命周期评价（Life Cycle Assessment，LCA）法计量的结果不完全相同，截断误差导致的计量范围不同是原因之一，并且自下而上的生命周期评价（LCA）法和投入产出法的适用范围不一样，前者适用于评价产品以及建筑单体的碳排放，后者适用于评价行业以及建筑群体的碳排放。比利时相关研究表明，对于5类住宅的生命周期碳排放，不仅建材生产阶段和建筑使用阶段碳排放不同，而且全生命周期的碳排放都会因围护结构不同而有较大差异。日本建筑师学会于1999年颁布了《建筑物的生命周期评价指针》并研发了碳排放计算软件。借助该软件，日本学者计算了大量建筑物的生命周期碳减排量，建立了数据量大的数据库，并且规定建筑环境影响评价的一项重要指标是生命周期碳减排量。

再如针对使用年限都为100年的混凝土和木结构建筑从建材生产至拆除处置等阶段的碳排放综合分析得出，建成前混凝土结构建筑比木结构建筑碳排放量多16%，而且运行阶段差距更大。总之，建筑碳排放与地域密切相关，不同地域建筑能耗差距较大，并且建筑能耗与气候、科技、文化、经济等水平均相关。

2. 国内土木工程领域碳排放研究现状

国内学者也已经开展建筑计量模型和计量方法的相关研究，其中部分学者进行大量案例分析积累了不少研究成果，而且对碳排放因子展开了相关研究。

国内部分学者就低碳建筑的建设情况将我国与英国、美国、日本、德国进行对比分析，提出了我国低碳建筑管理模式的基本内容，同时还从生命周期的角度对建筑碳排放测评方法进行研究，构建了完整的低碳建筑物碳排放测算指南。部分学者在结合大量典型案例的基础上将建筑生命周期划分为建材物化、建造、建筑运营、建筑维护、建筑破除处理五个阶段，同时指出碳排放计量的重点是使用阶段；同时也有学者为了方便核算，将运营及维护合为一个阶段，并基于此建立了建筑生命周期 CO_2 排放的计算数学模型。

在计量结果方面，国内学者按照LCA评估原理，从工程当地环境情况、资源情况、施工工艺与技术水平、施工企业资格等角度出发，将LCA理论模型应用于建设施工领域，并提出了施工过程中的环境指标评价体系，将材料消耗和施工机械使用的投入引入建筑的生命周期，从而对施工全过程进行环境系统评价。

例如，部分学者将各阶段碳排放进行对比分析，得出在生命周期内，运行维护阶段碳排放最高，占整个周期的 80% 甚至更多，提出合理控制建筑使用期间的碳排放是建筑物节能减排的有效方式。部分学者还将建筑碳排放量与大数据技术相结合，通过对主要建筑设备生产、施工阶段的能源和材料进行分析，结合模型和优化遴选的参数，建立了设备生产和施工阶段的 CO_2 排放量数据库，分析采用不同节能减排措施后的减排效果。同时还有部分学者为了探讨建筑业减排指标和减少建筑业碳排放量的途径，选取不同结构形式的建筑，对其生命周期碳排放量进行了定量测算和对比分析。结果表明，建筑结构形式对于碳排放具有较大影响，在满足同样使用功能的前提下，应尽可能选择碳排放较小的结构形式。这些研究成果改进了建设项目环境管理，对促进建筑业低碳可持续发展具有一定指导作用。

1.3　地下工程行业碳排放现状

1.3.1　我国地下工程的发展历程

地下建筑是指建造在土层或岩层中的各种建筑结构内，是在地下形成的建筑空间。其既包括全部埋置于地下的建筑物，也包括地面建筑物的地下室部分。一部分露出地面，大部分位于地下的则称为半地下建筑。

与地下建筑密切相关的两个术语是地下空间与地下工程。

地下空间是指在岩层或土层中天然形成或经人工开发形成的空间。天然地下空间是与溶蚀、火山、风蚀、海蚀等地质作用相关的地下空间资源，按其原因分为喀斯特溶洞、熔岩洞、风蚀洞、海蚀洞等。天然地下空间可以作为旅游资源加以开发利用，也可以作地下工厂、地下仓库、地下电站、地下停车场，战时也可作为防空洞加以利用。人工地下空间包括两类：一类是因城市建设需要开发的地下交通空间、地下物流空间、地下贮存空间等，另一类是开发地下矿藏、石油而形成的废旧矿井空间。

地下工程通常有两方面的含义：一方面是指建在地下的各种工程设施；另一方面是指从事建造和研究各种地下工程的规划、勘察、设计、施工和维护的一门综合性应用科学与工程技术，是土木工程的一个分支。随着国民经济的发展，地下工程的应用越来越广泛，城市地铁、公路、水电站、仓库、商场、体育馆、工厂等许多工程都安排在地下，某种场合下还必须安排在地下。

地下空间利用开发经历了以下四个阶段：

1. 第一个阶段：穴居时代

在人类开始出现的早期，就借助地下空间抵御自然威胁。主要用石块、兽骨等工具开挖天然的洞穴并有意识地修筑以满足自身的需求。例如，北京周口店遗址以及被称作母系氏族公社的西安半坡遗址，它们通常表现为半地下空间，主要用于居住。此后因黄土高原土壤的特殊性，山西、陕西地区出现了更多“地坑式”窑洞和“崖壁式”窑洞，这些窑洞均为人类常见的地下居住形式。

2. 第二个阶段：古代城市地下空间利用阶段

自人类文明诞生至第一次工业革命（18 世纪 60 年代）前的古代城市时期，人类通常对地下空间进行单一功能的使用。其发展目的通常在于营造一个较好的人类居住空间，或利用地下空间物理特性来发挥其对地下资源的安全性、保存或收集功能。

地下空间通常作为宗教建筑、陵墓、采矿场、水利工程、仓库和军事地道。如修建埃及金字塔之初便着手建造地下空间，狮身人面像地下有一大型地下建筑群；公元前 2200 年古巴比伦王朝为连接宫殿与寺院，建造了长达 1km，横穿幼发拉底河水底隧道；我国秦始皇地下陵园面积 56.25km^2，相当于近 78 个故宫，地下空间面积之大也是世界罕见；同期罗马帝国还建造了大量隧道工程，其中包括提供供水设施和下水管，有些隧道工程至今仍在使用。此后，地下工程探索一直没有停止。

3. 第三个阶段：近代城市地下空间利用阶段

近代城市地下空间的利用主要是进行基础设施建设。在 18 世纪第一次工业革命到 19 世纪第二次工业革命期间，依附于城市基本道路在地下空间修建城市基础设施（如市政管线层）形成了城市地下空间开发利用的最浅层。

1863 年，世界上第一条地铁伦敦大都会铁路诞生，这标志着近代城市大力开发地下空间的时期已经到来，世界各地开始了对地下空间有效利用形式的挖掘。

4. 第四个阶段：现代城市地下空间利用阶段

现代城市中主要是对地下空间进行综合利用。20 世纪初多出现以轨道交通系统为骨架，以轨道交通车站为节点，构建地下综合体，形成了商业、交通等多功能聚集的地下空间开发下建设的第二层次：地下交通层。

自世界上第一条地铁在英国首都伦敦诞生，世界各地的大型城市开始以地铁建设为核心开发地下空间。1900 年起巴黎地铁开始运行，至 2020 年巴黎地铁总长度达 220km，年客流量已到 15.06 亿（2010 年）；1927 年，日本东京第一条地铁线路开通，发展至 2020 年已有 13 条地铁线遍布于东京地下。20 世纪中叶，发达国家在城市地下开始建造地下商业街。

例如，法国巴黎拉德芳斯地下城、加拿大蒙特利尔地下城、美国纽约曼哈顿高密度间、日本东京及大阪梅田地下街等。地下商业街往往可以将车流空间与人行空间分隔，提高交通效率和城市活力，避免人车混杂的现象产生。地下街在城市规划史上也可以称之为一大创举。

现代地下工程发展迅速，我国建成了一些举世瞩目的地下工程。以交通地下工程——隧道工程为例，截至 2021 年年底，运营铁路隧道总数 17532 座，总长 21055km。2021 年新增运营铁路隧道 734 座，新增里程 1425km。公路隧道 23268 座、24698.9km。2021 年新增运营公路隧道 1952 座、2699.6km。自 2022 年起，5~10 年在建铁路隧道约 6414km，已列入建设规划的铁路隧道总长达 15266km。我国未来规划特长铁路隧道 362 座，总长度 5359km。

1.3.2 地下工程碳排放研究相关进展

国内外碳排放研究在建筑中相对成熟，专家、学者做了较多的建筑碳排放案例研究，得到了不少具有指导意义的数据成果。在地下工程领域，研究则较为分散，未形成系统性研究。近年来，基于全球温室效应的加剧，针对地铁、隧道等地下工程领域碳排放的研究明显增多。

地下工程碳排放包括直接碳排放和间接碳排放。前者报告实体拥有或控制的碳排放源的排放，涵盖了地下工程施工现场各类化石燃料燃烧带来的排放；后者则是报告实体活动的结果，但发生在另一个实体拥有或控制的来源的排放，具体包括上游材料生产、加工、运输和使用外购电力与热能带来的碳排放。在国内外研究过程中仅考虑能源消耗产生碳排放的研究数量较少，多数研究充分考虑了上游建材生产和运输带来的间接碳排放。

1. 地下工程领域碳排放国外研究现状

目前针对地下工程碳排放的研究主要围绕二氧化碳排放源、计算边界划分、碳排放量化结果分析以及节能减排技术研究等内容展开。不同国家的研究成果不太相同，英国和日本等国家对地下工程碳排放的研究相对系统全面。

伦敦地铁采用 GHG Protocol 标准研究了整个系统从诞生到结束的碳足迹，英国 RSSB 研究机构研究了铁路从设计、建设、运营、维护到结束生命周期的碳排放。日本学者也基于生命周期评价理论，建立了评估日本地铁工程建设、运营、维护及处理各阶段碳排放的计量模型。现有研究结果表明在所有交通方式中，地铁出行的碳排放强度最低，仅为私家车出行的1/806，同时在保证结果精度的前提下，利用车辆制造商提供的原始数据，从材料采掘、制造、使用和结束阶段对地铁车辆进行了能耗和碳排放研究，发现使用阶段能耗最大，该阶段消耗了占总量约 98%的电力，其次是材料采掘阶段的消耗。

在隧道领域，国外学者将隧道生命周期分为建设、维护和使用三个阶段进行碳排放研究，研究认为建设阶段碳排放主要来源于混凝土、沥青、爆炸物和材料运输，而使用阶段则主要来源于用电消耗，但也有些学者通过实测发现隧道内温室气体排放浓度与通行车辆的数量和速度有很大关系。部分学者还考虑到了具体参数对隧道的影响，提出了简化的计算模型，将生命周期评价（LCA）法进行简化，估算了采用常规钻孔爆破、掘进机或液压破碎锤对中、低强度岩体的隧道各阶段施工的二氧化碳排放量，然后使用知名组织或更多国内来源（如一些西班牙机构）的二氧化碳转化因子，采用实际隧道的数据对简化计算模型进行了验证，并利用该模型对不同隧道的 CO_2 排放量进行了分析，确定了不同因素的影响。主要结论：对于这种隧道，与二氧化碳排放最相关的贡献是与隧道的支撑和衬砌混凝土的制造有关，平均约占总排放量的 80%。

2. 地下工程领域碳排放国内研究现状

在国内研究中，学者们针对地铁盾构隧道和公路隧道的碳排放研究分析较多，同时基本集中在隧道工程的施工期，对于隧道运营阶段的碳排放研究较少。

在地铁领域，国内部分学者将生命周期划分为建材生产、建材运输、现场施工、运营和维护五个阶段，并用上海市某地铁线路的实际数据进行了案例分析，研究结果表明地铁系统运营阶段的温室气体量排放占整个生命周期的 80%以上，但地铁系统基础设施在建设过程中造成了资源能源的大量消耗，其产生的碳排放同样不容忽视。针对地铁隧道建设过程中碳排放计算，学者基于生命周期评价理论，建立了自上而下工作分解的分析框架和地铁土建工程碳排放定额清单，计量了各分部分项工程以及建材生产阶段和施工阶段的碳排放，指出建材生产阶段产生的碳排放占施工土建碳排放总量的70%~80%。

在隧道领域，国内部分学者借鉴建筑生命周期碳排放计算模型，结合隧道工程的自身特点，通过理论分析的方法给出了单个隧道工程及其上游产品的碳排放路径和直接排放源，分为消耗施工材料、施工机械消耗电力、施工机械消耗燃料和运输工具消耗燃料所产生的碳排放四部分，并且提出了计量隧道物化阶段排放温室气体的方法，并通过对我国南方某山区公路的材料生产、建设和运营阶段及各分部工程的碳排放进行研究，发现能耗贡献阶段由大到小为材料生产阶段、运营阶段和建设阶段。在建设阶段，隧道工程的单位能耗最高；在运营阶段，隧道通风和照明用电占该阶段用电总量的85%。同时现有研究结果也发现不同围岩级别的隧道的排放水平差异巨大，通过对比不同围岩条件的相同施工工序，发现随着围岩等级上升，隧道施工产生的温室气体排放的增加速度非常惊人，案例研究表明Ⅴ级围岩和Ⅳ级围岩的隧道施工排放量相当于Ⅲ级围岩的283%与188%。而在同一围岩等级下较差围岩质量的隧道施工产生的温室气体排放增量依然非常大。

现有隧道碳排放研究考虑得较为全面，涵盖建材生产、运输、建造、拆除和运行阶段设施碳排放的部分或全部阶段，但不同研究的排放计算范围大相径庭，降低了不同研究的对比性。综上，国内外学者们大多是将隧道生命周期内温室气体的排放源头界定为施工建设和运营使用两大阶段，并且目前隧道施工期的碳排放是重点研究对象。

1.4 国内外相关行业碳排放的标准及规范

进入21世纪以来，全球气候变暖的问题日趋严重，《2020年全球气候状况》报告表明：2020年全球平均气温比前工业化时期的平均气温高出大约1.2℃。《气候变化中的海洋和冰冻圈特别报告》中强调，如果不对温度持续增长的现象采取措施加以控制，至2100年，全球小型冰川和近地表永冻土预计将分别减少80%和70%，将极大改变地球的生态结构，威胁到人类的正常生存。全球气候变暖主要是由于人为生产活动排放出的大量温室气体所造成的。开展碳减排行动，应对气候变化已成为全球共同面临的挑战。

为有效控制碳排放，应对全球气候变化，国际方面陆续出台了《京都议定书》《联合国气候变化框架公约》和《巴黎协定》三个里程碑式的国际法律文本，由此形成2020年后的全球气候治理格局。为实现把全球平均气温升幅控制在相比工业化前水平高2℃以内，并努力将气温升幅控制在1.5℃以内的气候治理目标，欧盟作为全球气候治理领先者，于2019年提出碳中和目标，并于2019年年底发布应对气候变化的《欧洲绿色协议》，随后越来越多的国家积极提出碳中和目标。当然这里的“碳”并不仅仅指二氧化碳，而是多种温室气体（包括二氧化碳）的代称，需将除二氧化碳外的其他温室气体通过全球变暖潜势（GWP）等效折算为二氧化碳排放量。因此，我们常说的碳中和可以定义为通过减排固碳等方式实现生产活动释放的“碳”与吸收的“碳”相互抵消，从而达到的“净零碳排放”。截至 2021 年 10 月，全球已有 137 个国家做出了碳中和承诺，占全球碳排放总量 70% 以上，大多遵循的是“净零碳”原则。全球一些国家已针对碳中和立法，如英国、法国、德国、瑞典、丹麦、匈牙利、新西兰和西班牙。在碳中和技术中，目前各国认可度高的低碳减碳技术主要包括核能、太阳能、风能、生物质能等可再生能源技术，从成本由低到高总体上依次为水能、风能、光伏和核能，但各项低碳节能技术的发展状况同时又受到各国经济水平、碳排放结构和资源禀赋差异等因素影响，技术研究侧重点各不相同。

1.4.1 国外相关行业碳排放标准及规范

近年来，许多欧洲发达国家基于碳中和目标开展了温室气候治理工作，包括英国、德国和芬兰等部分国家已经初步取得显著成效。

英国主要通过政策和制度化引领实现碳中和目标，包括以下四个方面：

1）制定并发布相关法律法规。英国是碳中和行动的先驱者，是全球首个专门立法设立碳减排目标的国家。2003—2019 年，英国陆续颁布了《我们能源的未来：创建低碳经济》白皮书等一系列法律法规，旨在通过建立健全与碳中和相关的法律法规，制定符合英国国情和适当分解细化国家碳中和目标，深刻明确碳中和的监管体系。

2）加强制度约束力度。英国是首个推出国际性碳中和制度和标准的国家，通过制度标准保障碳中和主体的权益。尤其是在 2010 年，英国标准协会（BSI）制定了碳中和宣告标准（PAS 2060）。该标准提出温室气体的量化、还原和补偿方式，明确规定经济主体如何宣告碳中和，以及如何证明其实现碳中和承诺，是目前全球权威的碳中和标准之一。可见，英国通过完善的碳中和标准和规范约束高碳行业，此举已走在全球前列。

3）颁布“碳市场和气候变化税”政策支持。英国致力于长期减排激励政策，通过“碳市场”引导大中企业、“碳税”引导小型企业的混合激励政策减少温室气体排放。碳市场方面，2019 年宣布碳中和目标后，英国碳市场扩大碳定价范围，对森林碳汇等负碳技术项目加大支持力度。气候变化税方面，涉及包括电力、煤炭、液化石油气和天然气的工商业和农业等部门，税基是能源消耗量，气候变化税收用于清洁能源技术开发，为可再生能源提供资金渠道。丰富而精准的碳市场和减税政策，不仅有效鼓励了高能耗、高排放产业的加速转型，更有利于优质企业的生存与发展，拓宽企业发展道路并增强国际竞争性；同时也能够推动英国环保事业的建设，增强在国际社会中的话语权。

4）从供给侧推动电力改革。碳减排路径上，2010 年英国开始专注于解决电力部门的碳排放，推动电力改革。2020 年再次对核能、海上风能等清洁发电技术重点进行详细部署，实施路径包括：增加先进生物燃料的研发投入，发展生物质电力；发挥其海岛国家的自然优势，注重海洋资源开发（海上风能、海藻能源、核能等）；2020 年开始重点挖掘运输和供暖中的低碳潜力；负碳技术方面，开发碳捕获与封存技术，收集大型发电厂的碳排放，将单位发电的碳排放减少 85%~90%。

目前，英国已经形成一套较为完善的政策和制度框架。一方面，通过立法限制高污染、高排放和高耗能的企业发展；另一方面，运用市场化激励手段引导企业主动采取措施减少温室气体排放。英国实施的政策、制度和标准取得了积极的成效：一是，有效降低煤炭消费。据统计，截至2018年年底，英国的煤炭发电量骤减，英国只有6个还在运作的煤电厂。大规模的煤炭发电被太阳能、风能等清洁能源所取代。据统计，政策实施后，2012—2020年英国电力部门的碳排放减少一半，风电和太阳能发电量占比从2%增长到28%。二是，通过碳定价机制加速能源转型。2010—2020年英国在可再生能源、核能、碳捕获和储存等方面的投资已超过420亿英镑。2020年，英国的可再生能源发电量首次超过化石燃料发电量，达到43%。

德国同为欧盟国家中的主要成员国，同时是欧洲的电力生产及消费大国，在1990年之前就实现了碳达峰，领先于其他国家，是能源转型方面的先行者。与英国将减碳控碳的侧重点放在政策和法律制度方面不同，德国对于碳中和道路的探索更多的是利用自身科技优势，聚焦能源转型推动碳中和，如：

1）通过多种途径促进清洁能源供应。德国的碳减排，推动能源供应清洁化道路可大致划分为两步：一是，德国提出争取在2030年前逐步淘汰燃煤电站，并对褐煤、硬煤发电厂的关停时间和排放额度进行了明确规定，对传统煤炭发电模式的转型制定了清晰的方向；二是，德国自2000年颁布《可再生能源法》后，持续不断地对其进行修订完善了5次，最终提出大力发展可再生能源发电，并预计在2030年将可再生能源发电量占比提高到65%的目标。

2）通过应用新技术，加速行业的减排和脱碳。主要从三个方面展开减排脱碳治理工作。如在建筑生活领域，利用可再生能源的新供暖系统代替原有的供暖系统。在工业生产方面，德国联邦政府为工业企业投入大量资金，试图鼓励企业开发新技术，减少能源消耗，提高能效。同时鼓励企业加快拓宽碳捕捉、碳储存等储碳固碳技术的开发，促进可循环经济的发展。此外，在另一大高能耗、高排放领域——交通运输方面，德国政府通过给予最高6000欧元的经济补贴，鼓励消费者购买新能源电动汽车，并对2021年后购买的燃油汽车按照行驶碳排放征收车辆税。针对汽车供应端，投资10亿欧元鼓励车企研发新能源电动汽车代替传统燃油车，同时，德国政府还对铁路电气化、智能化改造与升级投资860亿欧元。

德国是科技强国、经济强国，正充分利用自己的优势大力发展新型清洁环保技术，旨在实现生活、工业、交通等方面的低碳建设。2000—2019年，德国的碳排放减少了近20%，从8.544亿t降至6.838亿t，可再生能源发电量占其总发电量的46%。可见，德国在实现碳中和目标进程中已经取得了显著的碳减排成效。

还有包括芬兰、法国等欧盟国家同样正积极调动国家资源，将经济发展与环境保护相结合，在核能替代煤炭火力发电、碳排放征税、低碳补贴以及大力推动电动汽车的开发生产和投放售卖等方面都取得了显著成效，使其迈向碳中和目标的道路日益明朗起来，也给其他国家走向绿色低碳新型发展模式提供了较好的经验。

1.4.2 国内相关行业碳排放标准及规范

2016年4月，包括我国在内的170多个国家共同签署了《巴黎协定》，承诺将全球气温升高幅度控制在 2℃ 范围之内。基于此项协定，我国政府提出到 2020 年 CO_2 排放强度较 2005 年下降 40%～45%的目标，并将“控制温室气体排放，力争到 2030 年达到碳排放峰值”作为未来相当长一段时期内我国政府的一项重点工作。为减缓温室气体排放，我国采取了多种措施：政策约束与引导、行业行动与努力、碳交易市场驱动等减缓温室气体。

同时党中央、国务院高度重视应对气候变化工作，采取了一系列积极的政策行动，成立了国家应对气候变化领导小组和相关工作机构，积极建设性地参与国际谈判。我国《国民经济和社会发展第十三个五年规划纲要》明确提出了我国单位国内生产总值 CO_2 排放量降低 18%的约束性目标，同时还提出“推进工业、能源、建筑、交通等重点领域低碳发展”。与此同时，我国相继编制并实施了《中国应对气候变化国家方案》《国家应对气候变化规划（2014—2020 年）》《“十三五”控制温室气体排放工作方案》《“十三五”应对气候变化科技创新专项规划》和《国家适应气候变化战略》，并明确提出碳引领能源革命、打造低碳产业体系、推动城镇化低碳发展、加快区域低碳发展、建设和运行全国碳排放权交易市场、加强低碳科技创新、强化基础能力支撑、广泛开展国际合作等八项重点任务，且加快推进产业结构和能源结构调整，大力开展节能减碳和生态建设，积极推动低碳试点示范，加强应对气候变化能力建设，努力提高全社会应对气候变化意识，应对气候变化各项工作取得积极进展。

基于以上基础，我国广泛深入参与应对气候变化国家标准化组织相关委员会工作，积极开展应对气候变化国际标准化工作，如：

1）我国与加拿大联合承担了 ISO/TC207/SC7（环境管理技术委员会温室气体管理分技术委员会）、ISO/TC265（二氧化碳碳捕获、运输和地质封存技术委员会）的联合秘书处工作。

2）我国积极参与制定应对气候变化国际标准，已经承担一项 ISO/TC207 中的温室气体量化与报告国际标准的联合召集人，完成了 ISO 14064-1 的修订工作；承担 ISO/TC207/SC7 中绿色金融项目评价（ISO 14100）的一项国际标准的召集人和气候变化适应原则、要求与指南国际标准（ISO 14090）、组织层面气候变化适应规划（ISO/TS14092）的两项国际标准的联合召集人工作；担任 ISO/TC265 量化与验证工作组（WG4）召集人、共性问题（WG5）联合召集人，已发布技术报告一份，且正在牵头制定国际标准 2 项。

3）我国作为 TMB 下设的气候变化协调工作组（CCC）委员之一，积极参与应对气候变化国际标准工作路线图的设计与构建工作。2018 年 11 月在佛山召开国际标准化组织环境管理技术委员会主席顾问组（ISO/TC207/CAG）会议及温室气体管理分技术委员会（ISO/TC207/SC7）全体会议及工作组会议，主导相关国际标准的制定、修订工作，有效地扩大了我国温室气体减排领域标准化工作的国际影响，显著提升了我国在国际减排领域的话语权。

目前，我国已经发布多项企业温室气体排放核算与报告要求国家标准，其中包括 1 项通则标准（GB/T 32150）与若干项针对具体行业的标准（GB/T 32151），分别为发电、电网、镁冶炼、铝冶炼、钢铁、民用航空、平板玻璃、水泥、陶瓷、化工等。这些标准基于国家发展改革委发布的“企业温室气体排放核算方法与报告指南”编制，考虑了我国相关行业的实际情况与国家实施重点企业直报、碳排放权交易等任务的需要。

在土木工程领域，国内外还没有出台地下工程领域碳排放计算量化方面的相关标准，碳排放的量化标准主要聚焦在建筑领域，国内已有两个标准，即《建筑碳排放计算标准》（GB/T 51366—2019）、《建筑碳排放计量标准》（CECS 374—2014）；国外（际）公开发布的只有一个，即建筑运行碳排放计量、报告与核证标准《建筑物和土木工程的可持续性 现有建筑物在使用阶段的碳排放指标 第1部分：计算、报告和沟通》（ISO 16745.1）。

课后习题

1. 简述碳排放的基本概念及温室气体的主要种类。
2. 简述我国土木工程及地下工程领域发展历程及主要分为哪几个阶段。
3. 我国土木工程领域关于碳排放的标准及规范主要有哪几部？

第 2 章 地下工程碳排放相关基础理论

本章提要

本章从温室气体排放的基本概念入手，围绕碳排放量化的主要方法与生命周期评价的基本概念展开分析介绍，确定隧道生命周期碳排放的系统边界以及量化清单，为不同层面隧道碳排放分析计算方法以及减排策略提供基础。本章学习重点是地下工程碳排放相关基础理论，如生命周期评价的概念与框架以及碳排放计算边界与范围等。

《联合国气候变化框架公约》(United Nations Framework Convention on Climate Change, UNFCCC，简称《框架公约》)是世界上第一个为全面控制二氧化碳等温室气体排放，应对全球气候变暖给人类经济和社会带来不利影响的国际公约，也是国际社会在应对全球气候变化问题上进行国际合作的一个基本框架，其奠定了应对气候变化国际合作的法律基础，是具有权威性、普遍性、全面性的国际框架。1992 年《框架公约》在里约热内卢通过，并于 1994 年生效，被认为是冷战结束后最重要的国际公约之一，截止至 2016 年 6 月已有 197 个国家（地区）加入该公约，这些国家被称为《框架公约》缔约方。《框架公约》缔约方作出了许多旨在解决气候变化问题的承诺，按照承诺，每个缔约方都必须定期提交专项报告，其内容必须包含该缔约方的温室气体排放信息，并说明为实施《框架公约》所执行的计划及具体措施。至此，碳排放核算成为全球的热点问题，各个层次的核算方法和研究成果硕果累累，初步形成了较完善的碳排放核算方法学体系，其中最有代表性的就是由联合国政府间气候变化专门委员会（Intergovernmental Panel on Climate Change, IPCC）制定的 1999 年《IPCC 国家温室气体清单指南》，成为各种核算方法的基石。

2.1 生命周期评价的概念与框架

生命周期评价（Life Cycle Assessment, LCA）是对一个产品系统的生命周期中输入、输出及其潜在环境影响的汇编和评价。生命周期评价起源于 20 世纪 60 年代末的美国，是从原料开采到废弃物处理的全过程着手，对产品的资源、能源和环境投入与产出进行分析评估的方法。生命周期评价起初被应用于工业产品的评估，并形成了 ISO 14040 等国际标准。近年来，随着全球范围内绿色建筑的兴起与快速发展，这一方法逐渐成为绿色建筑评估的一种重要手段并得到广泛应用，并在欧美国家形成了诸如 BEES、ENVEST 和 AIJ-LCA 等评价软件。

所谓“碳排放”是所有温室气体排放的统称，而非仅指二氧化碳的排放。根据《蒙特利尔议定书》，温室气体主要分为以下六类：二氧化碳（CO_2）、氧化亚氮（N_2O）、甲烷（CH_4）、六氟化硫（SF_6）、氢氟碳化物（HFCs）和全氟化碳（PFCs）等。

由于各类温室气体造成温室效应的能力存在显著差异，故在量化分析总体效应时，一般采用等效折算的方式按当量计算值进行评估。由于二氧化碳是排放量最高、最为常见的温室气体，因此通常以当量二氧化碳排放量作为温室气体排放量的衡量标准，简称碳排放，并表示为 CO_{2eq}。温室气体排放量可根据全球变暖潜势（GWP）和全球变温潜势（GTP）进行折算，其中全球变暖潜势（GWP）与累计辐射强度相关，而全球变温潜势（GTP）与特定时间点的温度反映相关。

在建筑生命周期碳排放的研究中，CO_2、CH_4 和 N_2O 通常作为研究重点，相应的折算系数可根据 IPCC《气候变化 2021：物理科学基础》报告确定。在一般的碳排放研究中，通常设定研究基准期为 100 年，相应的折算系数为 $CO_2 : CH_4 : N_2O = 1 : 28 : 265$（GWP）或 $1 : 4 : 234$（GTP）；而从排放来源的特殊性、数据统计的可行性与有效性、累计作用效果等多方面考虑，其他温室气体在一般性研究中通常被忽略。需要指出，除以上六类外，实际上水蒸气（H_2O）和臭氧（O_3）也可产生温室效应，但由于二者的时空分布变化快、难于定量描述，故一般不作为控制项。

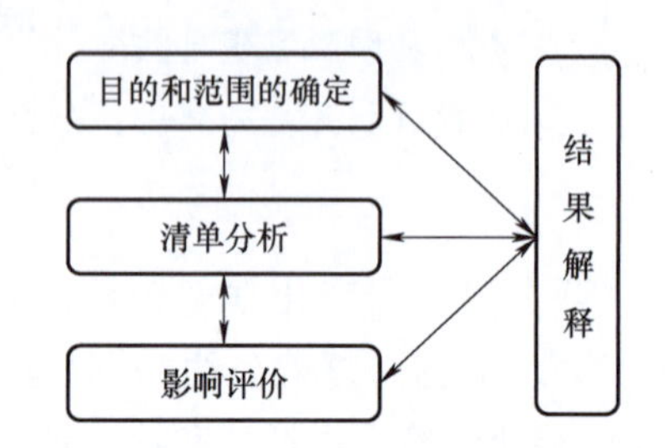

图 2-1 ISO 的生命周期评价理论框架

ISO 14040 系列标准指明目的和范围的确定、清单分析、影响评价和结果解释是生命周期评价理论框架的四个阶段，如图 2-1 所示。

2.2 碳排放计算边界与范围

确定目的和范围是生命周期评价的第一步，也是清单分析、影响评价和结果解释的基础和出发点。评价目的的确定旨在明确进行生命周期评价的原因、可能的应用以及结果所面向的听众。评价范围的界定则是对生命周期评价的深度、广度和详细度的框定。评价范围的界定应能够充分满足目标的要求，范围设定要适当，设定过小得出的结论不可靠；而设定过大，则会增加以后三步的工作量。目的与范围的界定主要考虑以下几个问题：确定评价目的、明确所评价的产品系统、界定系统边界、定义功能单位、数据类型及质量要求等。

系统边界划定了评价对象在生命周期评价中所涉及的所有过程以及资源、能源流动。根据评价范围的不同，建筑生命周期评价的系统边界通常可分为“从摇篮到工厂”“从摇篮到现场”和“从摇篮到坟墓”三类。“从摇篮到工厂”的系统边界包含原材料开采到建筑材料或部件成品离开工厂为止的上游过程；“从摇篮到现场”的系统边界在此基础上，增加了建筑材料与部件运输、建筑现场施工与吊装，以及施工废弃物处理等过程；而“从摇篮到坟

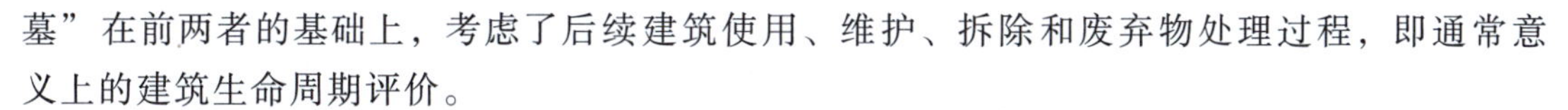

墓”在前两者的基础上，考虑了后续建筑使用、维护、拆除和废弃物处理过程，即通常意义上的建筑生命周期评价。

建筑生命周期内，各类生产与使用活动繁多，系统边界复杂。

1）建材生产阶段。首先建筑原材料被开采并运输到工厂，然后在工厂进行材料与部品的生产加工，并完成养护、储存与包装等过程。在生产阶段，主要的资源和能源流动为原材料与能量的输入，以及建筑材料与部品的输出。

2）建筑建造阶段。工厂生产的建筑材料与部品被运送至施工现场，并完成吊装等施工作业，形成建筑成品。对于运输环节，由于建筑材料既可由本地生产，又可由其他地区调入，造成了运输距离以及相应能耗的差异性。此外，运输工具可能存在的空载回程情况也应考虑在内。而对于施工环节，除各类复杂的施工工艺（如混凝土浇筑、钢筋加工、起重吊装等），临时照明、生活与办公等也不可忽略。在该阶段，主要的输入为运输和施工能耗，以及建筑材料与部品，输出为建筑成品、施工垃圾等。

3）建筑运行阶段。主要包括日常使用活动，以及建筑的维修、维护和改造等过程。建筑的日常使用活动通常指维持建筑正常使用功能所需的供电、照明、供暖、制冷和通风，以及由使用者决定的办公及家用设备运行；而维修、维护和改造过程，包含了维持建筑运行所必需的“小修小改”，以及由功能增强所需的“大修大改”，这些环节实际上重复了生产与建造阶段的绝大多数过程。建筑运行与维护中，主要的资源与能源输入是指能源及材料的使用，而输出主要是指施工与生活垃圾等。

4）建筑处置阶段。建筑首先在现场被拆除并进行大构件的破碎，在废弃物被运输出现场后，现场尚需进行场地的平整，而废弃物被进一步分拣，其中可回收材料用于二次加工或再生能源，而不可回收材料被填埋或焚烧处理。在整个拆除处置过程中，主要的输入为能源使用，而输出为建筑废弃物及再生资源。

需要说明的是，尽管以上四个阶段总体上描述了建筑生命周期的全过程，但仍存在未纳入系统边界的产业上下游环节。未考虑的上游环节包括能源生产、储存与输送过程，施工机械设备生产和施工人员活动，以及市政基础设施运行、交通道路维护、环境景观绿化等；而下游环节如再生材料与能源的生产与使用，理应在所分析建筑的系统边界之外，而各阶段的垃圾处理则应包含在内。此外，在实际的量化分析中，即使在所定义的系统边界内，也难以全面地考虑生产、建造、运行与处置阶段的所有过程。特别是在生产与建造阶段中，除通常考虑的建筑材料与部品外，还涉及供电、供水、暖通及消防设备，使用者的装饰装修活动，以及施工辅助的模板、脚手架和支架等。这类信息的不完备也会造成实际分析边界模糊等问题。

鉴于以上情况，以评价的范围、尺度和目标为基准，构建分级管理的建筑生命周期系统边界。在分级系统中，以评价范围为界，将系统边界分为产业上游、建材生产、建筑建造、建筑运行、建筑处置，以及产业下游的六个过程；以评价尺度为界，将系统边界分为建筑主体、建筑单体、建筑小区，以及建筑集群与城市的四类尺度；同时以评价目标为界，将实际计算范围分为考虑全部因素、考虑主要因素，以及考虑有差异因素的三个级别。在统一的分级管理模式中，根据评价对象的不同，可对建筑生命周期的系统边界进行差异性划分，从而更具有针对性与实际意义。完整的分级系统边界定义如图 2-2 所示。

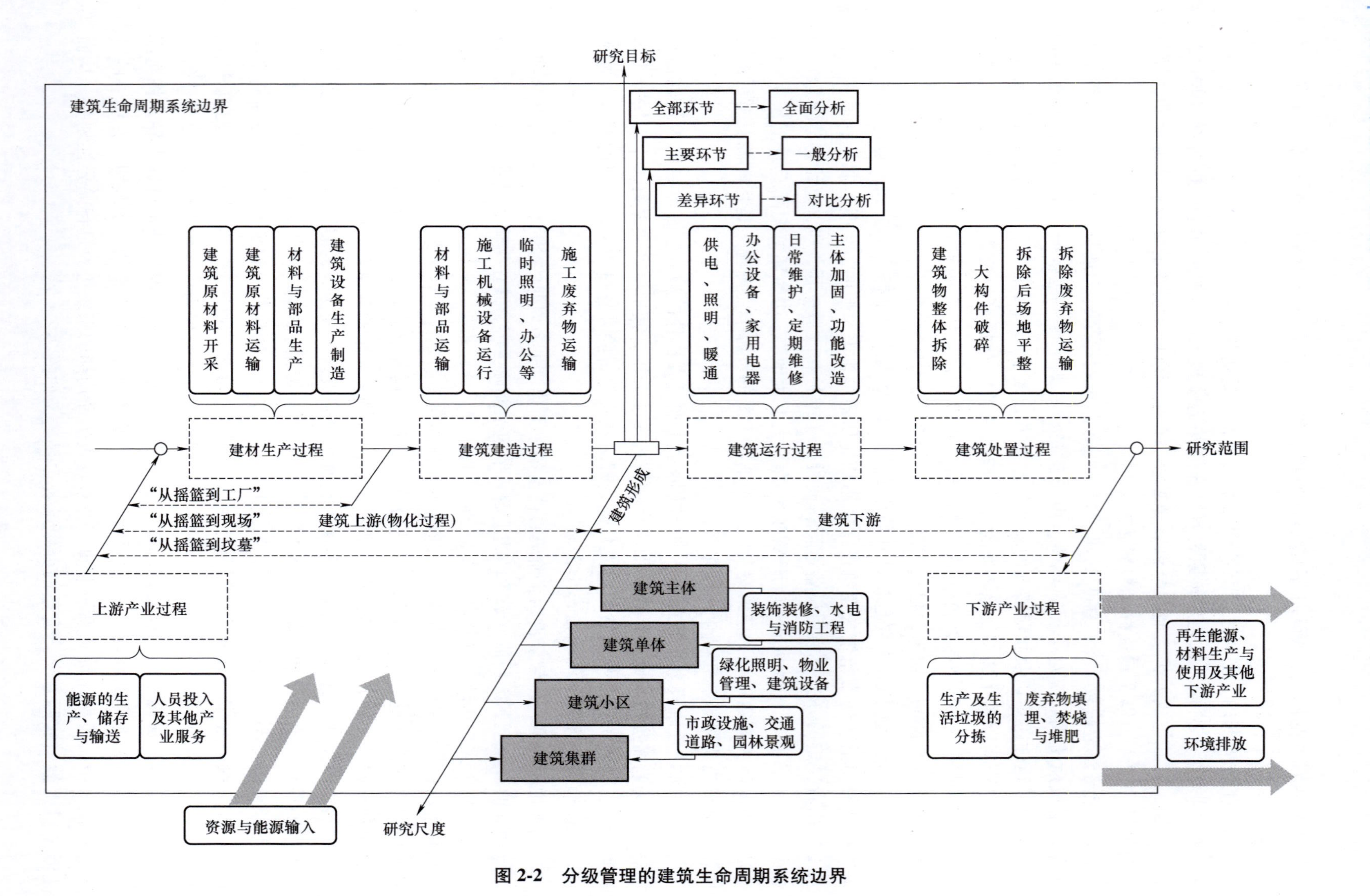

图 2-2 分级管理的建筑生命周期系统边界

2.3　碳排放计算方法与内容

2.3.1　实测法

实测法是碳排放量化最基本的方法，是指采用标准计量工具和实验手段对碳排放源进行直接监测而获得相应数据的方法。理论上，实测法的计量结果来源于对碳排放源的直接监测，可代表真实的碳排放水平，因而最为可靠；但实际上，受监测条件、计量仪器、成本投入等多方面限制，实测法难以广泛应用于一般性的碳排放分析。从宏观层面上，实测法主要可用于地域性的逐时 CO_2 浓度监测；而从微观层面上，实测法主要可用于特定生产过程的碳排放系数测量，如化石能源燃烧以及含碳化合物的化学反应过程等。采用实测法获得的资源与能源碳排放系数是碳排放量化分析问题的基础性资料，直接影响着其他量化方法的准确性，因而通过技术手段改善实测法的计量精度具有重要意义。

2.3.2　过程分析法

过程分析法是根据碳排放源的活动数据及相应过程的排放系数进行碳排放量化的方法，其基本概念可表示为式（2-1）。具体而言，过程分析法是将某一生产过程按工序流程拆分，各生产环节的碳排放量以实测碳排放系数与相应活动数据的乘积表示，进而可根据各环节的碳排放之和，推算全过程的碳排放总量（E）。

$$E=\sum(\varepsilon Q) \tag{2-1}$$

式中　E——全过程的碳排放总量；

ε——实测碳排放系数；

Q——相应活动数据。

过程分析法以碳排放系数作为计算基础，故通常又称为排放系数法。该方法概念简单、计算方便，并可针对具体过程进行详细的碳排放拆解与分析，因而在碳排放量化中得到广泛的应用。需要说明的是，在碳排放过程拆分时，受客观条件和计算成本等方面的限制，不可避免地需要忽略某些次要环节，从而造成计算系统边界定义的不完备，为过程分析法的结果带来截断误差。例如，在生产水泥的碳排放计算中，过程分析法可根据能源使用和石灰石分解的实测碳排放系数考虑矿石开采、原料煅烧、粉磨等环节，但难以计入生产厂建造与设备损耗等上游环节的碳排放，造成计算误差。

2.3.3　投入产出法

1. 基本概念

投入产出法由列昂惕夫提出，是以“投入=产出”的理想化数量模型为基础，建立相应的经济投入产出表，从而综合研究国民经济各部门与各生产环节数量依存关系的分析方法。

投入产出法满足以下基本假定：

1）“纯部门”假定。每个产业部门只生产一种特定的同质产品，并具有单一的投入结构，只用一种生产技术方式进行生产。

2）“稳定性”假定。直接消耗系数在制表期内固定不变，忽略生产技术进步和劳动效率提高的影响。

3）“比例性”假定。部门投入与产出成正比，即随着产出的增加，所需的各种消耗（投入）等比例增加。

近年来，通过在投入产出模型引入能源或环境流量，使得该方法可应用于行业层面的能源与环境问题分析。由于投入产出法可根据投入产出表考虑各部门间的生产联系，从而可捕获整个生产链的碳排放流动情况，避免了过程分析法的截断误差。但是，受“纯部门”假定与部门划分数量的限制，该方法仅能以部门平均水平估计特定生产过程的碳排放，故针对微观问题的分析结果通常比较粗糙。

2. 基本理论

典型的经济投入产出见表 2-1，表中 X_{ij} 代表生产部门产品 j 所直接消耗的 i 部门产品的量。

表 2-1　经济投入产出表

投入	中间需求（X_{ij}）				最终产品（Y）	总产品（X）
	部门 1	部门 2	…	部门 n		
部门 1	X_{11}	X_{12}	…	X_{1n}	Y_1	X_1
部门 2	X_{21}	X_{22}	…	X_{2n}	Y_2	X_2
…	…	…	…	…	…	…
部门 n	X_{n1}	X_{n2}	…	X_{nn}	Y_n	X_n
初始投入（N）	N_1	N_2	…	N_n	—	—
总产品（X）	X_1	X_2	…	X_n	—	—

价值型投入产出表具有行平衡关系“中间产品+最终产品=总产品”，即

$$\sum_{j=1}^{n} X_{ij} + Y_i = X_i (i = 1,2,\cdots,n) \tag{2-2}$$

同时具有列平衡关系“中间投入+初始投入=总投入”，即

$$\sum_{i=1}^{n} X_{ij} + N_j = X_j (j = 1,2,\cdots,n) \tag{2-3}$$

3. 碳排放投入产出模型

碳排放投入产出分析以价值型投入产出模型为基础，通过引入碳排放系数矩阵，对经济活动中伴随的碳排放流动情况进行分析。碳排放投入产出分析需满足传统投入产出模型的一般假设，并认为部门产品的碳排放系数具有相对稳定性，即在一定时期内，生产单位部门产品的碳排放是平均化和相对恒定的。碳排放投入产出表的基本结构见表 2-2。

表 2-2　碳排放投入产出表的基本结构

投入	部门	中间需求				最终产品	总产品
		部门 1	部门 2	…	部门 n		
经济投入	部门 1	X_{11}	X_{12}	…	X_{1n}	Y_1	X_1
	部门 2	X_{21}	X_{22}	…	X_{2n}	Y_2	X_2
	…	…	…	…	…	…	…
	部门 n	X_{n1}	X_{n2}	…	X_{nn}	Y_n	X_n
碳排放投入	部门 1	d_{11}	d_{12}	…	d_{1n}	F_1	D_1
	部门 2	d_{21}	d_{22}	…	d_{2n}	F_2	D_2
	…	…	…	…	…	…	…
	部门 n	d_{n1}	d_{n2}	…	d_{nn}	F_n	D_n

表 2-2 中 i 部门总产品对应的本部门直接碳排放D_i可按下式计算：

$$D_i = \sum_{p=1}^{m_1}(\mathrm{EC}_{pi} \cdot f_p) + \sum_{q=1}^{m_2}(\mathrm{EN}_{qi} \cdot f_q) \tag{2-4}$$

式中　m_1、m_2——i 部门能源与非能源碳排放类型数；

EC_{pi}——i 部门对第 p 种能量的消耗量；

EN_{qi}——第 q 种工业生产过程的总量；

f_p——第 p 种能源的碳排放强度；

f_q——第 q 种工业生产过程的碳排放强度。

由碳排放投入产出表的行平衡关系可得

$$\sum_{j=1}^{n} d_{ij} + F_i = D_i (i = 1,2,\cdots,n) \tag{2-5}$$

2.3.4　混合法

过程分析法可针对具体的碳排放过程进行详细评价，获得的结果相对更准确，且便于数据基础的更新，但由于系统边界受限，通常存在截断误差；而投入产出法利用经济价值和投入产出表计算，在宏观层面上系统边界更完备，但针对具体碳排放过程的准确性不高。综合两种方法的优点，近年来混合法在碳排放量化方面得到了广泛的应用。根据混合法的组成结构不同，可将其划分为分层混合法（Tiered Hybrid LCA，TH LCA）、基于投入产出分析的混合法（I-O based Hybrid LCA，IOH LCA）和整合的混合法（Integrated Hybrid LCA，IH LCA）三类。

分层混合法是利用过程分析法对主要的生产或使用过程进行研究，而对于其他的过程采用投入产出数据进行碳排放的估计，最终以二者之和作为总体碳排放。分层混合法在一定程度上扩展了原有过程分析法的系统边界，并可根据过程分析法与投入产出法的线性叠加结果获得，故概念清晰且计算量较小，是目前最为常用的混合分析方法。需要注意，该方法不能考虑过程分析系统与投入产出分析系统的内在联系，易产生边界划分不清和重复计算等问题。

基于投入产出分析的混合法利用更为详细的部门生产与消耗数据对投入产出表中的工业部门进行详细拆分，以提高计算结果的准确性。基于投入产出分析的混合法以详细的产品与环境流量数据为基础，通过部门拆解提高了原有投入产出法的数据详细度，但计算量显著增加，且混合了一部分过程分析结果，分析系统的内在关系与冗余问题难以明确。此外，由于部门分解高度依赖于附加流量数据的详细程度与准确性，在数据不足或精度未知的情况下，该方法计算结果的可靠性难以评估。

整合的混合法利用过程分析法进行总体的碳排放计算，而利用投入产出法进行上下游的附加分析。

2.4 碳排放因子

碳排放因子是一种背景数据，也称为碳排放系数，来源于各类数据库、政府组织、专业机构和相关文献。常用的 LCA 数据库包括联合国政府间气候变化专门委员会（IPCC）数据库、Ecoinvent、中国生命周期基础数据库（CLCD）、GaBi 数据库等，见表 2-3。目前 LCA 数据库较多，针对不同的研究需求选择适合的数据库。考虑到不同地区的能源结构、排放水平和生产工艺的差异，同种材料在不同区域的碳排放因子可能存在巨大差异。在开展 LCA 研究时，应先选择代表当地的权威数据库，以便更能代表本区域实际排放水平，保证数据的准确性和可比较性，如果不能满足需要再考虑其他地区数据库的使用。碳排放因子代表能源或产品在生产和流动过程中的排放水平。根据研究区域、商品类型和时间的差异，不同研究采用的碳排放因子往往差异巨大，给碳排放研究带来巨大的不确定性。依据 IPCC 的提议，各国应利用自己的经同行评议的公开出版文献，这样可以准确反映各国的做法。当缺乏相关文献的情况下，可使用 IPCC 缺省因子或其他国家或地区的碳排放因子数值。

表 2-3 现有生命周期数据库

国家或地区	数据库名称	适用边界
欧盟	European Platform on Life Cycle Assessment	欧洲
瑞典	SPINE CPM LCA Database	世界
丹麦	EDIP	丹麦
	LCA Food	丹麦
荷兰	IVAM LCA Data	荷兰
	Dutch Input Output	荷兰
	Franklin US LCI	美国
瑞士	Ecoinvent	世界范围
	BUWAL 250	瑞士
	Swiss Agricultural Life Cycle Assessment Database	瑞士

（续）

国家或地区	数据库名称	适用边界
德国	German Network on Life Cycle Inventory Data	德国
泰国	Thailand LCI Database Project	泰国
中国	CLCD	中国
	ITRI Database	中国台湾
日本	Japan National LCA Project	日本
澳大利亚	Australian Life Cycle Inventory Data Project	澳大利亚
加拿大	Canadian Raw Materials Database	加拿大
美国	US LCI Database Project	美国

除上述专业数据库，国内外也有大量碳排放因子研究，表 2-4 中列举了部分碳排放因子。其中电能的碳排放因子取 2017—2019 年度《中国区域电网基准线排放因子》平均值，研究者可根据实际需要选取不同区域电网的碳排放因子。

表 2-4　各类材料与能源的碳排放因子

项目名称	碳排放因子	单位	项目名称	碳排放因子	单位
木材	178	$kgCO_{2eq}/m^3$	管片连接螺栓	1.54	$kgCO_{2eq}/kg$
普通钢板	2.425	$kgCO_{2eq}/kg$	电焊条	3.027	$kgCO_{2eq}/kg$
镀锌钢板	2.596	$kgCO_{2eq}/kg$	砂	9.57	$kgCO_{2eq}/m^3$
中小型钢材（钢筋、钢丝等）	2.31	$kgCO_{2eq}/kg$	石	6.864	$kgCO_{2eq}/m^3$
			铁件	1.92	$kgCO_{2eq}/kg$
型钢	2.34	$kgCO_{2eq}/kg$	镀锌铁件	2.35	$kgCO_{2eq}/kg$
钢管	2.84	$kgCO_{2eq}/kg$	水玻璃	1.04	$kgCO_{2eq}/kg$
C20 混凝土	237.32	$kgCO_{2eq}/m^3$	油脂	0.713	$kgCO_{2eq}/kg$
C25 混凝土	266.18	$kgCO_{2eq}/m^3$	PVC	8.653	$kgCO_{2eq}/kg$
C30 混凝土	294.81	$kgCO_{2eq}/m^3$	聚氨酯	4.33	$kgCO_{2eq}/kg$
C35 混凝土	349.63	$kgCO_{2eq}/m^3$	石油沥青	3.087	$kgCO_{2eq}/kg$
C40 混凝土	393.86	$kgCO_{2eq}/m^3$	高密度聚乙烯泡沫板	5.02	$kgCO_{2eq}/kg$
C45 混凝土	419.16	$kgCO_{2eq}/m^3$			
C50 混凝土	424.5	$kgCO_{2eq}/m^3$	沥青防水卷材	4.01	$kgCO_{2eq}/m^2$
52.5 级水泥	0.863	$kgCO_{2eq}/kg$	橡胶止水带	3.95	$kgCO_{2eq}/m$
42.5 级水泥	0.795	$kgCO_{2eq}/kg$	防水涂料	0.89	$kgCO_{2eq}/kg$
32.5 级水泥	0.621	$kgCO_{2eq}/kg$	泡沫剂	0.803	$kgCO_{2eq}/kg$
水泥砂浆	400.94	$kgCO_{2eq}/m^3$	汽油	3.47	$kgCO_{2eq}/kg$
水泥混合砂浆、防水砂浆	444.11	$kgCO_{2eq}/m^3$	柴油	3.59	$kgCO_{2eq}/kg$
			电	0.879	$kgCO_{2eq}/(kW \cdot h)$

课后习题

1. 生命周期评价英文全称和缩写分别是什么？
2. GWP 和 GTP 的含义是什么？
3. 生命周期评价理论框架的四个阶段是什么？
4. 系统边界按照评价范围、尺度、目标分别如何划分？
5. 碳排放计算方法有哪些？
6. 碳排放因子可通过哪些数据库查得？

第3章 地下工程施工期碳排放计算方法

本章提要

本章以公路隧道工程为例，使用LCA理念和模块化方法，提出一种新的地下工程开挖支护碳排放模块化计算方法，并且基于大量实际案例的计算结果，通过回归拟合得到了施工碳排放的预测评估方程，能够在规划设计初期实现对施工碳排放的大致预估，为低碳地下工程的建设提供依据。本章学习重点是掌握地下工程模块化计算方法及预测方法。

明确建材和能源使用量清单是地下工程碳排放计算的关键。预算定额方法在我国碳排放计算中得到了广泛使用。通过完善的预算制度，研究者可有效预估单元工程量的材料和机械投入。但预算定额使用过程烦琐，涉及的产品和机械数量繁多。最为关键的缺陷在于，现有研究在面对不同地下工程时需要重复清单数据计算过程，因而花费大量时间和精力。

为解决传统LCA清单数据处理工作量大、重用率低的问题，模块化LCA开始应用于产品的生命周期设计。模块化设计是指从产品的功能、性能和规格出发，在功能分析的基础上设计一系列功能模块，通过模块的选择和组合构成不同产品。模块化的核心是使用相对独立的较小系统组成一个复杂产品或流程。简而言之，模块化设计将产品的某些要素进行有机组合，构成系列具有特定功能的子系统，并将子系统作为通用性模块与其他产品要素进行多种组合，构成新的系统，产生具有不同功能或相同功能的系列产品。当前模块化LCA方法已经应用于农业、工业和建筑行业。

传统地下工程LCA研究将生命周期划分为材料生产、施工、使用维护和废弃阶段，分别计算各阶段的投入与排放。然而废物处理、回收和运输工程往往贯穿地下工程施工各个工序，上述过程产生的投入和排放需要进一步分配到不同阶段，加大了清单数据的采集和计算工作量。

为解决上述问题，本章以公路隧道工程为例，使用LCA理念和模块化方法，提出一种新的隧道开挖支护碳排放模块化计算方法。该方法明确了不同隧道施工工序与运输和材料加工处理之间的材料流和能量流对应关系，能够快速调用隧道施工单元工程量投入和排放数据，避免因工程量改变重复计算隧道清单数据。以隧道施工期间的几类关键影响因素为自变量，基于大量实际案例的计算结果，通过回归拟合得到了施工碳排放的预测评估方程，能够在规划设计初期实现对隧道施工碳排放的大致预估，分析各项衬砌设计参数对隧道施工碳排放的影响作用与规律，为低碳公路隧道的建设提供依据。

3.1 地下工程施工碳排放模块化计算方法

3.1.1 LCA模块化概述

1. 模块化概念

从产品的角度出发，模块是一组零件的集合体。模块在产品中承担独立的功能，并不依附于其他功能而存在，具有系列产品接口，与其他模块方便地组成产品，实现产品的各项功能。此外，模块还具有系列化、标准化、通用性、层次性和互换性功能。

早在20世纪60年代，人们就尝试将产品部分零部件组合成模块以方便实际生产和装配调试。随着绿色经济的发展，产品生命周期中模块的环境友好性得到了高度重视，人们开始考虑产品的维护性、拆解性、重用性和环境性等特点。传统以使用功能设计为导向的模块化定义不能满足现代模块化设计的需求。

当前模块化已经成为一种广泛应用的设计方法，但并没有统一的定义。模块化是对产品或系统的一种规划和组织，但这一过程往往按照某种目的和规则进行。由于模块化的目的不同，对应的结果也存在差异，因而通用的模块化方法不存在。

模块的通用性、相对独立性特点，使得模块化LCA具有明显的优势。通过数据整合，将输入输出数据模块化，从而实现清单数据的可重复重用，减少LCA数据收集计算的工作量。模块的相对独立性使得不同LCA模块互不影响，研究者可以改动单个模块，增强了LCA方法的外推性，即从现有产品LCA基础上完成估计新产品的LCA。

2. 模块化重用

LCA数据重用分为两类：一类是直接引用；另一类是修改重用。直接引用是指在对新产品进行LCA模块化时，不更改原模块中投入产出数据，直接引用原产品的某个模块。而一旦模块部分材料能源的种类或数值发生改变，则需采用修改重用方式。一般来说，直接引用适用于通用的标准模块、同类型产品中标准模块和非模块标准件。

为实现数据重用，减少LCA数据计算采集量，许多国家和组织已经开发相关数据库。借助模块通用性特点，建立模块数据库，提高生命周期清单分析（Life Cycle Inventory，LCI）数据的重用效率和层级。LCI数据库面向过程，存储单元过程的材料和能源消耗数据，但模块内含有若干个过程，数据来源于LCI数据库，并不能替代LCI数据库。

3.1.2　方法与数据

1. 目标与范围

提供一种模块化计算方法，用于分析隧道施工和上游产品加工运输过程中的投入和排放。一般来说，隧道设计寿命为 100 年，服务年限时间跨度大。随着节能减排技术的发展以及设计理念革新，隧道运营能耗有望持续下降。因而，后续运行维护阶段、拆解阶段和回收阶段的碳排放难以预计，预测的排放值可能误差极大，计算结果难以让人信服。综上，本章节仅包括隧道上游建材的生产、运输和施工阶段。其中施工阶段不仅包括隧道内的施工作业，还涵盖了必要的材料加工、处理和运输。

系统边界包含四个部分：上游材料生产、隧道现场施工、材料运输、材料采集与加工。我国地下工程特别是隧道工程广泛使用钻爆法施工，一般包含超前支护、隧道开挖、金属网、锚杆、钢架和模筑衬砌工序。上述工序是隧道施工的关键组成部分，但还应考虑材料采集和加工过程。砂石材料是建筑混凝土的重要组成部分，而隧道弃渣为材料回收提供了来源，降低了施工企业的购买成本。材料运输活动分为两部分：从市场到隧道施工现场的运输活动及隧道现场内的运输活动。

为便于不同研究之间的对比，将功能单位设定为“每延米隧道的开挖与支护活动”。施工机械在不同施工地点之间的运输数据难以估计，各类设备的安装、监控和拆除费用不在研究范围内。爆破出渣的投入和排放划入隧道开挖工序。在材料采集加工中，考虑砂和碎砾石回收，以及混凝土搅拌、现场获取抽取水。隧道开挖支护的能量流与材料流如图 3-1 所示。

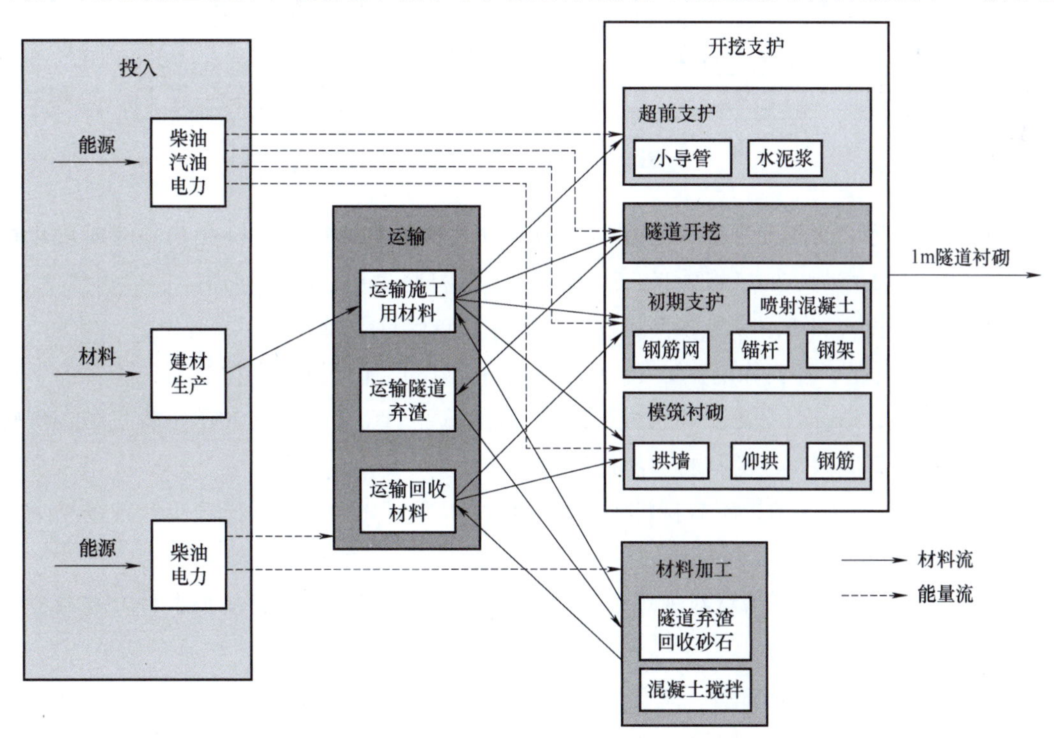

图 3-1　隧道开挖支护的能量流与材料流示意图

由图 3-1 可见，隧道施工材料和能量的流动较为复杂，现场施工、建材生产、运输和材料加工之间联系紧密，不便直接按照生命周期划分投入和排放。此外，单个过程的投入发生变化，上下游材料流和能量流随之响应。为此，提出一种隧道施工模块化方法，模块化系统边界如图 3-2 所示。

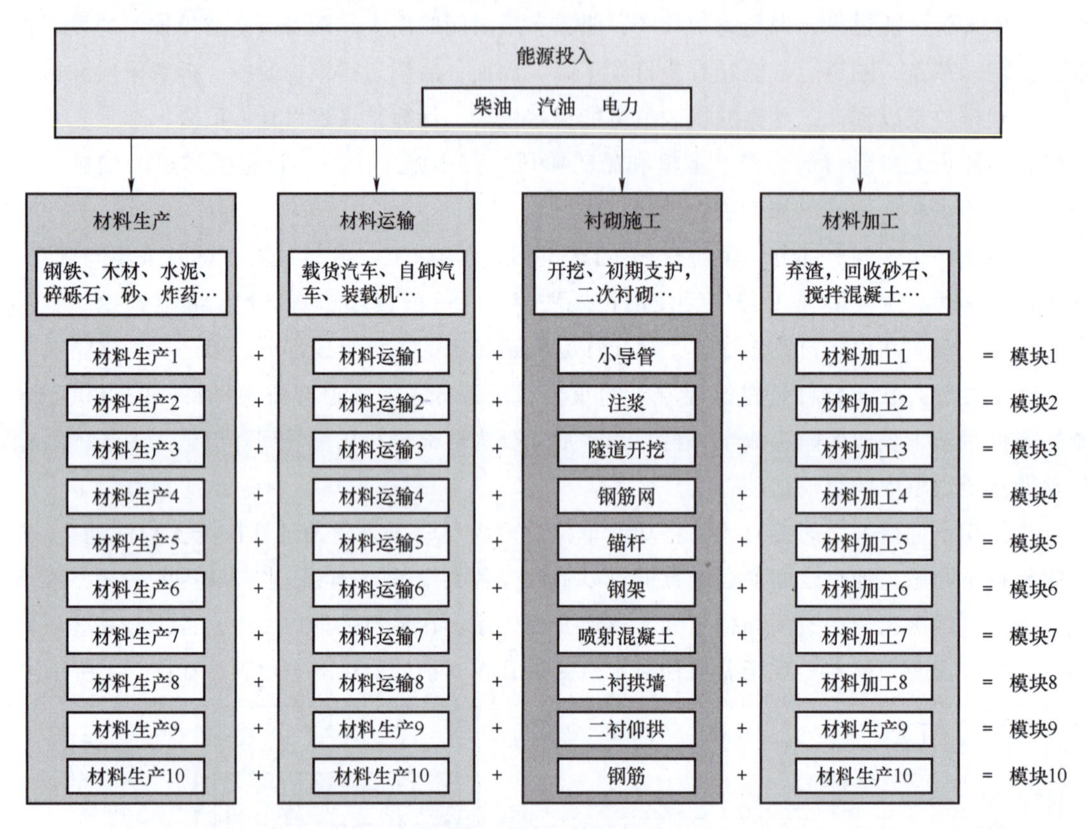

图 3-2 模块化系统边界

隧道施工工序之间相互独立，且在不同隧道项目中具有通用性，符合产品的模块化特征。以衬砌施工工序为核心，将施工工序所需的上游材料生产、运输和加工进行垂直整合，获得模块的整体投入和排放。将各模块投入排放计算步骤总结如下：

1）基于《公路工程预算定额》（JTG/T 3832—2018）计算第 n 个衬砌施工工序的材料和机械台班投入；结合《公路工程机械台班费用定额》（JTG/T 3833—2018）将机械台班转化为燃料消耗，得到该工序的材料和能量投入、排放。

2）明确第 n 个工序施工所需材料的来源，将材料源划分为市场直接购买和现场采集加工两类。

3）确定第 n 个工序所需材料现场采集的工序集合，计算材料采集加工中材料能源投入和排放。

4）将材料运输分为两部分：对于从市场购买的材料，计算市场到隧道现场以及隧道现场内部运输的能源投入和排放；对于现场采集的材料，只计算隧道现场内运输的能源投入和排放。

5）将隧道施工、材料运输、材料采集加工和材料生产的投入与排放分别进行累加，即为第 n 个模块的投入和排放值。

6）更换施工工序，重复步骤 1)～5)，计算第 $n+1$ 个工序的投入和排放，直到完成所有模块的投入排放计算。

2. 清单分析

清单分析

（1）清单数据　清单数据分为前景数据和背景数据。前景数据包含施工活动材料及能源的消耗量，源自勘察设计资料、设计数据、技术手册或相关机构的统计数据等。背景数据则包含各类建材和能源的排放因子，可从 IPCC、生命周期数据库、现有文献和规范中获取。

隧道工程量是前景数据的重要来源，一般从勘察设计资料中获得。通过《公路工程预算定额》，研究者将工程量数据转换为隧道施工消耗的劳动力、材料和机械台班。机械台班表示单元机械在 8h 内发挥的效能，单位台班的能耗数据可在《公路工程机械台班费用定额》中获得。通过《公路工程预算定额》与《公路工程机械台班费用定额》可将工程量数据转换为材料和燃料消耗量数据，以便决策者在隧道设计阶段评估隧道的排放水平。

（2）模块投入排放计算方法　模块碳排放考虑三部分：材料生产、材料运输和材料处理与加工。

对于某个模块，工程量为 u，施工和材料生产中投入与碳排放计算分别见式（3-1）和式（3-2）。

$$I_u = \sum_j M_{uj} + \sum_k C_{uk} F_k \tag{3-1}$$

$$G_u = \sum_j M_{uj} E_j + \sum_k C_{uk} F_k E_k \tag{3-2}$$

式中　I_u——某模块施工和材料生产中材料能源投入；

G_u——某模块施工和材料生产产生的碳排放；

M_{uj}——第 j 类材料的投入量；

E_j——第 j 类材料的排放因子；

C_{uk}——第 k 类施工机械的台班数量；

F_k——第 k 类施工机械单位台班能耗；

E_k——第 k 类施工使用能源的排放因子。

《公路工程预算定额》提供了 M_{uj} 和 C_{uk} 的数值和单位，《公路工程机械台班费用定额》给出了 F_k 的数值和单位，E_j 和 E_k 的数值可从表 2-4 中获得。

式（3-1）计算了上游材料生产和施工现场单元过程施工机械的投入产出，但并未考虑材料运输和材料处理加工。运输活动是隧道施工的必要环节，按照运输作业范围可将材料运输分为两类：一类是从市场购买材料运输到施工现场，对应的模块投入和排放计算分别见式（3-3）和式（3-4）。表 3-1 中列举了不同载具的 F_c 数值，由《建筑碳排放计算标准》（GB/T 51366—2019）和文献中计算得到。

$$I_{m1} = \sum m D_c F_c \tag{3-3}$$

$$G_{m1} = \sum m\ D_c F_c E_c \tag{3-4}$$

式中 I_{m1}——从市场到隧道现场运输材料的能源投入；

G_{m1}——从市场到隧道现场运输材料产生的碳排放；

m——载具 c 的载重量；

D_c——从市场到隧道施工场地的运距；

F_c——载具 c 运输每吨材料每公里的燃料消耗量；

E_c——载具 c 使用燃料的排放因子。

表 3-1　载具长途运输燃料消耗

载具类型	载重量/t	F_c	能耗类型
重型柴油货车	10	0.037kg/(t·km)	柴油
重型柴油货车	18	0.030kg/(t·km)	柴油
重型柴油货车	30	0.018kg/(t·km)	柴油
重型柴油货车	46	0.013kg/(t·km)	柴油
电力机车	—	0.010kW·h/(t·km)	电力

另一类是在施工作业区的场内运输，相应的投入和排放计算分别见式（3-5）和式（3-6）。

$$I_{m2} = \sum_c \sum_m (C_{cm1} + k\ C_{cma}) F_c \tag{3-5}$$

$$G_{m2} = \sum_c \sum_m (C_{cm1} + k\ C_{cma}) F_c E_c \tag{3-6}$$

式中 I_{m2}——施工作业区场内运输的燃料投入；

G_{m2}——施工作业区场内运输的碳排放；

C_{cm1}——载具 c 在基础运距内运输材料 m 的机械台班数量；

C_{cma}——载具 c 在每个额外运距 a 内运输材料 m 的机械台班数量；

k——额外运距 a 的数量；

F_c——载具 c 单位台班的燃料消耗量；

E_c——载具 c 使用燃料的排放因子。

C_{cm1}、C_{cma}和 a 的数值和单位可从《公路工程预算定额》中获得，可参照表 3-2 取值。而 F_c从《公路工程机械台班费用定额》获得，碳排放因子 E_c由表 2-4 中取值。

实际条件下，隧道施工用材料并非全部从市场购买。施工方可利用隧道开挖的废弃土石资源，回收砂和碎砾石材料。此外，由于山岭隧道距离市区较远，混凝土往往在现场搅拌，由水泥、砂和碎砾石混合搭配。模块材料处理和加工的投入与排放计算分别见式（3-7）和式（3-8）。

$$I_r = \sum_j M_{rj} + \sum_k C_{rk} F_k \tag{3-7}$$

$$G_r = \sum_j M_{rj} E_j + \sum_k C_{rk} F_k E_k \tag{3-8}$$

式中 I_r——回收材料的能源投入；

G_r——回收材料产生的碳排放；

M_{rj}——第 j 类材料的投入量；

E_j——第 j 类材料的排放因子；

C_{rk}——第 k 类施工机械的台班数量；

F_k——第 k 类施工机械单位台班能耗；

E_k——第 k 类施工使用能源的排放因子。

其中《公路工程预算定额》提供了M_{rj}和C_{rk}的数值和单位，表 3-3 列举了单位体积弃渣筛砂和碎砾石采集的机械台班数量和油耗。《公路工程机械台班费用定额》给出了 F_k 的数值和单位，E_j 和 E_k 的数值可从表 2-4 中获得。

表 3-2　不同载具运输能耗和台班数量

载具类型	型号	材料类型	运量	首个 1km 运距台班数量	额外 1km 运距台班数量	每台班柴油消耗/kg
载货汽车	8t	木材	$100m^3$	1.63	0.13	44.95
		钢铁	100t	1.45	0.1	
		水泥	100t	1.75	0.09	
	10t	木材	$100m^3$	1.36	0.11	50.29
		钢铁	100t	1.23	0.08	
		水泥	100t	1.48	0.08	
	15t	木材	$100m^3$	0.91	0.07	61.72
		钢铁	100t	0.83	0.05	
		水泥	100t	1.01	0.05	
	20t	木材	$100m^3$	0.65	0.05	81.14
		钢铁	100t	0.6	0.04	
		水泥	100t	0.72	0.04	
自卸汽车	8t	土、砂	$100m^3$	0.62	0.13	49.45
		碎砾石	$100m^3$	0.66	0.14	
		块石	$100m^3$	0.81	0.17	
	10t	土、砂	$100m^3$	0.53	0.11	55.32
		碎砾石	$100m^3$	0.57	0.11	
		块石	$100m^3$	0.7	0.13	
	12t	土、砂	$100m^3$	0.43	0.09	61.6
		碎砾石	$100m^3$	0.5	0.11	
		块石	$100m^3$	0.57	0.12	
	15t	土、砂	$100m^3$	0.38	0.08	67.89
		碎砾石	$100m^3$	0.39	0.08	
		块石	$100m^3$	0.48	0.11	
	20t	土、砂	$100m^3$	0.28	0.07	77.11
		碎砾石	$100m^3$	0.3	0.06	
		块石	$100m^3$	0.37	0.09	

（续）

载具类型	型号	材料类型	运量	首个 1km 运距台班数量	额外 1km 运距台班数量	每台班柴油消耗/kg
轮胎式装载机	$1m^3$	土、砂、碎砾石	$100m^3$	0.26	—	49.03
		块石	$100m^3$	0.38	—	
	$2m^3$	土、砂、碎砾石	$100m^3$	0.15	—	92.86
		块石	$100m^3$	0.22	—	
	$3m^3$	土、砂、碎砾石	$100m^3$	0.12	—	115.15
		块石	$100m^3$	0.17	—	
混凝土搅拌运输车	8t	混凝土	$100m^3$	1.176	0.07	100.57

表 3-3　每 $100m^3$ 堆方弃渣筛砂和碎砾石采集的机械投入

材料采集工序	机械类型	C_{rk}/台班	F_k
隧道弃渣筛砂	$1m^3$ 轮胎式装载机	1.2	49.03kg 柴油
	滚筒式筛分机	5.8	12.98kW·h 电能
采碎砾石	250mm×400mm 电动颚式破碎机	3.42	35.7kW·h 电能
	滚筒式筛分机	3.48	12.98kW·h 电能

综上，式（3-1）~式（3-8）明确了隧道施工、材料运输和材料采集加工的单元过程的投入和排放计算方法。假定隧道施工包含 n 个模块，每个模块对应一个隧道施工单元过程和若干个材料运输与加工的单元过程，如图 3-3 所示。将各隧道施工单元过程及其材料运输和加工处理的投入与排放分别累加即为整体的投入和排放，分别见式（3-9）和式（3-10）。

$$I=\sum_{n} M_{jI} \tag{3-9}$$

$$G=\sum_{n} M_{jG} \tag{3-10}$$

式中　I——隧道施工总的材料能源投入；

G——隧道施工总的碳排放；

M_{jI}——第 j 个模块的材料能源投入；

M_{jG}——第 j 个模块的碳排放。

3. 面向单元工程量的计算路径

隧道碳排放涉及的产品和机械数量繁多，需要开展大量数据计算。传统隧道碳排放计算由工程量、预算定额和台班能耗获得隧道前景数据，再计算排放量，如图 3-4 所示。不同隧道的工程量是变量，随着隧道设计参数变化而变化。即便《公路工程预算定额》与《公路工程机械台班费用定额》中数据并未发生变化，前景数据仍然需要重复计算，消耗大量时间和精力。可转变计算思路，在计算的最后一步引入隧道工程量，重点在于建立可调用的单元工程量的模块投入与排放库，避免在计算早期引入变化量，减少重复计算，提高数据库重用率，计算路径如图 3-5 所示。

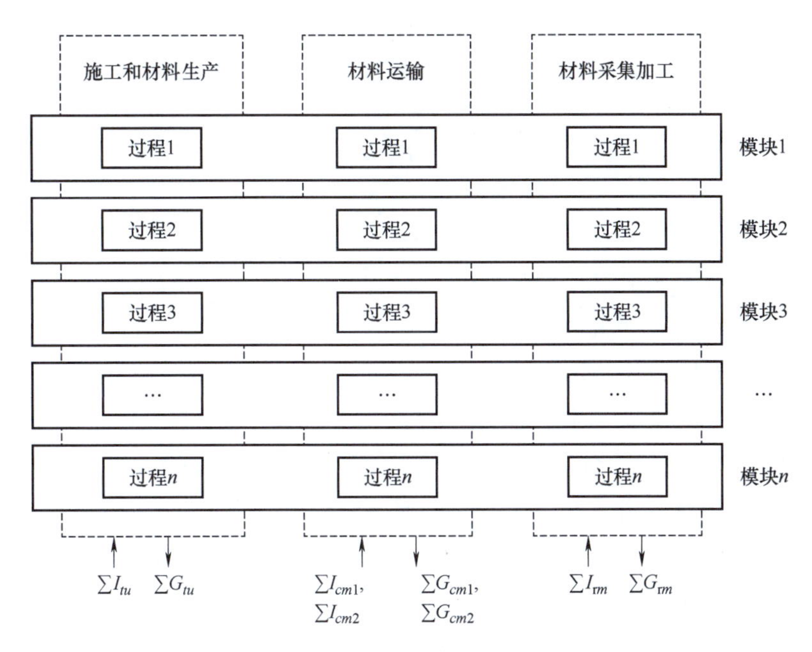

图 3-3　隧道施工模块分解模型

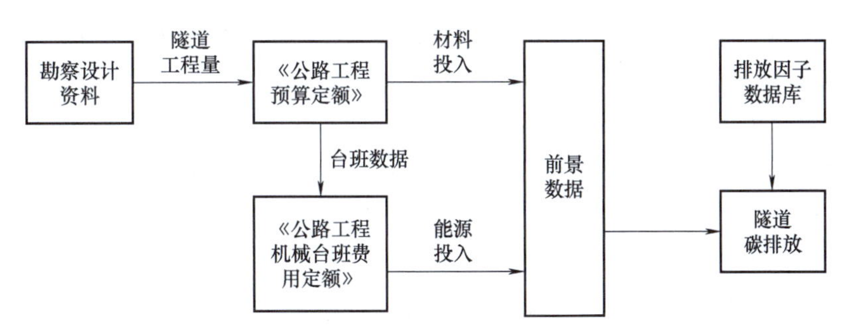

图 3-4　传统碳排放计算路径

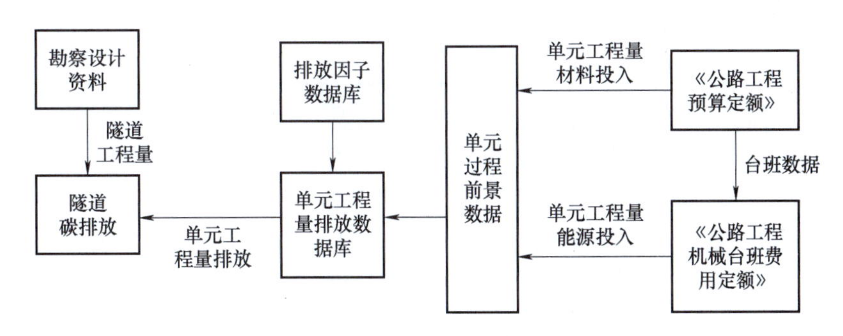

图 3-5　面向单元工程量的碳排放计算路径

以喷射混凝土为例，$1m^3$ 喷射混凝土的投入产出清单是常量，可作为后续喷射混凝土清单数据计算的单位，我们定义这个基本单位为基元（Primitive）。基元表示隧道衬砌施工取单元工程量时的模块。

通过明确各模块中基元的数量和投入产出清单，提出一种新的隧道清单计算方法。对于第 j 个模块，包含基元数量为 a_j，则总的投入和碳排放分别见式（3-11）和式（3-12）。

$$I = \sum_{j}^{n} E_{Ij}\, a_j \tag{3-11}$$

$$G = \sum_{j}^{n} E_{Gj}\, a_j \tag{3-12}$$

式中 I——隧道施工总的材料能源投入；

G——隧道施工总的碳排放；

a_j——第 j 个模块的基元数量；

E_{Ij}——第 j 个模块的基元材料能源投入；

E_{Gj}——第 j 个模块的基元碳排放。

4. 基元碳排放计算示例

以喷射混凝土工序为例，阐述计算模块投入产出的具体方法。在不考虑运输和材料采集加工的条件下，每喷射 $10m^3$C25 混凝土需要投入 0.01m^3 木材、5.628t 水泥、24m^3 水、7.2m^3 中粗砂、6.84m^3 碎石、1.29 台班的混凝土喷射机、0.78 台班的 20m^3/min 电动空压机，上述数据来自《公路工程预算定额》。每台班混凝土喷射机消耗电能 43.01kW·h，每台班 20m^3/min 电动空压机耗电 601.34kW·h，上述机械能耗数据来自《公路工程机械台班费用定额》。通过换算，$10m^3$C25 喷射混凝土需要投入 0.01m^3 木材、5.628t 水泥、24m^3 水、7.2m^3 中粗砂、6.84m^3 碎石和 524.53kW·h 电能。通过排放系数法，使用表 2-4 中排放因子数据，计算产出的排放为 4.48t CO_{2eq}。

3.1.3 基元投入排放清单

隧道现场施工过程中的材料能源消耗可通过定额确定，但材料运输和采集加工仍需结合隧道现场条件确定，相关因素包括材料回收比例和运输距离等。表 3-4 列举了各组情景下材料运输和采集加工的设定，以便后续基元碳排放计算。

表 3-4 运输与采集加工的设定

项目	基本参数与假定
废土石场外运输	废土石回收距离洞口 10km，采用 20t 自卸汽车搭配轮胎式装载机装卸土石
材料采集加工	50%的砂和 100%的碎砾石在隧址区通过弃渣回收
材料场外运输	使用 15t 载货汽车运输木材、钢材和爆破材料，使用 20t 自卸汽车运输土、砂、石屑、碎砾石。材料堆积地点和混凝土搅拌站距离洞口 1km。隧道长度为 1km。使用混凝土运输车运输混凝土，平均运距为 1.5km
材料从市场运输到隧道	建材运输距离为 500km，采用重型柴油货车运输（载重 30t）

基于表 3-4 的假定，计算各基元的碳排放值，见表 3-5。在所有基元中，围岩开挖工序包含出渣带来的运输排放，因而其材料运输和采集加工碳排放占比最高，为 19%~30%；其

次为混凝土施工，包括喷射混凝土和模筑混凝土，对应排放占比为 10%～13%；水泥砂浆中材料运输占比为 5.52%；其余基元中占比小于 2%。

表 3-5　基元碳排放数值

基元	工程量	碳排放/kg CO_{2eq}		
		包含运输与采集加工	不包含运输与采集加工	偏差（%）
E1	1m³ Ⅰ级围岩开挖	19.318	15.525	19.63
E2	1m³ Ⅱ级围岩开挖	17.848	14.063	21.21
E3	1m³ Ⅲ级围岩开挖	13.268	9.490	28.47
E4	1m³ Ⅳ级围岩开挖	12.624	8.858	29.83
E5	1m³ Ⅴ级围岩开挖	14.104	10.359	26.55
E6	1kg 型钢钢架	2.663	2.619	1.65
E7	1kg 格栅钢架	3.054	3.006	1.57
E8	1kg 连接钢筋	2.522	2.480	1.67
E9	1kg 砂浆锚杆	4.118	4.053	1.58
E10	1kg 金属网	2.536	2.494	1.66
E11	1m³ 喷射混凝土	504.107	449.909	10.75
E12	1m³ 拱墙混凝土	402.342	352.674	12.34
E13	1m³ 仰拱混凝土	346.662	302.753	12.67
E14	1kg 钢筋	2.455	2.412	1.75
E15	1mϕ25mm 中空锚杆	17.277	16.958	1.88
E16	1mϕ22mm 药卷锚杆	12.201	12.001	1.67
E17	1mϕ42mm 注浆小导管	13.966	13.817	1.08
E18	1m³ 水泥砂浆	1054.376	999.175	5.52

不同部分的排放占比如图 3-6 所示，材料生产与现场施工的排放占比超过 70%；材料采集加工的排放占比低于 1.4%，影响微弱；从市场到隧道的材料运输排放占比为 0.2%～10%，对基元排放有一定影响；对于隧道开挖工序，场内运输的排放占比高于 19%，主要来源于隧道出渣，对于非出渣工序，场内运输排放占比低于 1.8%，占比大幅下降。

排除材料运输与加工，基元的材料能源投入见表 3-6，而基于表 3-4 设定，基元的材料能源投入见表 3-7。以上投入清单将在后续隧道施工投入计算中直接调用。

表 3-6　基元的材料能源投入（排除材料运输与加工过程）

基元	木材/m³	钢材/kg	水泥/kg	炸药/kg	砂/kg	碎砾石/kg	电力/kW·h	汽油/kg	柴油/kg
E1	0.001	0.368	0.000	1.091	0.000	0.000	14.186	0.051	0.022
E2	0.001	0.326	0.000	1.038	0.000	0.000	12.845	0.051	0.015
E3	0.000	0.284	0.000	0.985	0.000	0.000	8.332	0.051	0.015
E4	0.000	0.209	0.000	0.767	0.000	0.000	7.919	0.051	0.015

（续）

基元	木材 /m^3	钢材 /kg	水泥 /kg	炸药 /kg	砂 /kg	碎砾石 /kg	电力 /kW·h	汽油 /kg	柴油 /kg
E5	0.000	0.179	0.000	0.305	0.000	0.000	9.658	0.051	0.015
E6	0.000	1.075	0.000	0.000	0.000	0.000	0.067	0.018	0.000
E7	0.000	1.150	0.000	0.000	0.000	0.000	0.289	0.018	0.000
E8	0.000	1.020	0.000	0.000	0.000	0.000	0.000	0.000	0.000
E9	0.000	1.045	0.347	0.000	0.343	0.000	1.407	0.000	0.003
E10	0.000	1.026	0.000	0.000	0.000	0.000	0.128	0.000	0.000
E11	0.001	0.000	562.800	0.000	1029.6	1026.0	52.453	0.000	0.000
E12	0.011	10.703	386.900	0.000	862.29	1138.5	5.037	0.000	0.000
E13	0.000	2.540	386.900	0.000	862.29	1138.5	2.505	0.000	0.000
E14	0.000	1.028	0.000	0.000	0.000	0.000	0.041	0.000	0.000
E15	0.000	4.704	1.870	0.000	2.288	0.000	4.811	0.000	0.010
E16	0.000	3.114	1.219	0.000	0.000	0.000	4.032	0.000	0.003
E17	0.000	3.597	0.000	0.000	0.000	0.000	5.532	0.000	0.052
E18	0.000	0.000	0.000	1415.4	0.000	0.000	0.000	1.166	12.635

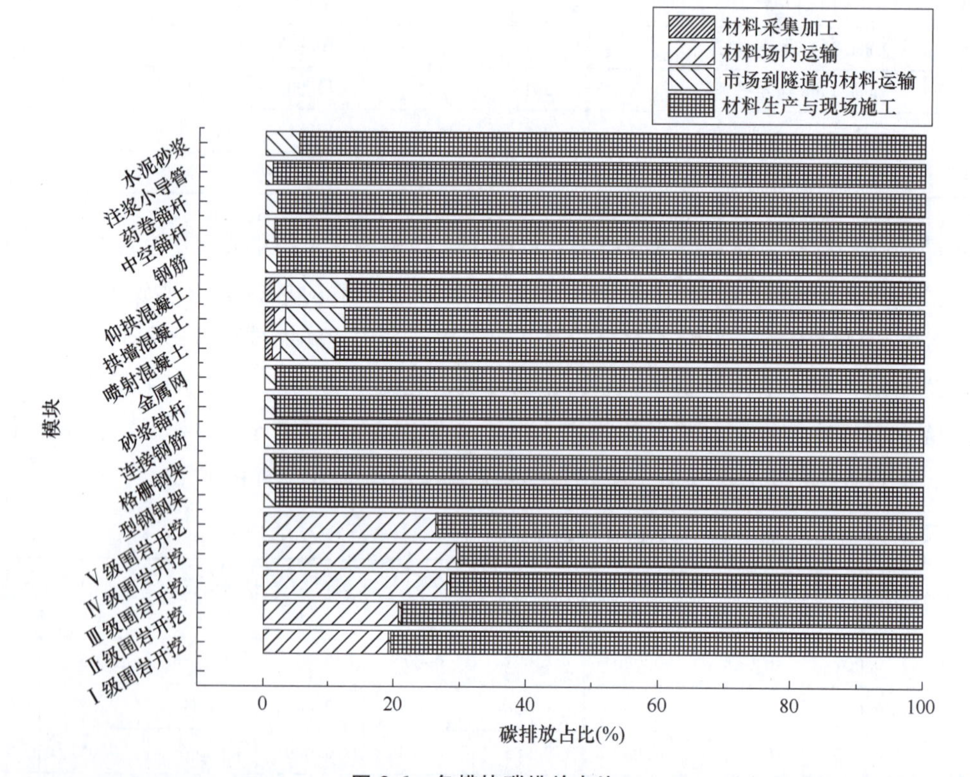

图 3-6 各模块碳排放占比

表 3-7　基元的材料能源投入（基于表 3-4 设定）

基元	木材 /m^3	钢材 /kg	水泥 /kg	炸药 /kg	砂 /kg	电力 /kW·h	汽油 /kg	柴油 /kg
E1	0.0006	0.368	0.000	1.091	0.000	14.186	0.051	0.891
E2	0.0005	0.326	0.000	1.038	0.000	12.845	0.051	0.881
E3	0.0004	0.284	0.000	0.985	0.000	8.332	0.051	0.880
E4	0.0004	0.209	0.000	0.767	0.000	7.919	0.051	0.877
E5	0.0004	0.179	0.000	0.305	0.000	9.658	0.051	0.872
E6	0.000	1.075	0.000	0.000	0.000	0.067	0.018	0.010
E7	0.000	1.150	0.000	0.000	0.000	0.289	0.018	0.011
E8	0.000	1.020	0.000	0.000	0.000	0.128	0.000	0.010
E9	0.000	1.045	0.347	0.000	0.172	1.407	0.000	0.018
E10	0.000	1.026	0.000	0.000	0.000	0.128	0.000	0.010
E11	0.001	0.000	562.800	0.000	514.800	57.375	0.000	11.554
E12	0.003	5.200	476.200	0.000	468.325	5.044	0.000	11.220
E13	0.001	0.000	423.300	0.000	416.130	4.482	0.000	9.927
E14	0.000	1.028	0.000	0.000	0.000	0.039	0.000	0.010
E15	0.000	4.704	1.870	0.000	1.144	4.811	0.000	1.497
E16	0.000	3.119	1.221	0.000	0.000	4.039	0.000	0.580
E17	0.000	3.597	0.000	0.000	0.000	5.532	0.169	0.052
E18	0.000	0.000	1415.4	0.000	0.000	0.000	1.166	12.635

提出的模块化碳排放计算方法的创新点和优势体现在以下三个方面：

1）选择《公路工程预算定额》和《公路工程机械台班费用定额》作为单元工程量的前景数据来源。这两个定额规范均为我国现行标准，保证了数据结果在我国范围内具有良好的适用性，能够代表当前我国隧道修建技术的发展水平。

2）兼顾了不同隧道的现场实际，考虑了隧道施工中材料运输和采集加工活动水平的不同工况，明确了市场到隧道的材料运输和渣石回收对隧道施工碳排放的关键作用。

3）具有较好的通用性，克服了设定差异给研究结果调用带来的困难。同时基于敏感性研究结果，隧道内水平无轨运输的影响有限，可进一步简化隧道内运输的设定，从而提升模块修改后再调用的效率。

考虑到我国市场的庞大，不同地区可采用不同生产工艺的材料，因而材料和能源碳排放因子与本章节可能存在差异。但本书给出了材料能源的投入数据，在实际应用中可根据项目情况建立相应的基元投入和排放数据库。

按照开挖断面类型，隧道开挖可分为台阶法、全断面法等。而本章节并未考虑断面类型对隧道开挖的影响，主要原因是缺乏现场实际数据。隧道设计资料中并未规定具体的开挖方法，施工单位可根据工程需要采用合适的开挖方法。以爆破开挖为例，不同施工单位可根据经验和相关规范调整炮眼位置和装药量，该数据属于变量，往往根据具体围岩特性、爆破效果和开挖进尺等因素进行调整，获取大量此类数据的难度较大。纵观当前国内外碳排放计算文献，研究者们并未描述隧道实际开挖方法、开挖断面类型，亦或讨论不同开挖方法带来的排放误差。因此，对开挖碳排放计算进行简化：按照《公路工程预算定额》中给出的单位体积土石开挖投入的材料和机械台班，计算相应断面面积下每延米隧道开挖的碳排放。

3.2 地下工程施工碳排放的预测方法

碳排放预测是建筑行业和交通运输行业的热点课题，BP 神经网络模型、STIRPAT 模型、系统动力学模型和灰色预测模型等方法在研究中得到了广泛应用。

不同于一般地上建筑，隧道是处于各种地质环境中的地下结构物。从结构角度来看，隧道结构体系由周围地质体与隧道支护结构共同构成。隧道围岩既是整体结构的主要材料来源，也是重要的荷载承载者和主要的荷载来源。设计的目的是通过提升围岩承载能力，改善围岩的承载条件，发挥好围岩的结构作用。隧道周围地质条件和设计参数必然会影响隧道的碳排放。因此，传统地面建筑的碳排放预测方法并不适用于隧道工程，必须重新分析隧道施工潜在的影响因素，建立隧道施工碳排放预测模型。

3.1 节提出了隧道开挖与支护碳排放模块化计算方法，但该方法需要获取详细的工程量数据，在缺少具体数据的情况下难以直接运用。本节将基于实际工程案例，使用表 3-5 中基元碳排放数据，计算若干地质条件下和设计参数下隧道开挖与支护的碳排放水平，给出不同参数下的碳排放分布；随后探明与隧道开挖和支护碳排放显著相关的影响参数；最终使用线性回归方法建立隧道开挖与支护排放的预测模型，可在缺乏足够工程量数据的情况下估计隧道开挖与支护的碳排放水平。

3.2.1 地下工程开挖与支护碳排放计算

1. 工程概况

选择我国西南地区 4 条公路隧道作为分析对象，隧道采用双洞四车道设计，使用钻爆法开挖，衬砌设计种类共计 42 组，见表 3-8。对应的单洞隧道施工每延米工程量见表 3-9。以上案例涉及的围岩地质条件包括埋深、围岩级别和围岩质量。

表 3-8　隧道地质条件和开挖面积

编号	围岩级别	埋深	围岩质量	开挖面积/m^2	编号	围岩级别	埋深	围岩质量	开挖面积/m^2
1	Ⅴ	浅埋	一般	113.47	22	Ⅲ	深埋	一般	83.79
2	Ⅴ	浅埋	一般	109.84	23	Ⅴ	浅埋	一般	106.2
3	Ⅴ	深埋	较差	108	24	Ⅴ	深埋	一般	106.2
4	Ⅳ	深埋	较好	105.11	25	Ⅴ	深埋	一般	104.34
5	Ⅳ	深埋	一般	105.08	26	Ⅴ	浅埋	较好	106.2
6	Ⅳ	深埋	较差	95.42	27	Ⅴ	深埋	一般	101.66
7	Ⅲ	深埋	一般	91.53	28	Ⅳ	浅埋	一般	101.71
8	Ⅴ	浅埋	一般	113.47	29	Ⅳ	深埋	较好	96.75
9	Ⅴ	浅埋	一般	109.84	30	Ⅳ	深埋	较差	85.57
10	Ⅴ	深埋	较差	108	31	Ⅳ	深埋	一般	101.71
11	Ⅳ	浅埋	较好	105.11	32	Ⅲ	深埋	一般	83.65
12	Ⅳ	深埋	一般	105.08	33	Ⅲ	深埋	较好	85.52
13	Ⅴ	深埋	较好	106.2	34	Ⅴ	浅埋	较好	112
14	Ⅴ	浅埋	一般	106.2	35	Ⅴ	浅埋	较差	114.46
15	Ⅴ	深埋	一般	104.34	36	Ⅴ	浅埋	一般	107.16
16	Ⅴ	浅埋	较好	106.2	37	Ⅴ	深埋	一般	101.72
17	Ⅴ	深埋	一般	104.34	38	Ⅳ	深埋	较差	82.66
18	Ⅴ	浅埋	一般	110.75	39	Ⅳ	深埋	较好	98.94
19	Ⅳ	浅埋	一般	101.71	40	Ⅳ	深埋	一般	97.48
20	Ⅳ	深埋	较好	96.75	41	Ⅲ	深埋	一般	80.49
21	Ⅳ	深埋	较好	85.9	42	Ⅲ	深埋	一般	78.83

表 3-9　隧道衬砌工程量

编号	喷射混凝土/m^3	金属网/kg	ϕ25mm 中空锚杆/m	ϕ22mm 药卷锚杆/m	ϕ42mm 注浆导管/m	水泥浆/m^3	型钢钢架/kg	格栅钢架/kg	连接钢筋/kg	二衬拱墙/m^3	二衬仰拱/m^3	钢筋/kg
1	10.21	68.69	113.8	0	23.33	0.58	2253	0	103.4	11.58	6.69	1208
2	6.22	68.35	113.8	0	23.33	0.58	1199	0	103.4	11.58	7.05	1229
3	6.18	67.94	85.31	0	16	0.4	894.5	0	94.2	10.4	6.43	1006
4	5.1	53.64	0	58.44	0	0	549.7	0	85.41	9.23	5.81	0
5	5.09	53.58	0	55.95	0	0	0	435	66.79	9.23	5.79	0
6	5.13	52.77	0	46.62	0	0	0	362.5	66.36	11.68	0	0
7	2.53	51.67	0	30.22	0	0	0	0	0	10.39	0	0

（续）

编号	喷射混凝土/m^3	金属网/kg	ϕ25mm中空锚杆/m	ϕ22mm药卷锚杆/m	ϕ42mm注浆导管/m	水泥浆/m^3	型钢钢架/kg	格栅钢架/kg	连接钢筋/kg	二衬拱墙/m^3	二衬仰拱/m^3	钢筋/kg
8	10.21	68.69	128.8	0	23.33	0.58	2253	0	103.4	11.58	6.69	1208
9	6.22	68.35	122.1	0	23.33	0.58	1199	0	103.4	11.58	7.05	1209
10	6.18	67.94	91.56	0	16	0.4	894.7	0	94.2	10.41	6.43	1006
11	5.1	53.64	0	64.64	0	0	549.7	0	85.4	9.23	5.81	0
12	5.09	53.58	0	64.65	0	0	0	465	36.74	9.23	5.79	0
13	8.92	102.7	195.4	0	0	0	1586	0	183	11.73	5.42	1524
14	8.92	110.4	219.2	0	0	0	1903	0	184.5	11.73	5.42	1524
15	8.84	101.8	144.7	0	0	0	1261	0	173.9	11.09	4.26	1510
16	8.92	102.7	246.5	0	0	0	1903	0	219.6	11.73	5.42	1524
17	6.17	100.7	153	0	0	0	1261	0	141.3	11.09	4.26	1510
18	9.85	105	195.5	0	0	0	2357	0	183	14.21	6.55	1849
19	7.98	100.2	28	49.5	0	0	795.8	0	128.9	9.8	3.79	1352
20	4.78	76.12	28	49.5	0	0	430.4	0	109.2	8.53	3.31	0
21	4.74	75.84	14	33.75	0	0	430.4	0	109.2	7.94	0	0
22	2.82	75.84	0	33.75	0	0	0	0	0	7.94	0	0
23	8.92	95.01	189.6	0	0	0	1586	0	176.7	11.73	5.42	1524
24	8.92	95.01	227.5	0	0	0	1903	0	184.5	11.73	5.42	1524
25	8.84	94.29	151.7	0	0	0	1261	0	141.3	11.09	4.26	1510
26	8.92	95.01	244	0	0	0	1903	0	184.5	11.73	5.42	1524
27	8.85	94.29	162.6	0	0	0	1261	0	141.3	11.09	4.26	1510
28	7.98	100.2	0	85.5	0	0	795.8	0	158.6	9.8	3.79	1332
29	4.78	95.16	0	76.5	0	0	430.4	0	109.2	8.53	3.31	0
30	4.78	95.16	0	72.5	0	0	430.4	0	109.2	7.96	0	0
31	7.99	93.06	0	127	0	0	1061	0	211.4	9.8	3.79	1332
32	2.35	93.5	0	34.78	0	0	0	0	0	7.94	0	0
33	4.74	94.8	0	44.78	0	0	362.3	0	105.9	7.94	0	0
34	10.29	103.1	0	86.29	0	0	2357	0	94.69	12.95	7.56	1381
35	10.52	102.7	0	90.25	0	0	2891	0	116.4	15.04	8.06	1712
36	9.38	100.6	0	83.79	0	0	1850	0	110.6	10.71	6.22	1236
37	5.94	97.79	0	106.9	0	0	910	0	71.61	9.6	5.56	1212
38	4.36	50.46	0	70.5	0	0	0	436.4	71.62	9.74	0	0

（续）

编号	喷射混凝土/m^3	金属网/kg	ϕ25mm 中空锚杆/m	ϕ22mm 药卷锚杆/m	ϕ42mm 注浆导管/m	水泥浆/m^3	型钢钢架/kg	格栅钢架/kg	连接钢筋/kg	二衬拱墙/m^3	二衬仰拱/m^3	钢筋/kg
39	5.38	50.91	0	91.88	0	0	0	763.4	71.61	8.5	4.91	0
40	4.37	50.6	0	70.5	0	0	0	436.4	71.62	8.51	4.91	0
41	3.59	13.24	0	44.34	0	0	0	262.3	71.33	8.57	0	0
42	2.37	13.11	0	32.29	0	0	0	0	0	8.57	0	0

2. 隧道开挖支护整体排放

采用表 3-5、表 3-6 中碳排放值和基元投入，计算单洞隧道每延米开挖与支护的材料能源投入，结果见表 3-10。计算得到每延米碳排放区间为 6.202～30.669t CO_{2eq}，平均值为 17.826t CO_{2eq}。根据前期成果，围岩级别是隧道施工碳排放的关键影响因素，不同围岩级别和开挖面积的隧道开挖支护碳排放如图 3-7 所示。

表 3-10　每延米隧道开挖与支护的材料能源投入

隧道编号	木材/m^3	钢材/kg	水泥/kg	炸药/kg	砂/kg	水/m^3	电力/kW·h	汽油/kg	柴油/kg
1	0.097	4539	15126	34.61	13593	81.22	2666.48	47.017	467.562
2	0.092	3427	13033	33.50	11689	71.132	2334.28	27.86	411.542
3	0.087	2694	11878	32.94	10825	66.37	2097.78	22.075	379.692
4	0.081	985	9796	80.62	9366	55.763	1487.82	15.255	321.802
5	0.081	868	9779	80.60	9352	55.679	1563.39	13.189	320.453
6	0.078	765	8506	73.19	8111	49.574	1416.88	11.391	281.235
7	0.07	227	6408	90.16	6168	40.746	1088.65	4.668	228.2
8	0.097	4610	15154	34.61	13611	81.97	2738.64	47.017	468.807
9	0.092	3445	13048	33.50	11699	71.549	2373.57	27.86	412.031
10	0.087	2724	11895	32.94	10837	66.694	2127.91	22.079	380.325
11	0.081	1004	9804	80.62	9366	55.837	1512.85	15.255	322.075
12	0.081	898	9790	80.60	9352	55.784	1603.29	13.729	320.866
13	0.092	4563	13266	32.39	12564	76.595	2763.45	33.964	431.262
14	0.092	5025	13310	32.39	12592	77.782	2900.14	39.67	436.495
15	0.088	3946	12330	31.82	11683	71.419	2464.56	28.019	402.313
16	0.092	5181	13361	32.39	12623	79.148	3035.02	39.67	439.033
17	0.085	3951	10843	31.82	10318	65.428	2347.14	28.019	371.819
18	0.103	5743	15449	33.78	14675	83.94	2943.35	48.074	496.011
19	0.082	2837	10875	78.01	10307	61.522	1799.36	19.512	357.247
20	0.072	1003	8266	74.21	7865	50.678	1485.13	12.681	279.302

（续）

隧道编号	木材/m^3	钢材/kg	水泥/kg	炸药/kg	砂/kg	水/m^3	电力/kW·h	汽油/kg	柴油/kg
21	0.063	882	6516	65.89	6175	42.69	1248.21	12.128	227.988
22	0.06	248	5409	82.53	5170	36.855	1045.77	4.273	197.648
23	0.092	4521	13255	32.39	12558	76.303	2733.61	33.964	430.638
24	0.092	5048	13326	32.39	12601	78.198	2938.14	39.67	437.031
25	0.088	3938	12343	31.82	11691	71.77	2493.20	28.019	402.495
26	0.092	5126	13357	32.39	12620	79.023	3017.51	39.67	438.398
27	0.087	3990	12369	31.01	11708	71.672	2520.62	27.883	401.183
28	0.082	2828	10866	78.01	10275	60.555	1812.85	19.512	356.61
29	0.072	974	8247	74.21	7833	49.602	1461.72	12.681	278.356
30	0.063	957	6569	65.63	6189	42.49	1339.35	12.111	229.122
31	0.082	3289	10923	78.01	10280	61.076	2004.37	24.285	361.661
32	0.06	269	5146	82.40	4928	35.704	1024.03	4.266	192.316
33	0.063	800	6503	84.24	6159	42.027	1255.06	10.883	226.71
34	0.101	4512	15263	34.16	14508	76.292	2356.29	48.138	480.054
35	0.109	5471	16605	34.91	15813	80.356	2473.41	57.875	522.306
36	0.091	3811	13114	32.68	12433	68.93	2192.04	38.765	420.388
37	0.081	2799	10398	31.03	9868	57.645	1957.44	21.568	347.858
38	0.067	914	7178	63.40	6806	42.689	1379.87	12.071	241.274
39	0.075	1354	9266	75.89	8794	53.501	1763.83	18.787	306.708
40	0.074	911	8676	74.77	8278	50.466	1513.62	12.827	289.329
41	0.061	593	6156	79.28	5862	38.698	1185.26	8.826	214.147
42	0.06	181	5454	77.65	5234	35.21	967.89	4.02	194.461

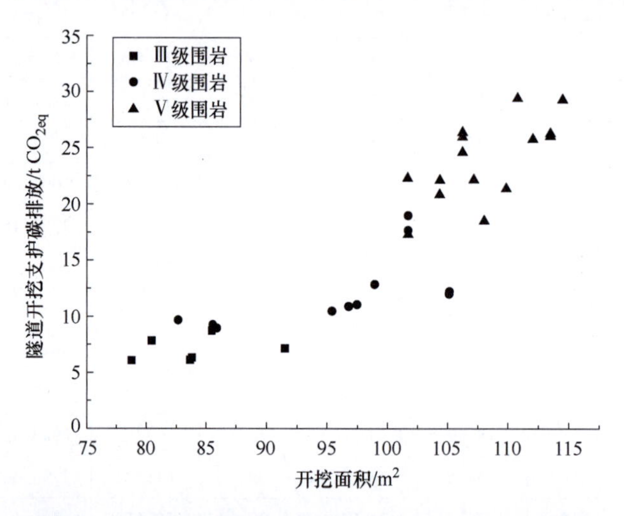

图 3-7　不同围岩级别和开挖面积的隧道开挖支护碳排放

各隧道排放数据比较分散，随着开挖面积增大，隧道排放有增大的趋势。此外，隧道的围岩质量较差，其排放均值更高：Ⅲ级围岩、Ⅳ级围岩和Ⅴ级围岩的排放均值分别为 8.749t CO_{2eq}、12.455t CO_{2eq}和 23.714t CO_{2eq}。但是高围岩级别隧道的排放并非严格高于低级别围岩隧道，例如部分较小开挖面积的Ⅳ级围岩隧道的排放值高于Ⅴ级围岩隧道，说明围岩级别和开挖面积并不是隧道排放大小的唯一影响因素。不同材料总质量下隧道开挖支护碳排放如图 3-8所示。显然，随着材料投入增加，隧道碳排放随之增长。

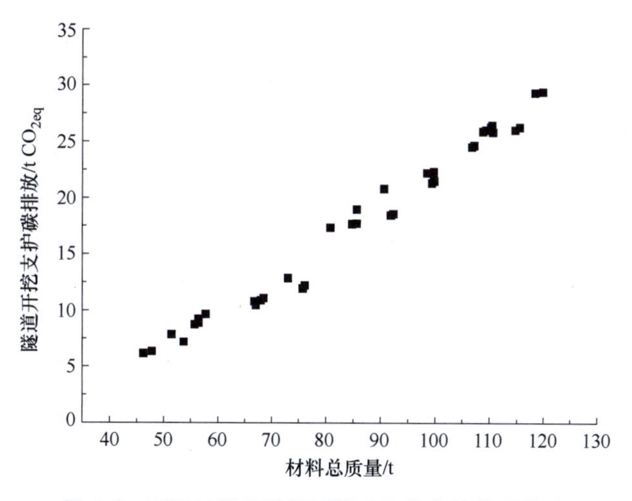

图 3-8　不同材料总质量下隧道开挖支护的碳排放

3. 模块或模块集合的碳排放

结合表 3-9 和表 3-10，计算隧道开挖与支护各模块或模块集合的碳排放分布，如图 3-9 所示。钢架和连接钢筋的碳排放最分散，最小值为 0，最大值为 7993.048kg CO_{2eq}，而金属网的排放最集中，最小值为 33.249kg CO_{2eq}，最大值为 280.091kg CO_{2eq}。各模块或模块集合的碳排放统计分析见表 3-11。

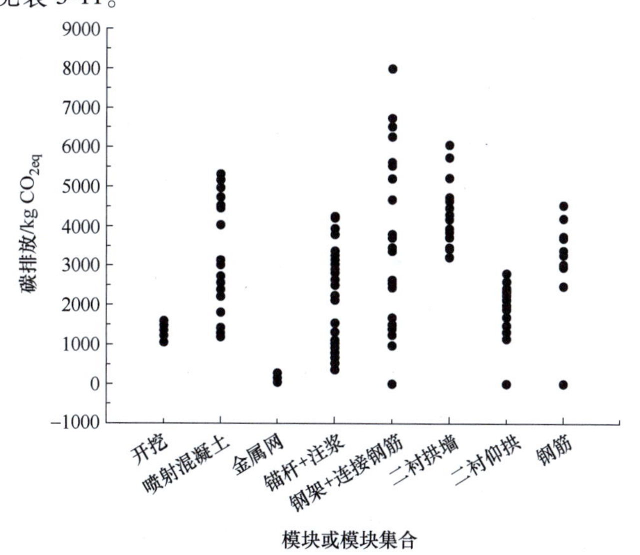

图 3-9　模块或模块集合的碳排放分布

表 3-11　各模块或模块集合的碳排放统计分析

模块或模块集合	N	最小值 /kg CO_{2eq}	最大值 /kg CO_{2eq}	均值 /kg CO_{2eq}	标准差 /kg CO_{2eq}
开挖	42	1043.488	1614.367	1358.626	177.780
喷射混凝土	42	1187.165	5314.456	3349.440	1215.426
金属网	42	33.249	280.091	199.751	61.686
锚杆+注浆	42	368.694	4258.860	1760.609	1216.434
钢架+连接钢筋	42	0.000	7993.048	3086.943	2077.699
二衬拱墙	42	3202.030	6065.307	4161.833	683.838
二衬仰拱	42	0.000	2800.802	1446.734	888.949
钢筋	42	0.000	4539.827	1955.309	1733.649

按照围岩级别分类，得到不同模块或模块集合的碳排放分布，如图 3-10 所示。图 3-10 中误差棒采用均值±标准差形式，用于描述碳排放分布特点。表 3-12 中列举了不同围岩级别下模块或模块集合的碳排放统计分析。结合图 3-10 和表 3-12，进一步判断不同围岩级别之间模块或模块集合的碳排放差异显著。对于Ⅲ级和Ⅳ级围岩，开挖、金属网和二衬拱墙的碳排放不存在显著性差异，喷射混凝土、锚杆+注浆、钢架+连接钢筋、二衬仰拱和钢筋的碳排放存在显著性差异；而对于Ⅳ级和Ⅴ级围岩，所有模块或模块集合的碳排放均有显著性差异。

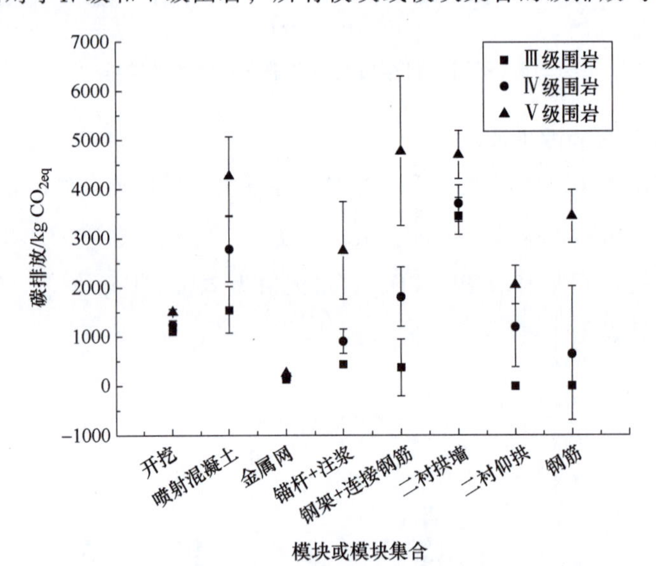

图 3-10　不同围岩级别下模块或模块集合的碳排放分布

表 3-12　不同围岩级别下模块或模块集合的碳排放统计分析

模块或模块集合	围岩级别	样本数	均值/kg CO_{2eq}	标准差/kg CO_{2eq}	Sig.（双侧）
开挖	Ⅲ	6	1114.127	58.808	—
	Ⅳ	15	1232.913	94.717	0.003**
	Ⅴ	21	1518.277	51.751	0.000**

（续）

模块或模块集合	围岩级别	样本数	均值/kg CO_{2eq}	标准差/kg CO_{2eq}	Sig.（双侧）
喷射混凝土	Ⅲ	6	1549.208	475.066	—
	Ⅳ	15	2783.522	661.654	0.000**
	Ⅴ	21	4268.019	800.591	0.000**
金属网	Ⅲ	6	144.627	94.797	—
	Ⅳ	15	178.351	53.294	0.442
	Ⅴ	21	230.786	38.596	0.003**
锚杆+注浆	Ⅲ	6	447.674	76.672	—
	Ⅳ	15	908.215	245.319	0.000**
	Ⅴ	21	2744.587	992.524	0.000**
钢架+连接钢筋	Ⅲ	6	368.822	576.866	—
	Ⅳ	15	1812.732	602.627	0.001**
	Ⅴ	21	4773.700	1518.676	0.000**
二衬拱墙	Ⅲ	6	3451.391	382.681	—
	Ⅳ	15	3702.364	381.201	0.206
	Ⅴ	21	4693.008	487.540	0.000**
二衬仰拱	Ⅲ	6	0.000	0.000	—
	Ⅳ	15	1181.712	800.601	0.000**
	Ⅴ	21	2049.388	385.839	0.001**
钢筋	Ⅲ	6	0.000	0.000	—
	Ⅳ	15	657.234	1360.643	0.082
	Ⅴ	21	3441.164	535.548	0.000**

注：Sig. 表示显著性，** 表示 $P \leqslant 0.01$。

按照埋深类型分类，得到不同模块或模块集合的均值分析，如图 3-11 所示。表 3-13 中列举了不同埋深类型下模块或模块集合的碳排放统计分析。根据图 3-11 和表 3-13，不同埋深类型下，除金属网模块外所有模块或模块集合的碳排放均有显著性差异，表明浅埋隧道的所有模块或模块集合的碳排放均值显著高于深埋隧道。

表 3-13　不同埋深类型下模块或模块集合的碳排放统计分析

模块或模块集合	埋深类型	样本数	均值 /kg CO_{2eq}	标准差 /kg CO_{2eq}	Sig.（双侧）
开挖	深埋	27	1281.825	165.244	—
	浅埋	15	1496.867	110.707	0.000**
喷射混凝土	深埋	27	2784.645	1039.066	—
	浅埋	15	4366.072	839.126	0.000**
金属网	深埋	27	184.623	65.779	—
	浅埋	15	226.981	46.304	0.020*

（续）

模块或模块集合	埋深类型	样本数	均值/kg CO_{2eq}	标准差/kg CO_{2eq}	Sig.（双侧）
锚杆+注浆	深埋	27	1367.422	1020.331	—
	浅埋	15	2468.347	1292.630	0.009**
钢架+连接钢筋	深埋	27	2065.380	1460.177	—
	浅埋	15	4925.757	1831.792	0.000**
二衬拱墙	深埋	27	3860.420	531.564	—
	浅埋	15	4704.377	622.543	0.000**
二衬仰拱	深埋	27	1080.063	887.007	—
	浅埋	15	2106.741	428.382	0.000**
钢筋	深埋	27	1240.493	1677.244	—
	浅埋	15	3241.977	1016.367	0.000**

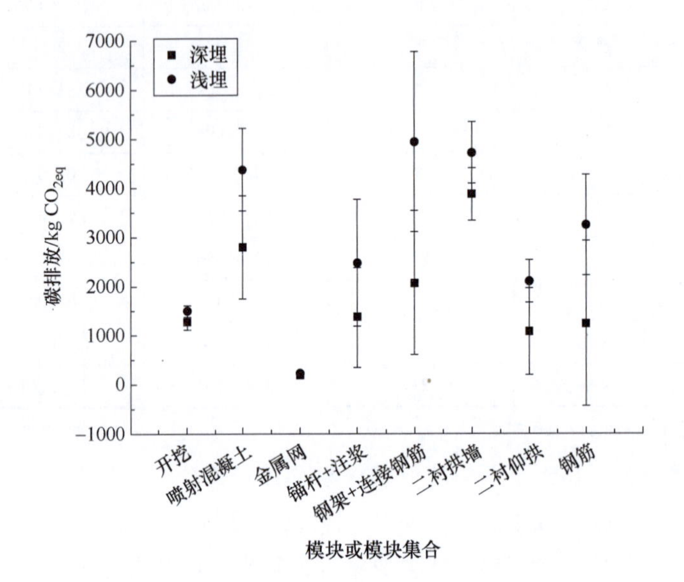

图 3-11　不同埋深类型下模块或模块集合的碳排放

3.2.2　地下工程开挖与支护碳排放总量预测方法

1. 隧道施工碳排放潜在影响因素

选取围岩级别、埋深、围岩质量和开挖面积作为影响隧道碳排放的潜在因素。这些指标数据容易从勘察设计资料中获取，与隧道设计关系密切。表 3-14 列举了三种分类指标的解释和参数分类。开挖面积为定量指标，其余指标为分类指标。围岩质量分为较好、一般和偏差三种，表示同一围岩级别下围岩质量的相对好坏。隧道在生命周期的碳排放与投入材料总质量存在显著的相关关系，因此将材料总质量纳入影响隧道施工碳排放的潜在因素。

表 3-14　隧道碳排放潜在影响因素与分类

影响因素	各因素解释	参数分类
围岩级别	根据隧道周围岩体或土体的稳定特性进行围岩分级。选择围岩分为Ⅲ～Ⅴ三个级别	Ⅲ级围岩
		Ⅳ级围岩
		Ⅴ级围岩
埋深	根据作用在支护结构上的土压力对隧道埋置深度、地形条件及地表环境有无影响，将隧道划分为浅埋隧道和深埋隧道	浅埋
		深埋
围岩质量	在划分围岩的基本级别后，往往会在施工阶段对Ⅲ、Ⅳ和Ⅴ级围岩进行质量划分。对于同一级别的围岩，在设计阶段根据隧道围岩质量好坏将隧道围岩划分为偏差、一般和较好三种	偏差
		一般
		较好

2. 数据分析方法

使用相关分析方法筛选隧道施工碳排放的影响因素，使用回归分析方法获得隧道衬砌施工碳排放的预测模型。相关分析是研究变量之间是否存在某种依赖关系，其分析目的是了解变量间相互联系的密切程度。相关分析和回归分析主要采用 IBM SPSS Statistics 20.0（IBM公司）完成。研究对象存在若干分类数据，需要予以赋值，参与相关性分析和回归分析。表 3-15对不同变量进行分类赋值。

表 3-15　不同变量分类赋值

变量种类	变量分类	赋值
围岩级别	Ⅲ级围岩	3
	Ⅳ级围岩	4
	Ⅴ级围岩	5
埋深类型	深埋	1
	浅埋	2
围岩质量	偏差	1
	一般	2
	较好	3

首先使用双变量相关分析方法，分析碳排放与各个潜在影响因素之间的相关关系。具体包括 Pearson 积差相关、Kendall 秩相关系数和 Spearman 等级相关系数三种方法。其中，Pearson 积差相关用于衡量定距变量间的线性关系，要求原始变量的分布呈双变量正态分布。而 Spearman 等级相关系数是一种非参数性质（与分布无关）的秩统计系数，是利用两变量的秩次大小作线性相关分析，对原始变量的分布不作要求，虽然其统计效能比 Pearson 积差相关系数弱，但适用范围较广。Kendall 秩相关系数是一种秩相关系数，用于反映分类变量的相关性，适用于双分类变量的相关性分析。通过双变量分析法得到若干与碳排放显著相关的因素。

然后采用偏相关分析方法分析多个影响因素之间的关系。控制某些因素固定不变，再考虑剩余因素对碳排放的影响程度。例如，围岩质量是在同一围岩等级下反映围岩好坏的次级指标，通过偏相关分析获得在同一围岩级别下，不同围岩质量对碳排放的影响。

最终通过线性回归分析对两种或两种以上变量间的相互依赖进行定量分析，并验证回归方程的拟合优度、自变量共线性和残差序列相关性。在回归方程存在多个自变量的情况下，SPSS 软件提供 t 检验识别一些对碳排放影响微小的自变量。

一元线性回归中，用相关系数评判回归显著性。而在多元回归中采用修正判定系数（Adj. R^2）代表回归模型拟合优度。Adj. R^2 表示回归函数的回归效果，其数值介于 0~1 之间，Adj. R^2 越接近 1 说明自变量对因变量解释能力越强，方程拟合优度越好。

多重共线性是指自变量间存在一定程度的线性相关关系，即某一自变量可用其他自变量线性组合来描述。在一般线性回归中，应避免自变量之间的严重共线性趋势。常见的判断指标包括方差膨胀因子（Variance Inflation Factor，VIF）、特征值和 CI 值。如果 VIF>10，特征值<0.01 或者 CI>100，自变量可能存在多重共线性的问题。

残差序列相关会对估计参数有效性产生重大影响。所谓序列相关，是指回归方程中各个误差项之间存在自相关关系。SPSS 软件提供了 Durbin-Watson 检验判断残差序列是否相关，该方法的缺陷在于存在检验失效的情况。在残差序列相关或者 Durbin-Watson 检验失效的情况下，可使用 EViews 软件（IHS Global 公司开发），具体操作为：通过 LM 检验判定残差序列相关阶数，再使用广义差分最小二乘法（GLS）对残差数列相关的预测公式进行修正。

将回归方程的筛选划分为两步：第一步，筛选出满足较高拟合优度（调整 $R^2 \geqslant 0.8$）、自变量非共线性（VIF<10，特征值>0.01，CI<100）的回归模型；第二步，对回归方程的残差序列随机性进行验证，如果 Durbin-Watson 检验失效或者残差自相关，则在 EViews 软件中解决回归模型残差序列相关的问题，通过比较标准残差的数值大小，查找离群的样本值，进而提高模型的预测效果。

3. 影响因素相关性分析

分析各影响因素与碳排放的相关性见表 3-16。开挖面积、围岩级别、埋深类型和材料总质量与碳排放显著相关。其中材料总质量的相关系数最高，为 0.989；围岩质量的相关系数最低，为 0.637。

表 3-16　潜在影响因素相关分析

潜在因素	相关系数类型	相关系数	Sig.（双侧）
围岩级别	Spearman	0.894	0.000**
埋深类型	Spearman	0.637	0.000**
开挖面积	Spearman	0.858	0.000**
材料总质量	Spearman	0.989	0.000**
围岩质量	Spearman	0.034	0.830

注：Sig. 表示显著性，** 表示 $P \leqslant 0.01$。

围岩级别与埋深是分类指标，不同围岩级别和埋深类型对应的碳排放如图 3-12 所示。从图 3-12a 可以看出，不同围岩级别的碳排放分布范围不同。在图 3-12b 中，深埋隧道的碳排放值较浅埋隧道更分散。各分类指标统计差异见表 3-17。深埋隧道的碳排放均值小于浅埋隧道。

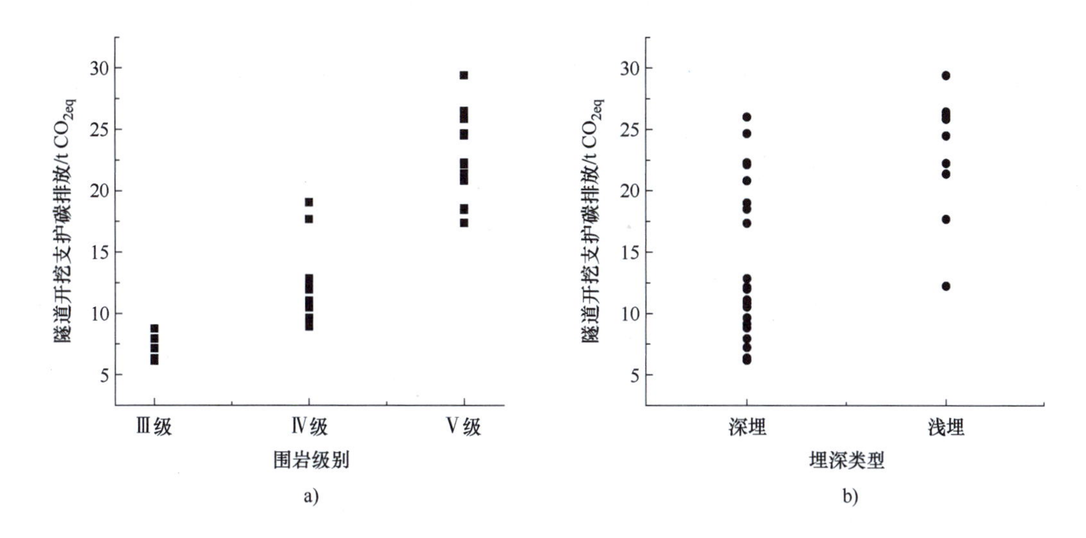

图 3-12　不同因素下隧道衬砌施工碳排放

a）围岩级别　b）埋深类型

表 3-17　不同围岩级别和埋深类型下隧道施工碳排放均值比较

因素	分类	样本数	均值/t CO_{2eq}	标准差/t CO_{2eq}	均值标准误差/t CO_{2eq}
围岩级别	Ⅲ级围岩	6	7.075	1.073	0.438
	Ⅳ级围岩	15	12.455	3.153	0.814
	Ⅴ级围岩	21	23.714	3.395	0.741
埋深类型	浅埋	15	23.533	4.770	1.232
	深埋	27	13.863	6.197	1.193

进一步分析各因素的偏相关特性，分别以围岩级别和埋深类型为控制变量，比较其他影响因素与碳排放的相关性，结果见表 3-18。在控制给定变量的情况下，相关影响因素都与碳排放显著相关，表明表 3-18 中各变量并无线性相关性。

表 3-18　不同影响因素的偏相关特性

控制因素	相关变量	相关系数	Sig.（双侧）
围岩级别	埋深类型	0.568	0.000**
	开挖面积	0.383	0.014*
	材料总质量	0.938	0.000**
埋深类型	开挖面积	0.754	0.000**
	围岩级别	0.878	0.000**
	材料总质量	0.979	0.000**

注：Sig. 表示显著性，** 表示 $P \leqslant 0.01$。

4. 隧道开挖支护碳排放预测模型

隧道开挖与衬砌施工碳排放的案例研究通常包含复杂的数据计算。本节提出两组隧道开挖支护碳排放的理论预测公式，两组预测公式均为线性回归模型，简便实用。一组预测公式以隧道埋深类型和围岩级别为自变量，优点在于自变量参数容易获取，缺点在于预测精度较低。另一组预测公式拟合优度较高，在获得隧道衬砌施工消耗的材料总质量后即可对隧道碳排放作出较为精确的预测。灵活使用这两组预测公式，能够在隧道设计阶段快速估计隧道施工碳排放值。

分别采用单自变量、双自变量和三自变量的回归方程对隧道衬砌施工碳排放进行拟合。其中单自变量的组合一组，双自变量的组合两组，三自变量的组合一组。初步拟合结果见式（3-13）~式（3-16），其拟合效果见表 3-19。

$$GHG = 0.321M - 9.867 \tag{3-13}$$

式中　GHG——隧道开挖支护碳排放（t CO_{2eq}）；

M——材料投入总质量（t）。

$$GHG = 0.235S + 6.371W - 34.122 \tag{3-14}$$

式中　GHG——隧道开挖支护碳排放（t CO_{2eq}）；

S——隧道开挖面积（m^2）；

W——围岩级别，取 3，4，5。

$$GHG = 4.359D + 7.709W - 22.189 \tag{3-15}$$

式中　GHG——隧道开挖支护碳排放（t CO_{2eq}）；

D——隧道埋深类型，深埋隧道取 1，浅埋隧道取 2；

W——围岩级别，取 3，4，5。

$$GHG = 0.113S + 3.793D + 6.6W - 27.939 \tag{3-16}$$

式中　GHG——隧道开挖支护碳排放（t CO_{2eq}）；

S——隧道开挖面积（m^2）；

D——隧道埋深类型，深埋隧道取 1，浅埋隧道取 2；

W——围岩级别，取 3，4，5。

表 3-19　拟合效果

公式	Durbin-Watson	Adj. R^2	VIF	特征值	CI
(3-13)	0.891	0.975	1.000	>0.01	7.613
(3-14)	1.452	0.819	3.366	>0.01	14.980
			3.366	<0.01	40.347
(3-15)	1.848	0.857	1.268	>0.01	6.743
			1.268	>0.01	15.424
(3-16)	1.453	0.859	4.019	>0.01	7.512
			3.379	>0.01	17.852
			1.514	>0.01	49.550

根据上文提出的回归方程筛选方法，首先从各组方程的拟合优度和多重共线性来考察回归方程的特性。式（3-13）以材料总质量为自变量，拟合效果最好。其余各组的拟合优度介于 0.819～0.859 范围内，其中，式（3-16）为三自变量拟合公式，但拟合优度与式（3-15）的差别微小。

上述回归方程给出了一些自变量组合，但可能存在其他的自变量组合。进一步分析非共线性的各变量对碳排放拟合优度的贡献，将围岩级别、开挖面积、埋深类型和围岩质量纳入回归方程，得到了回归模型的各回归系数以及 t 检验数据，见表 3-20。只有埋深类型、围岩级别的回归系数参数具有显著性。因此，埋深类型和围岩级别更适宜作为碳排放预测的自变量。

表 3-20　各自变量对碳排放的回归系数和显著性水平

自变量	Adj. R^2	t	Sig.（双侧）
围岩级别	0.856	5.919	0.000**
开挖面积		1.201	0.237
埋深类型		3.378	0.002**
围岩质量		0.373	0.711

注：Sig. 表示显著性，** 表示 $P\leqslant0.01$。

综合比较，式（3-13）和式（3-15）的拟合效果较优，但式（3-13）的 Durbin-Watson 值较小，可能存在正相关特性，因而采用 EViews 软件 GLS 功能对回归公式进行修正，得到式（3-17）。式（3-17）和式（3-15）的预测效果如图 3-13 所示。

$$GHG=0.323M-9.967 \tag{3-17}$$

式中　GHG——隧道开挖支护碳排放（t CO_{2eq}）；

M——材料投入总质量（t）。

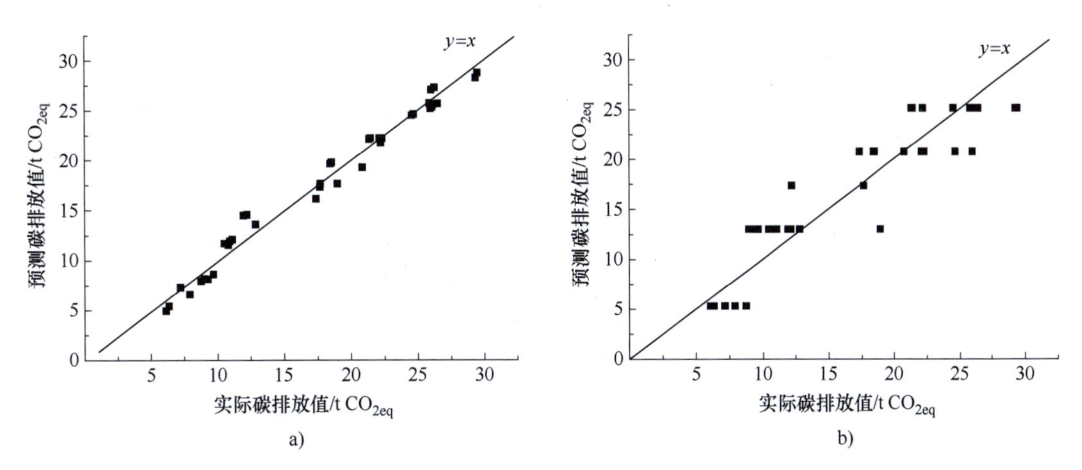

图 3-13　隧道开挖支护碳排放预测效果

a）以材料投入总质量为自变量［式（3-17）］　b）以围岩级别和埋深类型为自变量［式（3-15）］

在不同地质条件和设计参数下，隧道开挖与支护施工碳排放的数值差异巨大。这说明各种地质条件和设计参数对隧道碳排放的影响巨大，符合提出的隧道施工碳排放的特性：围岩条件相关性与碳排放非连续性。与隧道衬砌施工碳排放显著相关的变量包括埋深、开挖方法、开挖面积、围岩级别和材料总质量。随着开挖面积的增大，施工难度增大，增加了初期支护和不良地质条件下超前支护技术的需求。在同样的施工条件下，更大的开挖面积，意味着更高的材料消耗和机械使用量。埋深是分类指标，深埋和浅埋的隧道施工碳排放存在显著差异。《公路隧道设计细则》（JTG/T D70—2010）规定，深埋和浅埋隧道的围岩压力按照不同方式计算，浅埋隧道可只计入围岩松散压力，而深埋隧道还需考虑围岩的形变压力，使得不同埋深隧道的支护结构产生差异。隧道施工材料总质量的影响更加容易理解，材料投入越多，隧道的碳排放也会更多。

3.3 隧道衬砌设计参数对施工碳排放的影响规律

隧道围岩条件复杂多变，受限于勘察方法精度和经济成本，设计者难以在施工前获得精细准确的地质条件。而传统工程类比方法支护安全储备大、经济性较差。对此，国内外研究者探索了隧道工程动态设计与信息化施工方法，将隧道设计分为预设计和信息反馈设计两个阶段。动态设计方法根据施工中地质条件和变异现象更正设计或优化设计参数，在实际工程中得到了良好的应用，但设计优化研究主要通过减少工程量和材料投入带来显著的经济效益，但并未考虑相应的碳减排效益。

隧道设计是隧道施工投入的决定性因素之一，现有文献尚未探究设计参数改变对隧道建设碳排放的影响。隧道设计者并不了解各工序的减排潜力，难以有效评估设计优化的减排效果，需要进一步明确设计参数变化对碳排放的作用特点。为给隧道低碳设计提供有效的切入点，依托衬砌设计规范和工程设计案例，建立隧道工程量模型，采用模块化碳排放计算方法，分析了公路隧道衬砌设计参数改变对碳排放的影响。

基于我国公路隧道设计规范和现有案例，建立双车道高速公路隧道设计模型，确定不同围岩级别隧道模型的支护参数，得到了高速公路隧道工程量计算模型。采用表 3-5 中的基元碳排放数值，将工程量与基元碳排放数值分别相乘，即得到各模块的碳排放。

1. 双车道公路隧道衬砌设计规范与案例设计参数

相较于Ⅲ级、Ⅳ级和Ⅴ级围岩，Ⅰ级和Ⅱ级围岩质量好，隧道设计案例数量较少，本节仅考虑Ⅲ级、Ⅳ级和Ⅴ级围岩。归纳多座 80km/h 高速公路隧道支护设计参数和《公路隧道设计规范　第一册　土建工程》（JTG 3370.1—2018）取值，不同围岩级别隧道的设计参数见表 3-21。

2. 典型双车道公路隧道支护模型

我国公路隧道没有设计标准图，不同设计单位的隧道断面各有差异。而地质条件对隧道设计有较大影响，可能导致同一围岩级别隧道的设计参数差别巨大。

表 3-21　不同围岩级别隧道的设计参数

围岩级别	初期支护					二次衬砌厚度/cm	
	喷射混凝土厚度/cm	锚杆/m		金属网间距	钢架纵距/m	拱墙	仰拱
		长度	间距				
Ⅲ级	8~12	2~3	1~1.2	局部@25cm×25cm	—	30~35	—
Ⅳ级	12~20	2.5~3	0.8~1.2	拱墙@25cm×25cm	拱墙 0.8~1.2	35~40	0 或 35~40
Ⅴ级	18~28	3~3.5	0.6~1	拱墙@20cm×20cm	拱墙、仰拱 0.6~1	35~50 钢筋混凝土	0 或 35~50 钢筋混凝土

为了便于分析，本节遵循以下设定：隧道设计不考虑特殊地质条件，设计速度为 80km/h；隧道内轮廓参照《公路隧道设计规范　第一册　土建工程》；按照有无仰拱设计，分别采用两种衬砌断面类型；各级围岩衬砌设计参数取《公路隧道设计规范　第一册　土建工程》中建议值；不讨论衬砌配筋参数变化对碳排放的影响。

规范中并未给出衬砌配筋参考值，而衬砌配筋设计需根据实际地层荷载下衬砌内力计算或根据相似工程类比，在无具体的地层和材料参数时不便开展详细分析。部分隧道案例的衬砌设计参数见表 3-22。

表 3-22　部分隧道案例的衬砌设计参数

序号	初期支护							模筑衬砌		围岩条件
	喷射 C25 混凝土厚度/cm		锚杆			金属网间距	钢架与纵距/m	拱墙厚度/cm	仰拱厚度/cm	
	拱墙	仰拱	型号	长度/m	横/m×纵/m					
1	12	0	ϕ22mm 药卷锚杆	2.5	0.6×1.2	ϕ8mm 20cm×20cm	—	35（素）	—	Ⅲ级围岩
2	10	0	ϕ22mm 药卷锚杆	2.5	0.6×1.2	ϕ8mm 20cm×20cm	—	35（素）	—	Ⅲ级围岩普通段
3	10	0	ϕ22mm 药卷锚杆	2.5	0.6×1.2	ϕ6.5mm 25cm×25cm	—	35（素）	—	洞身一般Ⅲ级围岩
4	10	0	ϕ22mm 药卷锚杆	2.5	0.6×1.2	ϕ6.5mm 25cm×25cm	—	35（素）	—	一般Ⅲ级围岩
5	20	0	ϕ22mm 药卷锚杆	3.0	0.75 ×1	ϕ8mm 20cm×20cm	I14/1	35（素）	35（素）	Ⅳ级深埋裂隙发育
6	20	0	ϕ22mm 药卷锚杆	2.5	0.75×1	ϕ8mm 20cm×20cm	I14/1	35（素）	—	Ⅳ级硬岩
7	20	0	ϕ22mm 药卷锚杆	3.0	0.6×1	ϕ8mm 20cm×20cm	I14/1	35（素）	35（素）	Ⅳ级深埋裂隙发育
8	20	0	ϕ22mm 药卷锚杆	3	0.6×1	ϕ8mm 20cm×20cm	I14/1	35（素）	—	Ⅳ级围岩深埋较好段

（续）

序号	初期支护							模筑衬砌		围岩条件
	喷射C25混凝土厚度/cm		锚杆			金属网间距	钢架与纵距/m	拱墙厚度/cm	仰拱厚度/cm	
	拱墙	仰拱	型号	长度/m	横/m×纵/m					
9	18	0	ϕ22mm 药卷锚杆	3	0.6×1	ϕ6.5mm 25cm×25cm	格栅/1	40（素）	40（素）	一般Ⅳ级地段
10	24	24	ϕ25mm 中空锚杆	3	0.75×0.75	ϕ8mm 20cm×20cm	I18/0.75	45（RC）	45（RC）	Ⅴ级普通段
11	24	24	ϕ25mm 中空锚杆	3.5	0.5×0.75	ϕ8mm 20cm×20cm	I18/0.75	45（RC）	45（RC）	Ⅴ级围岩深埋普通段
12	24	0	ϕ22mm 药卷锚杆	3	0.5×0.8	ϕ8mm 20cm×20cm	I18/0.8	45（RC）	45（RC）	一般Ⅴ级地段
13	24	0	ϕ22mm 药卷锚杆	3.5	0.6×1.0	ϕ8mm 20cm×20cm	I18/0.6	45（RC）	45（RC）	Ⅴ级深埋
14	24	0	ϕ25mm 中空锚杆	3.5	0.6×0.8	ϕ6.5mm 20cm×20cm	I18/0.8	45（RC）	45（RC）	Ⅴ级深埋较好段

（1）隧道衬砌设计模型参数　总结表3-21和表3-22中各级围岩隧道设计参数，得到隧道衬砌模型的设计参数，见表3-23。参考隧道衬砌设计图和《公路隧道设计规范　第一册　土建工程》内轮廓图，得到典型高速公路隧道衬砌如图3-14所示。衬砌设计参数参照表3-21和表3-22，设计说明见表3-24。喷射混凝土、模筑衬砌、金属网、锚杆适用于所有围岩级别，而钢架适用于Ⅳ级和Ⅴ级围岩隧道。

表3-23　隧道衬砌模型的设计参数

符号	变量	单位	参数取值		
			Ⅲ级围岩	Ⅳ级围岩	Ⅴ级围岩
n	二衬厚度	m	0.30~0.35	0.35~0.40	0.35~0.50
k	喷射混凝土厚度	m	0.08~0.12	0.12~0.2	0.18~0.28
L_h	锚杆横向间距	m	0.6	0.6	0.6
L_z	锚杆纵向间距	m	1.2	0.8~1.2	0.6~1
L_b	单根系统锚杆长度	m	2.5	2.5~3	3~3.5
a	相邻两榀钢架纵向间距	m	—	0.8~1.2	0.6~1
w	钢架连接钢筋环向间距	m	—	0.6~1	0.6~1
w_t	金属网间距	m	0.25	0.25	0.2
m_t	ϕ8mm钢筋单位长度质量	kg/m	0.395		
S_s	隧道内轮廓面积	m^2	73.95		

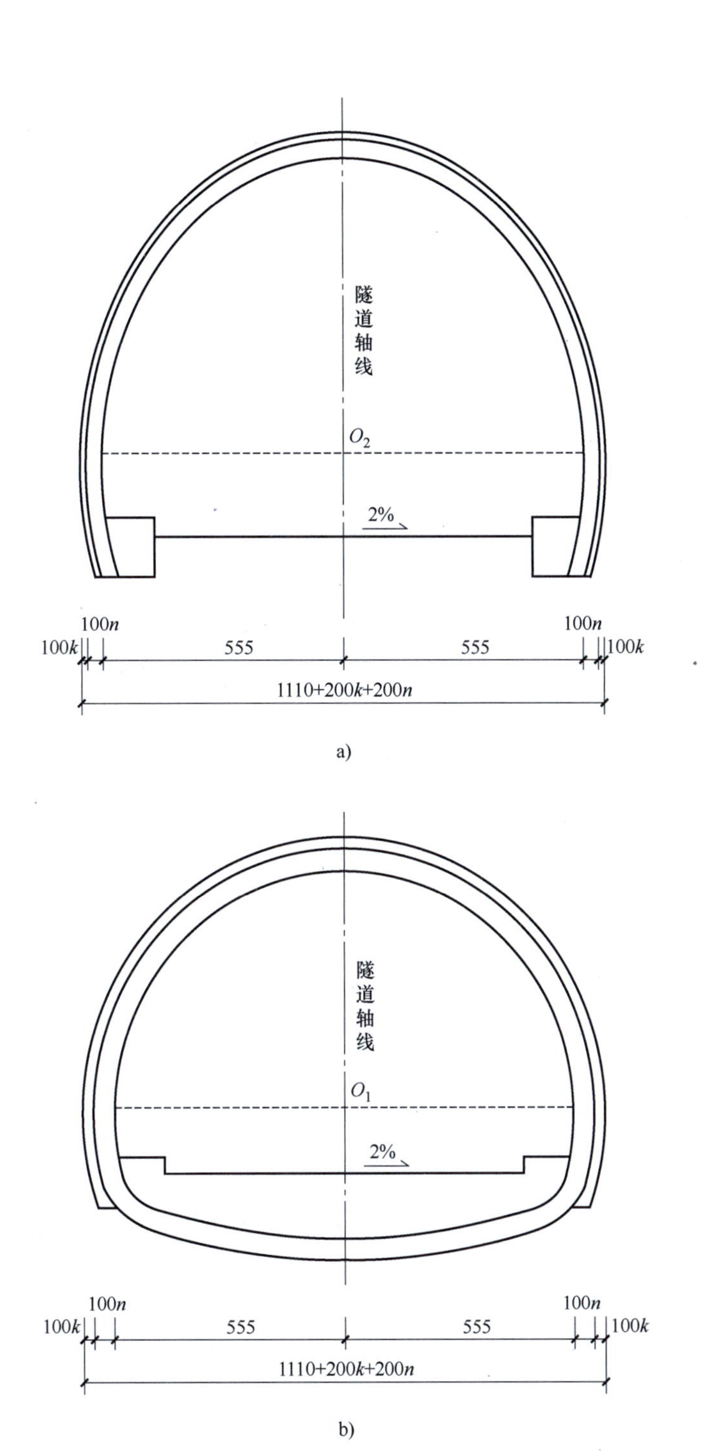

图 3-14 隧道衬砌模型设计图（锚杆未画出，图中长度单位为 cm）

a）无仰供 b）有仰供

表 3-24 隧道开挖与支护设计说明

工序	设计说明
隧道开挖	实际开挖面积按照隧道外轮廓计算，包括横断面、初支和二次衬砌、隧道底板开挖的面积。其中Ⅲ级围岩无仰供，Ⅳ和Ⅴ级围岩有仰拱
模筑衬砌	Ⅲ级围岩采用 C30 混凝土拱墙，无配筋；Ⅳ混凝土围岩采用 C30 混凝土拱墙和仰拱，拱墙和仰拱混凝土厚度相同；Ⅴ级围岩采用钢筋混凝土拱墙和仰拱，拱墙和仰拱混凝土厚度相同
喷射混凝土	隧道开挖后在拱墙位置进行混凝土喷射作业。初喷混凝土时在围岩表面形成 4cm 厚保护层，进行金属网、锚杆和钢架布置，最后喷射剩余厚度混凝土
金属网	Ⅲ级围岩，通常采用局部布设金属网，布设范围为拱顶大圆 180°；Ⅳ级和Ⅴ级围岩，在拱墙范围布设金属网。采用单层金属网
系统锚杆	采用 ϕ25mm 中空注浆锚杆或 ϕ22mm 药卷锚杆。锚杆布置采用梅花形布置 Ⅲ级围岩采用局部锚杆，布设范围为拱顶大圆 180°内；Ⅳ级和Ⅴ级围岩，在拱墙范围布设系统锚杆
钢架与连接钢筋	钢架与围岩之间的混凝土保护层厚度为 4cm，临空一侧混凝土保护层厚度为 2cm。I18、I16 和 I14 的工字钢应用的喷射混凝土厚度应不小于 24cm、22cm 和 20cm。在实际隧道设计案例中，Ⅲ级围岩一般无钢架支护，Ⅳ级围岩常用 I14 和 I16 钢架，而Ⅴ级围岩常用 I18 钢架，连接钢筋和连接钢板质量从实际隧道设计案例中选取 对于Ⅳ级围岩，每米 I14 型钢质量为 16.89kg/m，纵距为 0.8~1.2m，每米隧道连接钢板质量为 31.64/a kg，连接钢筋直径为 22mm，每延米钢架连接钢筋质量为 71.52/w kg。I16 钢架每米质量为 20.513kg/m，纵距为 0.8~1.2m，每米隧道连接钢板质量为 80.34/a kg，连接钢筋直径为 22mm，每延米钢架连接钢筋质量为 72.71/w kg 对于Ⅴ级围岩，钢架纵距为 0.6~1m，截面高度为 14~22cm。普通Ⅴ级围岩可选用 I18 工字钢，每米隧道连接钢板合计 99.48/a kg，连接钢筋直径为 22mm，质量为 2.98kg/m，每米钢架连接钢筋质量为 72.71/w kg 锁脚锚杆采用 ϕ25mm 药卷锚杆，每榀钢架采用四根锚杆，每根锚杆长 3m

（2）隧道模型工程量　以图 3-14 点 O_1 位置为原点建立坐标轴，以隧道中线为 y 轴，点 O_1、O_2 所在直线为 x 轴。表 3-25 中列举了图 3-14 中隧道左侧各个截面的方程。

表 3-25 隧道衬砌截面方程（方程中数值单位为 cm）

衬砌类型	截面种类	截面方程	夹角
无仰供	二衬内截面	$x^2+y^2=555^2$	90°
		$(x-295)^2+y^2=850^2$	—
	二衬外截面	$x^2+y^2=(555+100n)^2$	90°
		$(x-295)^2+y^2=(850+100n)^2$	—
	喷射混凝土内截面	$x^2+y^2=(555+100n)^2$	90°
		$(x-295)^2+y^2=(850+100n)^2$	—
	喷射混凝土外截面	$x^2+y^2=(555+100n+100k)^2$	90°
		$(x-295)^2+y^2=(850+100n+100k)^2$	—

（续）

衬砌类型	截面种类	截面方程	夹角
有仰拱	二衬内截面	$x^2+y^2=555^2$	90°
		$(x-295)^2+y^2=850^2$	9.706°
		$(x+425)^2+(y+123)^2=120^2$	62.38°
		$x^2+(y-1190)^2=1500^2$	17.92°
	二衬外截面	$x^2+y^2=(555+100n)^2$	90°
		$(x-295)^2+y^2=(850+100n)^2$	9.706°
		$(x+425)^2+(y+123)^2=(120+100n)^2$	62.38°
		$x^2+(y-1190)^2=(1500+100n)^2$	17.92°
	喷射混凝土内截面	$x^2+y^2=(555+100n)^2$	90°
		$(x-295)^2+y^2=(850+100n)^2$	—
	喷射混凝土外截面	$x^2+y^2=(555+100n+100k)^2$	90°
		$(x-295)^2+y^2=(850+100n+100k)^2$	—

每延米隧道开挖、模筑混凝土和喷射混凝土的体积可由表 3-25 中的截面方程推算。对于不规则图形采用 AutoCAD 软件中的面积测量和角度测量功能进行测算。每延米Ⅲ级围岩隧道二衬拱墙混凝土体积 S_1 见式（3-18）。

$$S_1=\frac{\pi}{2}[(5.55\text{m}+n)^2-5.55^2\text{m}^2]+2.35\text{m}\times2n=1.57n^2+22.14\text{m}n \tag{3-18}$$

式中　S_1——每延米Ⅲ级围岩隧道二衬拱墙混凝土体积（m^3/m）。

每延米Ⅳ级或Ⅴ级围岩隧道二衬拱墙混凝土体积 S_1 见式（3-19）。

$$S_1=\frac{\pi n}{180°}\times[90°\times(n+11\text{m})+9.706\text{m}\times(n+17\text{m})+62.38°\times(n+2.4\text{m})]=2.83n^2+22.77\text{m}n \tag{3-19}$$

式中　S_1——每延米Ⅳ级或Ⅴ级围岩隧道二衬拱墙混凝土体积（m^3/m）。

每延米Ⅳ级或Ⅴ级围岩隧道二衬仰拱混凝土体积 S_2 见式（3-20）。

$$S_2=\frac{\pi n}{180°}\times17.92°\times(n+30\text{m})=0.31n^2+9.38\text{m}n \tag{3-20}$$

式中　S_2——每延米Ⅳ级或Ⅴ级围岩隧道二衬仰拱混凝土体积（m^3/m）。

每延米隧道喷射混凝土体积 S_3 见式（3-21）。

$$S_3=\frac{\pi}{2}[(5.55\text{m}+n+k)^2-(5.55\text{m}+n)^2]+2.35\text{m}\times2k=22.14\text{m}k+3.14kn+1.57k^2 \tag{3-21}$$

式中　S_3——每延米隧道喷射混凝土体积（m^3/m）；

k——喷射混凝土厚度（m）；

n——模筑混凝土厚度（即二衬厚度）（m）。

参考隧道设计案例，隧道模型采用单层金属网，Ⅲ级围岩采用局部布设金属网，Ⅳ级和Ⅴ级围岩在拱墙位置布设金属网。实际操作中常采用先喷射 4cm 混凝土，再挂设金属网和锚杆。

Ⅲ级围岩金属网或系统锚杆布设区域的环向长度 L 见式（3-22）。

$$L=\pi(5.55\text{m}+k+n-0.04\text{m})=17.31\text{m}+3.14k+3.14n \tag{3-22}$$

式中　L——Ⅲ级围岩金属网或系统锚杆布设区域的环向长度（m）。

Ⅳ级或Ⅴ级围岩金属网或系统锚杆布设区域的环向长度 L 见式（3-23）。

$$L=\pi(5.55\text{m}+k+n-0.04\text{m})+\left(2\times\frac{16\pi}{180}\times 8.5\right)\text{m}=22.06\text{m}+3.14k+3.14n \tag{3-23}$$

式中　L——Ⅳ级或Ⅴ级围岩金属网或系统锚杆布设区域的环向长度（m）。

Ⅲ级围岩每延米系统锚杆总长度 L_{bt1} 见式（3-24）。

$$L_{bt1}=L_b\frac{\pi(5.55\text{m}+k+n)}{2L_hL_z}=\frac{36.325\text{m}+6.54k+6.54n}{L_z} \tag{3-24}$$

式中　L_{bt1}——Ⅲ级围岩每延米系统锚杆总长度（m/m）。

Ⅳ级或Ⅴ级围岩每延米系统锚杆总长度 L_{bt1} 见式（3-25）。

$$L_{bt1}=\frac{L_b}{2L_hL_z}(22.07\text{m}+3.14k+3.14n)=\frac{L_b}{L_z}(18.39+2.62k/\text{m}+2.62n/\text{m}) \tag{3-25}$$

式中　L_{bt1}——Ⅳ级或Ⅴ级围岩每延米系统锚杆总长度（m/m）；

L_h——锚杆横向间距（m）；

L_z——锚杆纵向间距（m）；

L_b——单根系统锚杆长度（m）。

Ⅲ级围岩和Ⅳ级或Ⅴ级围岩每延米隧道布设金属网质量分别见式（3-26）和式（3-27）。

$$M_t=\left(\frac{2L}{w_t}+1\right)m_t=\frac{34.62\text{m}+6.28k+6.28n}{w_t}m_t+m_t \tag{3-26}$$

$$M_t=\left(\frac{2L}{w_t}+1\right)m_t=\frac{44.12\text{m}+6.28k+6.28n}{w_t}m_t+m_t \tag{3-27}$$

式中　M_t——每延米隧道布设金属网质量（kg/m）；

w_t——金属网布置间距（m）；

m_t——单位长度钢筋质量（kg/m）。

如图 3-15 所示，钢架底部与直线 O_1O_2 的夹角 β 可用式（3-28）计算，单位为°。对于Ⅳ级围岩，$0.35\text{m}\leqslant n\leqslant 0.4\text{m}$，则 $15.01°\leqslant\beta\leqslant 15.12°$。对于Ⅴ级围岩，$0.35\text{m}\leqslant n\leqslant 0.5\text{m}$，则 $14.86°\leqslant\beta\leqslant 15.12°$。为简化计算，$\beta$ 按照 15°近似取值计算。

$$\beta=\arcsin\frac{2.35\text{m}}{8.66\text{m}+n} \tag{3-28}$$

钢架环向长度 L_s 见式（3-29）。

$$L_s=\pi(5.57\text{m}+n+0.01i)+2\pi\times\frac{\beta}{180°}\times(8.52\text{m}+n+0.01i)=3.67n+21.96\text{m}+0.036i \tag{3-29}$$

式中　i——钢架高度（cm）；

L_s——钢架环向长度（m）。

每延米钢架总质量 M_f 和连接钢筋总质量 M_l 分别见式（3-30）和式（3-31），单位为 kg/m。

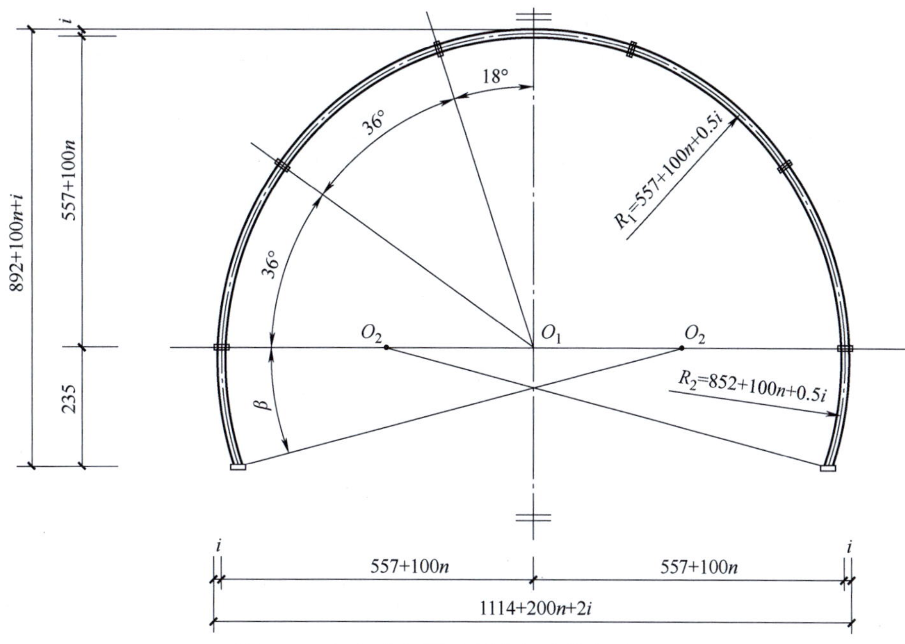

图 3-15　钢架布置图（图中长度单位为 cm）

$$M_f = \frac{m_f L_s}{a} + \frac{m_b}{a} \tag{3-30}$$

$$M_l = \frac{2.98\text{kg/m}\ L_s}{w} \tag{3-31}$$

式中　m_f——每米型钢的单位质量（kg/m）；

a——钢架纵向间距（m）；

m_b——每榀钢架连接钢板质量（kg）；

w——连接钢筋环向间距（m）；

M_f——每延米钢架总质量（kg/m）。

M_l——每延米连接钢筋总质量（kg/m）。

式（3-30）和式（3-31）中参数可按表 3-26 取值，其余参数可按照表 3-23 取值。每榀钢架连接钢板质量参照现有设计取值。

表 3-26　钢架与连接钢筋参数

钢架类型	m_f/(kg/m)	L_s/m	m_b/(kg/m)
I14	16.89	23.10	31.64
I16	20.513	23.15	80.34
I18	24.143	23.40	99.48

每延米锁脚锚杆总长度 L_{bt2} 见式（3-32），单位为 m/m。

$$L_{bt2} = \frac{12\text{m}}{a} \tag{3-32}$$

根据隧道衬砌模型和上述设定，建立高速公路隧道工程量计算模型。表 3-27 中给出了隧道模型的工程量区间，表中Ⅳ级围岩采用 I14 钢架，Ⅴ级围岩采用 I18 钢架。

表 3-27　各级围岩隧道工程量区间

工序	单位	Ⅲ级围岩	Ⅳ级围岩	Ⅴ级围岩
二衬拱墙	m^3	6.735~7.885	8.323~9.569	9.820~12.103
二衬仰拱	m^3	—	3.321~3.802	3.321~4.768
喷射混凝土	m^3	1.857~2.811	2.811~4.742	4.234~6.762
金属网	kg	58.865~59.758	74.752~76.042	94.087~97.190
系统锚杆	m	32.332~32.823	73.581~74.856	115.375~119.191
钢架	kg	—	351.500~527.250	664.43~1107.383
连接钢筋	kg	—	68.840~114.733	69.730~116.217
锁脚锚杆	m	—	10.000~20.000	10.000~20.000

3. 双车道隧道衬砌设计参数改变对碳排放的影响

根据上述计算公式，结合表 3-22 和表 3-26 中不同参数取值，使用模块化碳排放计算方法和清单数据，分析了设计参数变化对喷射混凝土碳排放的影响。

（1）模筑混凝土　模筑混凝土分为拱墙和仰拱两部分。对于Ⅲ级、Ⅳ级和Ⅴ级围岩，拱墙混凝土厚度每增加 1cm，碳排放增加 92.541（±0.253）kg CO_{2eq}、100.233（±0.455）kg CO_{2eq}和 101.941（±1.025）kg CO_{2eq}，如图 3-16a 所示。Ⅲ级围岩采用无仰供设计，而Ⅳ级和Ⅴ级围岩采用仰拱结构，增加了每延米隧道的混凝土拱墙体积，因而图 3-16a 中碳排放陡增。随着仰拱厚度增加，二衬仰拱碳排放近似线性上升。每增加 1cm 仰拱厚度，碳排放增加约 30kg CO_{2eq}，如图 3-16b 所示。

（2）喷射混凝土　如图 3-17 所示，随着喷射混凝土厚度的增加，其产生的碳排放近似线性增长，每增加 1cm 厚度的喷射混凝土，碳排放增值保持在 117.941~123.164kg CO_{2eq}。除喷射混凝土厚度外，二衬厚度变化也将引起喷射混凝土碳排放的微弱变化。

（3）锚杆　系统锚杆碳排放受到混凝土厚度、锚杆种类、锚杆长度和锚杆间距的影响。当隧道衬砌厚度增大，锚杆碳排放呈现微小增加。例如，Ⅲ级围岩复合衬砌厚度每增加 1cm，药卷锚杆碳排放增加 0.665kg CO_{2eq}。ϕ25mm 中空注浆锚杆是同长度 ϕ22mm 药卷锚杆碳排放的 1.42 倍。锚杆工程量与锚杆长度成正比，与锚杆间距成反比，因而单根锚杆越长、锚杆间距越小，锚杆产生的碳排放越多。

以锚杆间距和混凝土厚度为变量，计算Ⅲ级、Ⅳ级和Ⅴ级围岩隧道模型的系统锚杆碳排放，如图 3-18 所示。Ⅲ级围岩隧道系统锚杆碳排放范围为 394.482~400.468kg CO_{2eq}。混凝土厚度从 0.38m 增加到 0.47m，每延米药卷锚杆碳排放变化幅度不足 7kg CO_{2eq}。可见混凝土厚度对锚杆碳排放影响微弱。相比之下，锚杆间距对碳排放影响显著。锚杆间距越小，对应的碳排放越高，且增速加快。以图 3-18b 为例，在选取Ⅳ级围岩和长度 3m 的锚杆时，锚杆间距乘积分别取 0.48m^2、0.56m^2、0.64m^2 和 0.72m^2，则锚杆碳排放均值分别为 905.539kg CO_{2eq}、776.176kg CO_{2eq}、679.154kg CO_{2eq} 和 603.693kg CO_{2eq}。锚杆间距乘积增加 0.08m^2，锚杆碳排放分别减少 129.363kg CO_{2eq}、97.022kg CO_{2eq} 和 75.461kg CO_{2eq}。图 3-18 中锚杆种类均选择药卷锚杆，当锚杆长度和锚杆种类变化时，可根据比例关系对碳排放数值进行换算。

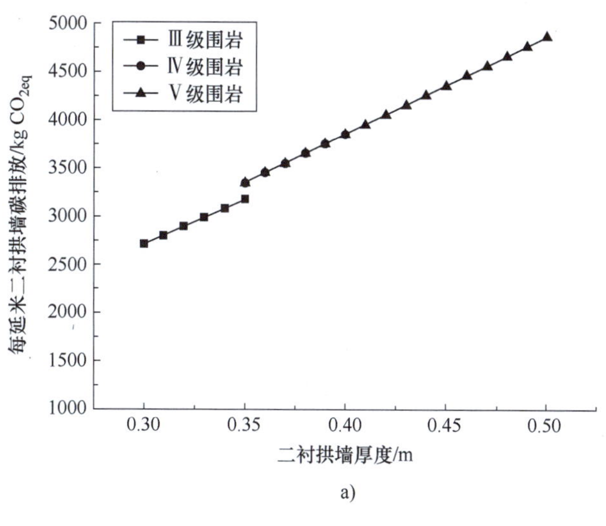

a)

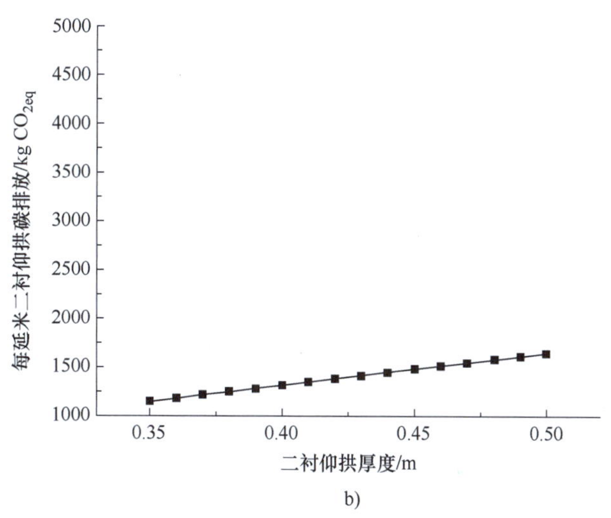

b)

图 3-16　模筑混凝土碳排放

a）拱墙　b）仰拱

锁脚锚杆是锚杆系统的一部分。每榀钢架采用共计 12m 长的 ϕ25mm 药卷锚杆。锁脚锚杆碳排放范围为 172.770~345.540kg CO_{2eq}，碳排放量随着钢架纵向间距减小而增大。

（4）钢架与连接钢筋　如图 3-19a 所示，纵向间距增大，钢架碳排放减小。考虑到Ⅴ级围岩钢架间距取值为 0.6~1m，而Ⅳ级围岩钢架间距为 0.8~1.2m，以钢架间距为变量对三种钢架的碳排放进行对比。在纵向间距相同时，各类钢架碳排放比值保持稳定，I18 与 I16 钢架的碳排放比值为 1.197，I16 与 I14 钢架的碳排放比值为 1.316。图 3-19b 所示为不同环向间距下连接钢筋碳排放，连接钢筋碳排放范围为 175.859~289.357kg CO_{2eq}。

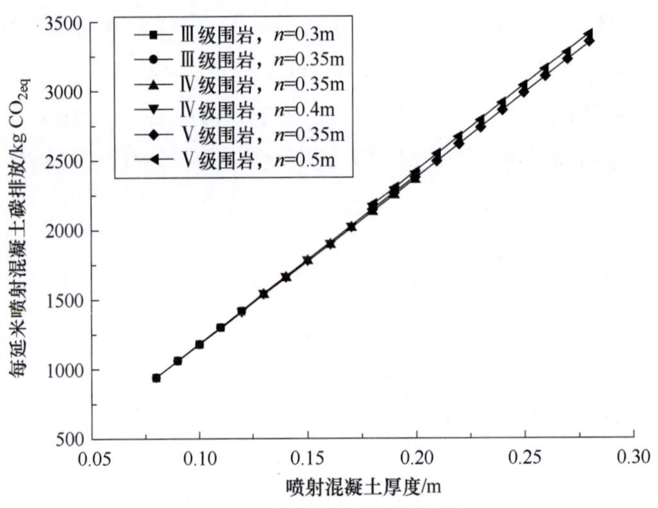

图 3-17　喷射混凝土碳排放

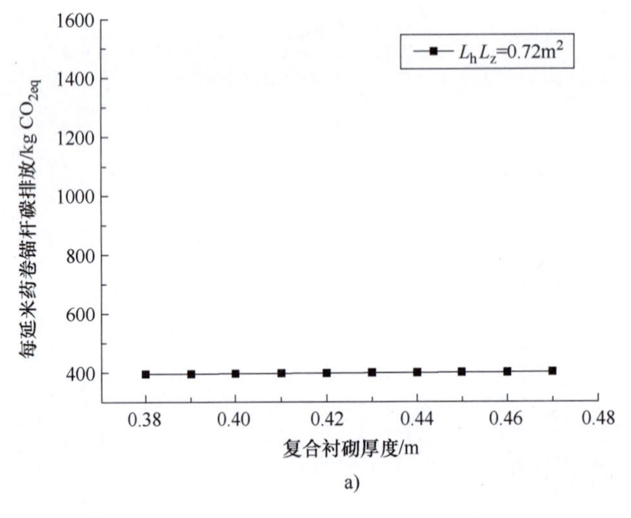

a)

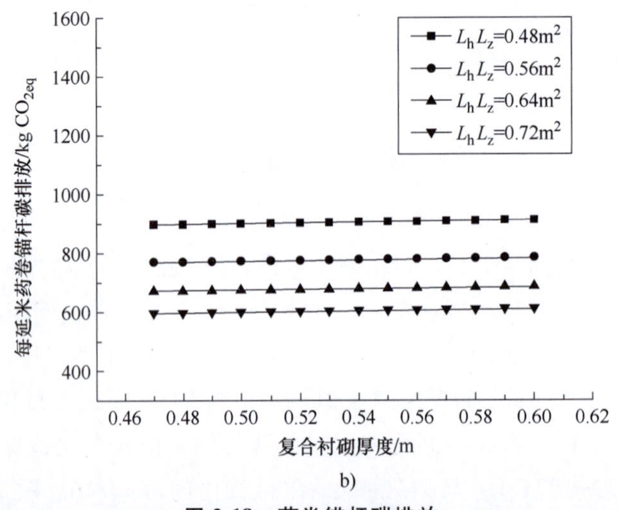

b)

图 3-18　药卷锚杆碳排放

a）Ⅲ级围岩，$L_b=2.5$m　b）Ⅳ级围岩，$L_b=3$m

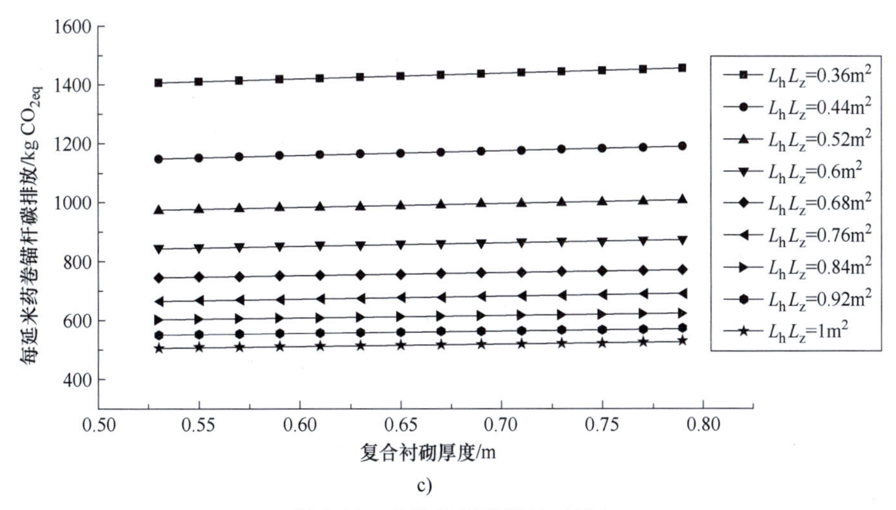

图 3-18　药卷锚杆碳排放（续）

c）Ⅴ级围岩，L_b = 3.5m

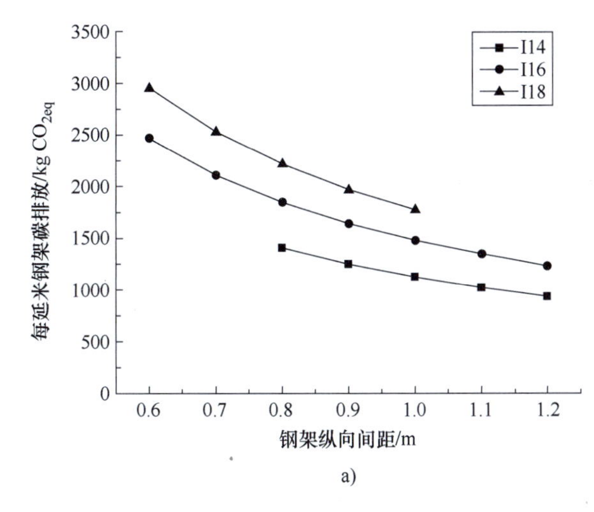

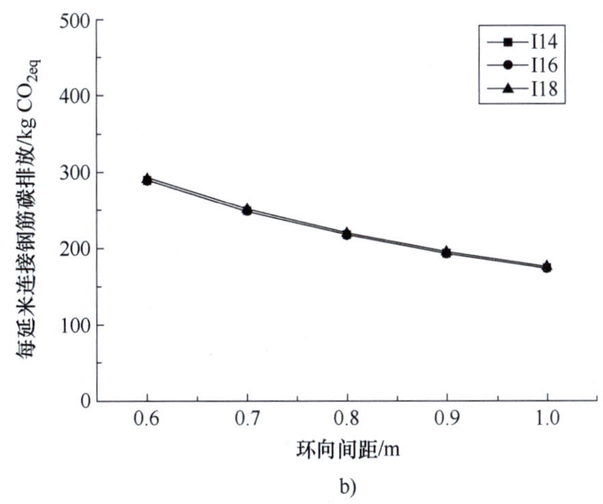

图 3-19　钢架与连接钢筋碳排放

a）钢架　b）连接钢筋

(5) 金属网　不同围岩级别的金属网碳排放如图 3-20 所示。由于金属网工程量较小，每延米金属网碳排放为 149.293~159.356kg CO_{2eq}，对隧道碳排放影响微弱。

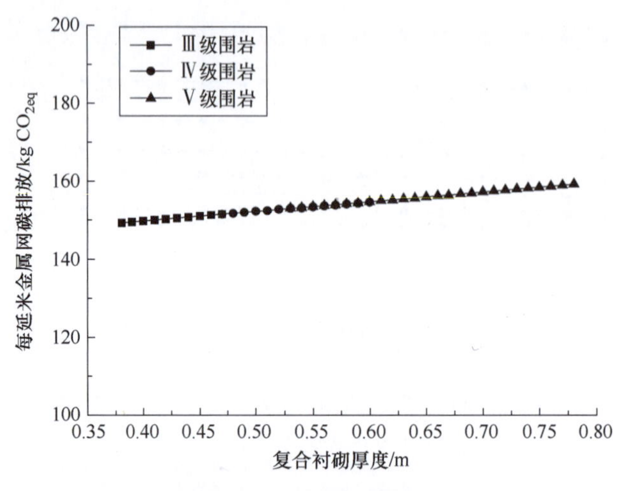

图 3-20　金属网碳排放

3.4　关键要点

现有研究已经证实，围岩支护、模筑衬砌在隧道施工中碳排放量大。从单元过程的角度来看，喷射混凝土、钢架和模筑混凝土的碳排放非常突出。此外，这些过程的碳排放水平还与围岩等级、隧道埋深、隧道断面开挖面积等因素密切相关。上述研究有助于了解隧道施工的碳排放水平。但是，仅知道哪些是主要的碳排放过程是不够的。进一步，需要在工程实践中使用现有的知识，并从减排的角度来指导工程设计。但是，现有的研究还处于案例计算阶段，学者很少从设计的角度对隧道施工中的投入进行探讨。对于隧道设计者来说，衬砌设计参数与施工碳排放之间的联系尚不清楚。

根据我国公路隧道设计规范，即便是围岩质量很好的Ⅰ级围岩，在设计中仍然采用了 30cm 厚的模筑混凝土。隧道设计为初期支护后的围岩变形预留了空间，且围岩变形稳定后再施作衬砌环。因此，具有强大支护能力的衬砌可能并不受力，仅作为支护储备，使得隧道施工成本和能耗大幅提升。对比采用单层衬砌的挪威法隧道施工，复合式衬砌的低碳设计在未来有着巨大的发展空间，而本章节则为隧道设计参数优化提供了实际支撑，为隧道设计人员在设计阶段减少碳排放提供了实用工具。即使是对 LCA 了解不多的隧道设计师，也可以得到低碳设计的启发或建议。

提出的高速公路隧道设计模型来源于工程案例，而工程案例的地质条件多为普通岩体的深埋隧道，限定了设计模型的使用范围。在复杂地质条件中，岩体力学参数变化范围较大，使隧道衬砌设计趋于复杂。此外，我国目前还没有统一的公路隧道衬砌设计标准图，这意味着在面对复杂地质条件和极端软弱围岩时，不同设计单位给出的设计方案往往并不统一。复杂围岩条件下较难得到具有代表性的隧道设计模型。

本章节充分参考了我国隧道设计规范和相关设计案例，衬砌模型采用的支护措施严格符合设计规范，能够代表我国高速公路隧道设计标准，适合一般围岩质量的Ⅲ级、Ⅳ级和Ⅴ级围岩隧道开挖支护的碳排放计算，将有助于隧道设计人员了解衬砌设计参数对隧道碳排放的影响。

本章节建立了典型高速公路双车道隧道衬砌施工工程量计算模型，使用模块化碳排放计算方法和清单数据，明确了隧道设计参数变化对双车道隧道衬砌施工碳排放的影响规律。本章节内容可用于分析设计参数优化带来的减排潜力，为低碳设计方案提供了参考。主要结论如下：

1）在现有隧道设计规范下，隧道设计参数变化对金属网和隧道开挖的碳排放影响较小，而影响较大的施工工序包括喷射混凝土、二衬拱墙、锚杆+注浆、钢架、钢筋等。此外，每立方米水泥注浆的碳排放量较高，大量使用将使得隧道碳排放快速增长。

2）随着混凝土厚度增加，喷射混凝土、二衬拱墙和仰拱碳排放呈近似线性增长。

3）系统锚杆碳排放受到衬砌厚度、锚杆种类、锚杆长度和锚杆间距的影响。随着衬砌厚度增加，锚杆碳排放呈现微小线性增长。随着锚杆间距减小，系统锚杆碳排放大幅增加。系统锚杆碳排放与单根锚杆长度成正比。

4）钢架碳排放与纵向间距成反比，与钢架质量成正比。在相同钢架间距和相近钢架环向长度的条件下，各类钢架碳排放比值保持稳定。I18 与 I16 钢架的碳排放比值为 1.197，I16 与 I14 钢架的碳排放比值为 1.316。

为实现衬砌低碳设计，建议对不同设计参数采取不同的控制策略：对于碳排放大幅波动型，碳排放对设计参数的改变较为敏感，减排潜力较大，应予以重点控制；对于碳排放波动有限型，碳排放对设计参数的细微变化并不敏感，但设计参数取值的大幅变化仍将形成庞大的累积排放，应根据实际情况考虑；对于碳排放微弱型，模块碳排放小，减排潜力小，可以不予考虑。

课后习题

1. 清单分析是 LCA 方法论中的重要一环，清单分析数据有几类？其取值一般有哪些？

2. 模块化碳排放的来源主要考虑哪几部分？同时用图表示隧道施工碳排放的拆解模型。

3. 隧道施工碳排放的影响因素主要考虑哪几种？它们与施工碳排放水平的相关性从大到小如何排序？

4. 在考虑隧道衬砌设计参数对施工碳排放的影响作用时，主要研究了哪几种参数？

第 4 章 地下工程施工期碳排放不确定性分析

本章提要

本章主要以公路隧道为例进行分析介绍。对现有地下工程 LCA 研究并未对碳排放不确定性开展分析，本章从参数、情景和模型不确定性三个角度分析施工碳排放的不确定性并提出地下工程施工节能减排建议。本章学习重点是掌握地下工程施工期碳排放不确定性分析方法并能结合实例进行分析。

不同 LCA 研究对同一服务或产品的评估结果可能有差异，这表明 LCA 研究具有不确定性。LCA 不确定性有着不同的来源，不仅来源于输入数据的不确定性，还来源于规范性选择和数学模型，因而 LCA 应同时量化参数、情景和模型的不确定性。参数不确定性是一般 LCA 不确定性分析中讨论最多的因素，常采用随机分析方法，将得到的计算结果与确定性结果对比。情景和模型的不确定性可采用情景分析和敏感性分析进行评估。

当前国内大多数碳排放领域采用蒙特卡洛方法进行不确定性分析。大多数不确定分析假定输入变量符合特定的参数分布，包括对数正态分布、正态分布、三角形分布和梯形分布等。这种假定缺乏有效依据，为蒙特卡洛方法的应用增加了困难。在实际研究中，常采用最大似然估计确定参数的分布类型。

4.1 不确定性分析方法

评估数据不确定性的第一步往往是对数据质量进行评估，即采用数据质量指标（DQI）方法。DQI 包含一种标准质量评估矩阵，具体包括五类数据指标。然后计算综合的数据质量指标（ADQI），并确定输入数据的偏差。DQI 方法的内容在 4.1.1 节中介绍。

在获得数据质量信息后，开始为蒙特卡洛模拟进行准备。在所有准备工作中，获得输入数据的分布信息至关重要。常见的输入变量参数分布包括对数正态分布、三角形分布和均匀分布等。该部分内容在 4.1.2 节中介绍。

蒙特卡洛模拟是随机分析方法中最为常用的一种，其计算原理、步骤和相关知识在 4.1.3 节中进行介绍。通过蒙特卡洛模拟可得到输出量的离散抽样值以及估计值，但对输出量的概率分布仍缺乏相关信息。这时，可利用重复的模拟和最大似然估计方法完成输出量的分布分析。最大似然估计的内容在 4.1.4 节中进行介绍。

情景分析是基于当前发展状态以及相关现象和趋势，考虑未来可能发生的多种结果，并分析其发生的影响和驱动力等，帮助决策者进行战略规划。传统上的情景分析是一种直观的定性预测方法，同时可以和不确定性分析进行有效结合，增强其适用性和兼容性。情景分析的方法和步骤将在 4.1.5 节中介绍。

4.1.1　数据质量指标

采用的谱系矩阵见表 4-1，包括五种不同的数据质量指标：可靠性、完整性、时间范围、地理范围和技术范围。对输入数据进行半定量化评估，将每个 DQI 按 1~5 分打分。根据谱系矩阵的一般方法，DQI=1 代表数据质量评级最高，DQI=5 代表数据质量评级最低，该评级方法得到了应用。值得说明的是，数据质量评级的方法并不统一。在一些情况中，最高数据质量评级取 DQI=5，最低数据质量评级取 DQI=1。在单元过程层面使用数据质量分析（DQA）方法，以简化参数不确定性分析的流程。

表 4-1　谱系矩阵

DQI	DQI=1	DQI=2	DQI=3	DQI=4	DQI=5
可靠性	经过验证或测试得到	经过验证但部分基于假设，或测试得到但未经验证	部分基于假设并未经验证	精确的估计	不准确的估计
完整性	从合适的案例和时间范围内得到的有代表性数据	时间区间合理，但从较小样本中采集	从合适样本中获得，但时间区间不合理	数据具有代表性，但样本过小	从非常小的样本中获取的不具代表性数据，或来自未知样本
时间范围	≤3 年	≤6 年	≤10 年	≤15 年	>15 年
地理范围	地区范围	国家范围	洲际范围	世界范围	未知来源
技术范围	相同过程和公司	相同过程和技术、不同公司	相同过程、不同技术	相同技术、相似过程或产品	不同技术、相近的过程或产品

隧道物化阶段包含各类材料的生产、运输和加工，清单数据来源复杂，建材和能源的排放与地域、时间和技术等因素关联显著。需要说明的是，建筑材料和能源消耗量来源往往单一，例如，来自设计资料和定额数据，其数据完整性可按照表 4-1 中“时间区间合理，但从较小样本中采集”取 DQI=2。如第 2 章中所述，采用《公路工程预算定额》和《公路工程机械台班费用定额》计算单元工程量的材料消耗和能耗，以上定额虽具有相当的代表性，但未经验证。类似的，本地碳排放因子的来源有限，常从相关研究综合取值。因而，定额数据和碳排放因子的可靠性可按照表 4-1 中“部分基于假设并未经验证”取 DQI=3。

根据表 4-1，同一单元数据具有 5 个 DQI 数据，虽然能够有效反映数据的可靠程度，但数据较多显得冗赘，仍需进一步处理以增强不确定性的代表性，并减少不确定性分析的工作量。可使用综合数据质量指标（ADQI）来解决上述问题。所谓ADQI，是指将5个DQI数据特征化、归一化后得到的综合指标。为得到综合的质量指标，需要为5个DQI指标分配权重。在最简单的情况下，可以设定所有DQI权重均为0.2，则ADQI为5个DQI数值的均值。实际上，不同DQI权重取值往往并不相等。例如，在Maurice等人的研究中，与地理和技术范围相关的权重为0.25，与其他3个DQI相关的权重为0.167。考虑隧道施工材料来源广泛，地理和技术的多样性可能会加大数据的不确定性。因此，采用学者提出的权重。最终将DQI的值与各DQI的权重相乘并相加，得到综合的数据质量指标。

DQA的下一个阶段是将谱系矩阵得到的数据质量指标与概率分布联系起来。学者构建了所谓的变换矩阵，并提出了四参数Beta函数，其概率密度分布函数见式（4-1）。该函数以形状参数（α、β）和位置参数（a、b）控制概率分布特征，能够适应各种分布函数。

$$f(x \mid \alpha,\beta,a,b)=\frac{(x-a)(b-x)}{(b-a)}\frac{\Gamma(\alpha+\beta)}{\Gamma(\alpha)\Gamma(\beta)};(a\leqslant x\leqslant b) \tag{4-1}$$

分布参数和数据质量综合评分之间的转换关系较为复杂，一般由专家经验得到，转换关系可简化为式（4-2）和式（4-3）。

$$(\alpha,\beta)=\max[\mathrm{int}(2\mathrm{ADQI})-5,1]\times(1,1) \tag{4-2}$$

$$(a,b)=\mu[0.4+0.05\mathrm{int}(2\mathrm{ADQI}),1.6-0.05\mathrm{int}(2\mathrm{ADQI})] \tag{4-3}$$

式中　μ——数据代表值，如平均值、似然值等。

特别说明，对于点数据或数据量很小的集合（如定额数据），其可靠的均值或标准偏差通常难以确定。考虑到正态分布的概率密度函数需要明确期望或标准差的数值，因而正态分布在DQA中的应用可能受限，有必要考虑基于其他参数的分布，如三角形分布、连续均匀分布或Beta分布等。其中，三角形和连续均匀分布都是基于两个参数：最小值和最大值。

采用三角形分布将ADQI结果转换为流程输入值的偏差水平，见表4-2，该方法得到了应用。如果ADQI得分为1.0，则其数据允许标准差为10%，随着ADQI数值增大，偏差逐渐增加。当ADQI数值较小时，其概率密度函数图像表现为狭窄的三角形分布，中心值周围浓度较大，同时具有较高的概率。因而，在实施LCA不确定性分析时，研究者并不总是需要输入准确的清单数据，也可能是一个区间范围。以电能为例，假定电能消耗量为6kW·h，同时ADQI数值为1，偏差为10%，因而电能输入量用区间［5.4kW·h，6.6kW·h］表示。

表4-2　不同ADQI值对应的偏差

ADQI	偏差（%）	ADQI	偏差（%）	ADQI	偏差（%）
1.0	10	2.4	24	3.8	38
1.2	12	2.6	26	4.0	40
1.4	14	2.8	28	4.2	42
1.6	16	3.0	30	4.4	44
1.8	18	3.2	32	4.6	46
2.0	20	3.4	34	4.8	48
2.2	22	3.6	36	5.0	50

4.1.2　参数概率分布

LCA 清单数据的分布类型一般可根据样本的统计分析结果或者专家判断确定。常见的分布类型包括三角形分布、均匀分布和正态分布等。

1. 三角形分布

常用三角形分布模拟能耗强度、能源的碳排放因子。受到技术和工艺的限制，碳排放因子的取值存在上下限。通过对现有参数的采集、整理和统计分析，能够得到一个最接近的取值。随着未来技术的不断进步和清洁能源的发展，碳排放因子数值还将进一步下降，但在特定时间段内仍存在一个最可能的取值。因此，碳排放因子的特征符合三角形分布的特点。此外，定额中给出了当前阶段的单元工程量对应的材料和能源投入，以该数值为最可能取值，取一定偏差值范围（10%～50%，详见 4.2.1 节），即可得到单元工程量投入的低值和高值，因此，定额数据分布可用三角形分布描述。

从数学角度，三角形分布低值为 a，众数为 c，高值为 b，是一种连续概率分布，其概率密度函数见式（4-4）。

$$f(x\mid a,b,c)=\begin{cases}\dfrac{2(x-a)}{(b-a)(c-a)}, & c\geqslant x\geqslant a\\ \dfrac{2(b-x)}{(b-a)(b-c)}, & b\geqslant x>c\end{cases} \tag{4-4}$$

其累积分布函数见式（4-5）。

$$F(x\mid a,b,c)=\begin{cases}\dfrac{(x-a)^2}{(b-a)(c-a)}, & c\geqslant x\geqslant a\\ 1-\dfrac{(b-x)^2}{(b-a)(b-c)}, & b\geqslant x>c\end{cases} \tag{4-5}$$

2. 均匀分布

第 2 章建立的模块化碳排放计算模型中，从废旧土石中回收砂石的比例、市场到隧道的运输距离是服从连续分布的随机变量，具有低值和高值。但不同于三角形分布，这些随机变量并无最可能的取值。因此，可以考虑将这些随机变量的分布类型假定为均匀分布。假定随机变量 X 服从均匀分布，则 X 的概率密度函数见式（4-6）。

$$f(x\mid a,b)=\begin{cases}0,\ x<a\ 或\ x>b\\ \dfrac{1}{b-a},\ b\geqslant x\geqslant a\end{cases} \tag{4-6}$$

其累积分布函数见式（4-7）。

$$F(x\mid a,b)=\begin{cases}0, & x<a\\ \dfrac{x-a}{b-a}, & b\geqslant x\geqslant a\\ 1, & x>b\end{cases} \tag{4-7}$$

3. 正态分布

正态分布是一种“两头低”和“中间高”的“钟形”概率分布，在数学和工程领域得到了广泛应用，在统计学中具有重要地位。假定随机变量 X 服从正态分布，期望为 μ，方差为 σ^2，计作 $X\sim N$ (μ，σ^2)，则 X 的概率密度函数见式（4-8）。

$$f(x)=\frac{1}{\sqrt{2\pi}\sigma}\exp\left(-\frac{(x-\mu)^2}{2\sigma^2}\right) \tag{4-8}$$

其累积分布函数不能直接通过积分得到，一般用误差函数表示，见式（4-9）。

$$\Phi(z)=\frac{1}{2}\left[1+\exp\left(\frac{z-\mu}{\sqrt{2}\sigma}\right)\right] \tag{4-9}$$

4.1.3 蒙特卡洛模拟

1. 方法简介

蒙特卡洛模拟以概率和统计理论方法为基础，常用于产生某概率模型的随机数或伪随机数，获得真实问题的近似解，也称为随机抽样方法。《用蒙特卡洛法评定测量不确定度》（JJF 1059. 2—2012）给出的定义为蒙特卡洛方法是利用对概率分布进行随机抽样而进行分布传播的方法。该方法在 20 世纪 40 年代由乌拉姆和冯·诺依曼提出，可追溯到 18 世纪法国 Buffon 的圆周率投针试验。

按照贝叶斯学派的观点，未知参数可以看作是一个随机变量，用概率来理解某一未知变量的变化。当某一事件出现特定的概率时，通过模拟真实事件的发生，得到该事件的发生频率。当样本数量足够大时，事件的发生频率即为概率。因而蒙特卡洛方法的本质是使用概率模型描述事件发生的结果。

假设一个函数包含 n 个随机变量，依据输入量 X_i（$i=1$，2，3，…，N）的概率密度函数，通过对输入量 X_i 的概率密度函数的离散抽样，由模型传播输入量的分布计算输出量 Y 的概率密度函数的离散抽样值，从而获得输出量的最佳估计值、标准不确定度和包含区间。如前所述，蒙特卡洛方法是一种依赖抽样的方法，抽样样本数量增加将增强结果的可信度。

蒙特卡洛模拟的具体实施步骤见《用蒙特卡洛法评定测量不确定度》（JJF 1059. 2—2012）。通过蒙特卡洛模拟得到输出量 Y 的分布函数离散值 G。

经过计算可得：由 G 计算 Y 的估计值 y 以及 y 的标准不确定度 $u(y)$；由 G 计算在给定包含概率 P 时的 Y 的包含区间 $[y_{low}, y_{high}]$。

2. 实施平台

Python 是一种面向对象的高级程序设计语言，具有动态数据类型特性。1989 年 Python 由 Guido van Rossum 发明，该语言本身也是在相关语言的基础上发展而来的，包括 ABC、C、C++、Unix Shell 等。当前 Python 已经成为主流的编程语言之一，在科学计算和统计、人工智能、网络爬虫、软件开发等领域得到广泛应用。

使用 Python 语言开展蒙特卡洛模拟，版本号为 Python 3. 7. 1 64bit。运行平台为 Visual Studio Code（VS Code）。Visual Studio Code 是一种优秀的集成开发环境，具有开源、跨平

台、模块化和插件丰富等特质。

Python 标准库涵盖正则表达式、网络、网页浏览器、GUI、数据库和文本等内容。除了 Python 标准库外，还使用了 SciPy、NumPy 和 Matplotlib 扩展库。有观点认为，SciPy、NumPy 和 Matplotlib 的协同工作性能能够与 MATLAB 软件媲美。

三种扩展库做简要介绍如下：

1）NumPy 是使用科学计算的软件包，包括功能强大的 N 维数组对象，具有强大的线性代数、傅里叶变换和随机数功能，能够存储和处理大型矩阵。其中随机数功能对于蒙特卡洛模拟至关重要，一般由 Random 模块生成随机数。

2）SciPy 是一种常用的科学计算软件包，能够处理插值、积分、优化、图像处理和常微分求解等问题。SciPy 能够计算 NumPy 矩阵并实现协同工作，从而能够大幅提升计算效率。SciPy 提供了蒙特卡洛模拟需要的多种概率密度函数。

3）Matplotlib 是一种 Python 数据图形化工具，在 Python 2D 绘图领域得到了广泛应用。Matplotlib 仅需少量代码就可以生成直方图、条形图、误差图和散点图等图形。Matplotlib 并不直接参与随机模拟过程，而是用于对模拟结果的可视化。

4.1.4　最大似然估计

最大似然估计是用来求得一个样本集的相关概率密度函数的参数统计方法。对于某一随机变量，研究者可通过蒙特卡洛模拟方法得到该随机变量的概率密度函数抽样值。但该随机变量服从的概率密度函数仍无确定信息。此时，研究者可对该样本集进行重复采样，使用样本集数据估计概率密度函数。具体来说就是，对样本集采用最大似然估计方法，估计样本集所服从的某种分布的数字特征。

4.1.5　情景分析

在 4.2.1~4.2.3 节中，介绍了处理参数不确定性的半定量和定量处理方法。但学者观点除参数不确定性外，情景的不确定性也应当得到充分重视。由于未来充满着各种不确定性，国家或地区乃至世界的未来发展路线并不唯一。决策者和研究者需要一些能够分析未来不确定性的研究工具和方法，以便应对将要面临的问题和危机。

情景并非是对未来的预测，而是一种对未来如何改变的描述。情景描述了一些可能性，尽管这些可能性也许并不是很高。通过展示未来可能性的范围和种类，通过情景为人们采取明智的行动提供支持，同时说明人类活动塑造未来方面的作用，以及环境变化和人类行为之间的关系。

情景最早正式出现在第二次世界大战，用于战争策略分析。现在，情景已经有非常广阔的应用场景，包括战略规划、政策分析、决策管理乃至全球环境评估等，具体涉及环境经济、低碳发展、能源经济等领域。一些重要的国际组织把情景分析法作为分析工具，产生了一些重要的研究成果。我国国家发展和改革委员会能源所使用情景分析法发布了《2020 年中国可持续能源情景分析》。过去三十多年内发展了数以百计的情景，包括具体的国家、区域乃至世界活动对未来的展望，这些情景发展的案例不尽相同。

4.2 单元工程量碳排放不确定性分析

基于碳排放不确定性分析流程如图 4-1 所示。根据 4.1.3 节中蒙特卡洛模拟的一般步骤和方法，搜集隧道施工单元过程的前景数据和背景数据，通过半定量的 DQI 方法明确工程定额的偏差范围，基于现有文献的搜集确定碳排放因子的取值范围，并根据输入数据的特点将其设定了三角形分布和均匀分布。在完成以上准备工作后，在 Visual Studio Code 平台编写基于 Python 的蒙特卡洛模拟算法，并处理输入数据。特别说明，本书仅分析基元碳排放的不确定性。

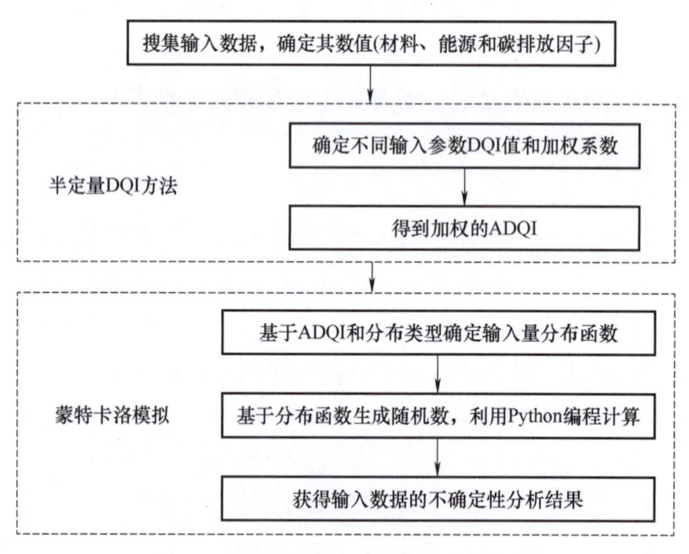

图 4-1 基元碳排放不确定性分析流程

4.2.1 参数取值

1. 工程定额

活动水平数据来自于国家标准预算定额。如前所述，预算定额是国家工程建设的计价标准，完整性较高，并根据施工水平发展做定期更新，具有较好的时间范围代表性和地理范围代表性。对于《公路工程预算定额》和《公路工程机械台班费用定额》，其可靠性 DQI=3，完整性 DQI=2，时间范围 DQI=1，地理范围 DQI=2，技术范围 DQI=2。根据 4.1.1 节对不同 DQI 的权重设置，计算综合的数据质量指标 ADQI=2，因而上述两个定额中活动水平数据偏差取 20%。

2. 碳排放因子

碳排放因子代表能源或产品在生产和流动过程中的碳排放水平。根据研究区域、商品类型和时间的差异，不同研究采用的碳排放因子往往差异巨大，给碳排放研究带来巨大的不确定性。根据 IPCC 的提议，各国应利用自己的经同行评议的研究成果，这样可以准确反映各国的做法。当缺乏相关研究的情况下，可使用 IPCC 缺省因子或其他国家或地区的碳排放因子数值。

所采用的碳排放因子主要来源于国内，见表 2-4。实际上，相关的碳排放因子研究数量较多，需要进行进一步搜集和总结，从而反映其最小和最大排放值。根据联合国气候变化框架公约下清洁发展机制执行理事会颁布的电力系统碳排放因子计算工具，国家生态环境部计算并发布了近年我国不同区域电网碳排放系数，见表 4-3。可见碳排放因子是动态变化的数值，且和区域密切相关，电力的碳排放因子区间取 0.837~1.094kg CO_{2eq}/(MW · h)。

表 4-3　2012—2017 年区域电网终端用电碳排放系数

[单位：$\times 10^3$kg CO_{2eq}/(MW · h)]

区域电网	2012 年	2013 年	2014 年	2015 年	2016 年	2017 年
华北	1.0021	1.0302	1.0580	1.0416	1.0000	0.9680
东北	1.0935	1.1120	1.1281	1.1291	1.1171	1.1082
华东	0.8244	0.8100	0.8095	0.8112	0.8086	0.8046
华中	0.9944	0.9779	0.9724	0.9515	0.9229	0.9014
西北	0.9913	0.9720	0.9578	0.9457	0.9316	0.9155
南方	0.9344	0.9223	0.9183	0.8959	0.8676	0.8367

《IPCC 国家温室气体清单指南》第二卷给出的汽油和柴油的净发热值为 43.0 GJ/t。根据学者的调研，柴油生命周期碳排放系数下限为 76.4g CO_{2eq}/MJ，上限为 102.4g CO_{2eq}/MJ，汽油生命周期碳排放系数下限为 76.3g CO_{2eq}/MJ，上限为 98.9g CO_{2eq}/MJ。而《建筑碳排放计算标准》（GB/T 51366—2019）中给出的柴油、汽油的碳排放因子建议值为 72.59g CO_{2eq}/MJ 和 67.91g CO_{2eq}/MJ。学者计算的柴油和汽油生命周期碳排放为 101.6g CO_{2eq}/MJ 和 91.7g CO_{2eq}/MJ，符合上述排放区间。综上，柴油生命周期碳排放系数取 72.59~102.4g CO_{2eq}/MJ，汽油生命周期碳排放系数取 67.91~98.9g CO_{2eq}/MJ。结合前述 IPCC 净热值，计算得到柴油的碳排放因子区间为 3.121~4.403kg CO_{2eq}/kg，汽油的碳排放因子为 2.920~4.253kg CO_{2eq}/kg。

砂和碎砾石是混凝土的重要组成材料，且隧道地点往往远离城市，采用现浇混凝土。相关文献调研表明，砂石的碳排放多集中在 2~24kg CO_{2eq}/t。碎石的碳排放值为 1.4~24kg CO_{2eq}/t，砂的碳排放值为 1.5~24kg CO_{2eq}/t。

木材是建筑行业常用建材之一，其生长中固碳效果和砍伐阶段的碳排放却比较复杂。不考虑木材生长过程中的固碳效果，仅分析其砍伐和加工过程中的碳排放。普通木材碳排放因子区间按照研究，取为 60~1288kg CO_{2eq}/m^3。

根据对全国 22 个省区水泥生产线的调研抽样，获取了 359 条水泥生产线的活动水平数据，对水泥综合碳排放因子进行了测算，水泥产品综合碳排放因子为 0.702t CO_{2eq}/t，95%的置信区间为 0.626～0.811t CO_{2eq}/t。本书采用以上置信区间作为水泥碳排放因子的取值区间。

现有钢铁碳排放计算方法较多，国家发展与改革委员会发布了《省级温室气体清单编制指南》和《中国钢铁生产企业温室气体排放核算方法与报告指南》。《建筑碳排放计算标准》（GB/T 51366—2019）中给出的碳钢平均碳排放为 2.05t CO_{2eq}/t。本章节取 2.013～2.309t CO_{2eq}/t 的区间。

关于硝铵炸药的相关研究数量较少，不同炸药材料配比可能不同。DQI 分级方法见表 4-1，各项 DQI 分别取 3、1、4、2 和 2，计算 ADQI 值为 2.33，偏差为±23.3%，则其区间为 0.202～0.324 t CO_{2eq}/t。

综上，给出不同碳排放因子的推荐值和取值范围，见表 4-4。

表 4-4　碳排放因子不确定性与偏差

材料/能源	推荐值	单位	取值范围
木材	146.3	kg CO_{2eq}/m^3	60～1288
钢材	2.309	t CO_{2eq}/t	2.013～2.309
水泥	0.702	t CO_{2eq}/t	0.626～0.811
硝铵炸药	0.263	t CO_{2eq}/t	0.202～0.324
砂	4.0	kg CO_{2eq}/t	1.5～24
碎砾石	3.0	kg CO_{2eq}/t	1.4～24
电力	0.972	kg CO_{2eq}/(kW·h)	0.837～1.094
汽油	3.943	kg CO_{2eq}/kg	2.920～4.253
柴油	4.369	kg CO_{2eq}/kg	3.121～4.403

3. 材料回收和运输

根据敏感性分析，废旧土石中回收砂石的比例、市场到隧道的运输距离和载具类型，对隧道施工的生命周期碳排放有重要影响；而隧道内运输碳排放占比极小，影响微弱。将考虑市场到隧道的运输，以及材料回收的不确定性，根据其数据分布特性，设定其服从连续分布，其取值见表 4-5。

表 4-5　材料回收和运输的不确定性取值

因素	取值	单位	能耗类型
砂石回收比例	0～100%	—	—
市场到隧道运距	0～500%	km	—
市场到隧道运输油耗	0.013～0.037	kg/(t·km)	柴油

4.2.2　样本容量

1. 样本容量试算

样本容量对蒙特卡洛模拟有重要影响。当样本容量较小时，输出结果难以达到稳定。而过多的试验次数毫无疑问增加了计算成本，降低了蒙特卡洛模拟的试验效率。当前学界并未给出明确的抽样次数或样本容量。《用蒙特卡洛法评定测量不确定度》给出了经验性的指导：样本量取 10^6 将使得输出量具有 95%的包含区间，同时样本量应不小于 10^4。进一步的，该规范给出了一种自适应的蒙特卡洛试验方法，通过增加试验次数，使得各项结果的两倍标准偏差小于标准不确定度的数值容差。尽管该方法为蒙特卡洛模拟提供了理论指导，但其缺陷显而易见：该方法需要不断迭代计算，从小到大逐渐增加抽样次数，使得输出结果的估计值和标准不确定度及包含区间的端点达到统计意义上的稳定，因而操作过程烦琐，效率较低。

为了测算适宜的试验次数，本节以隧道定额中 $10m^3$ 喷射混凝土工序为研究对象，使用 Python 语言在 VS Code 平台编写算法，以均值和标准差为评判指标，分析不同样本容量下输出结果的稳定性。此外，为验证该算法对不同分布类型的兼容性，分别考虑了碳排放因子服从三角形分布和均匀分布两种情况。均匀分布适用于仅获取随机变量最小值、最大值的情况，与三角形分布类似，但缺乏最可能值的信息。本节将讨论这两类分布下的适宜样本容量。

根据公路工程预算定额中隧道部分，每喷射 $10m^3$ C25 混凝土需要投入 $0.01m^3$ 木材、5.628t 水泥、$7.2m^3$ 中粗砂、$6.84m^3$ 碎石、1.29 台班的混凝土喷射机、0.78 台班的 $20m^3/min$ 电动空压机，这些数据来自于《公路工程预算定额》，相关数据不确定性取值范围见表 4-6。每台班混凝土喷射机消耗电能 43.01kW · h，每台班 $20m^3/min$ 电动空压机耗电 601.34kW · h，上述机械能耗数据来自于《公路工程机械台班费用定额》，相关数据不确定性取值范围见表 4-7。使用表 2-4 中的碳排放因子数据，计算产生的碳排放为 5.053 t CO_{2eq}。本节仅以隧道定额部分为例，确定蒙特卡洛模拟的合理样本数量。再次强调，该部分的碳排放是不全面的，并不包含材料采集、运输过程中的碳排放。

表 4-6　公路工程预算定额中材料和台班的不确定性取值范围与偏差

材料或设备	推荐数值	单位	偏差	取值范围
木材	0.01	m^3	20%	0.008~0.012
水泥	5.628	t	20%	4.50~6.754
水	24	m^3	20%	19.2~28.8
中粗砂	7.2	t	20%	5.76~8.64
碎石	6.84	m^3	20%	5.47~8.21
混凝土喷射机	1.29	台班	20%	1.032~1.548
电动空压机	0.78	台班	20%	0.62~0.94

表 4-7 工程机械能耗的不确定性取值范围与偏差

设备	推荐数值	单位	偏差	取值范围
混凝土喷射机	43.01	kW · h	20%	34.41~51.61
电动空压机	601.34	kW · h	20%	481.072~721.608

所用蒙特卡洛算法的技术特点如下：采样次数为 10^i（i=1，2，3，…，7）。此外，该算法生成的随机值并不是预先分配或登记的，它在每次抽样或迭代时都会重新生成。该算法最高抽样次数为 10^7，远高于《用蒙特卡洛法评定测量不确定度》给出的 10^6 推荐值，从而确保随机抽样操作中能够出现各种可能的差异值。基于 Python 扩展库 SciPy、NumPy 和 Matplotlib，获得了不同样本容量和碳排放因子分布类型下碳排放均值和标准差，如图 4-2 所示。当样本容量达到 10^5 及以上时，对于均匀分布和三角形分布，模拟结果的均值和标准差都达到较为稳定的状态。

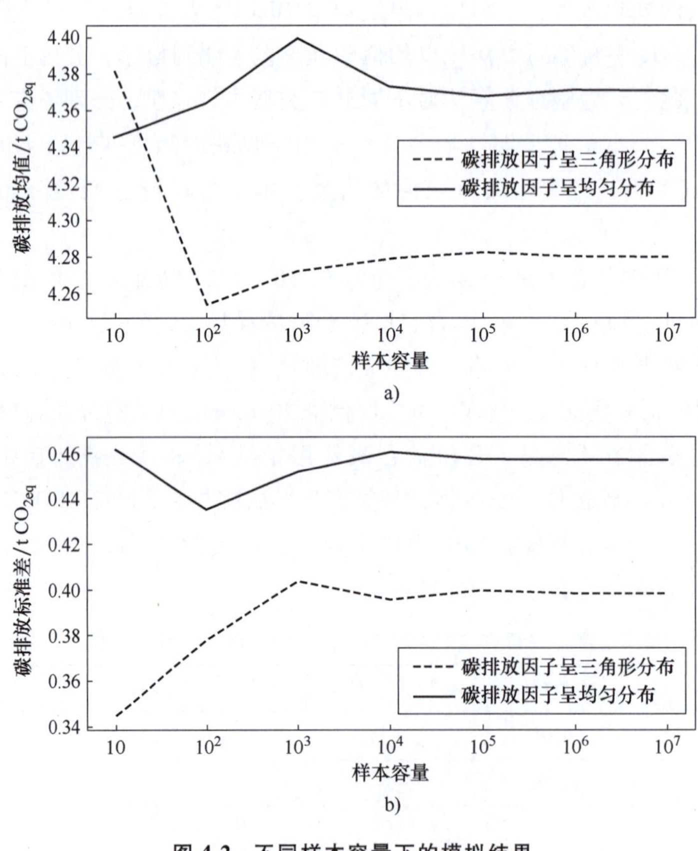

图 4-2 不同样本容量下的模拟结果

a）均值 b）标准差

2. 样本容量验证

上述以隧道定额中喷射混凝土为例，计算了 $10m^3$ 喷射混凝土的碳排放，但未涵盖材料运输和采集处理部分。进一步的，以 $1m^3$ 喷射混凝土模块碳排放为例，开展蒙特卡洛模拟，迭代次数为 1，样本容量取 10^1 到 10^7 不等。单次迭代的计算结果如图 4-3 所示，当样本容量较小时，数据较为分散，随着样本容量的增加，碳排放均值约为 523kg CO_{2eq}，排放区间为 350~840kg CO_{2eq}。需要注意的是，图 4-3 中的纵坐标采用频率与组距的比值，可近似看作概率密度，通过归一化处理，使得区间宽度与频率乘积的累计等于 1。此处的纵坐标 = 区间数目/(总数×区间宽度)。

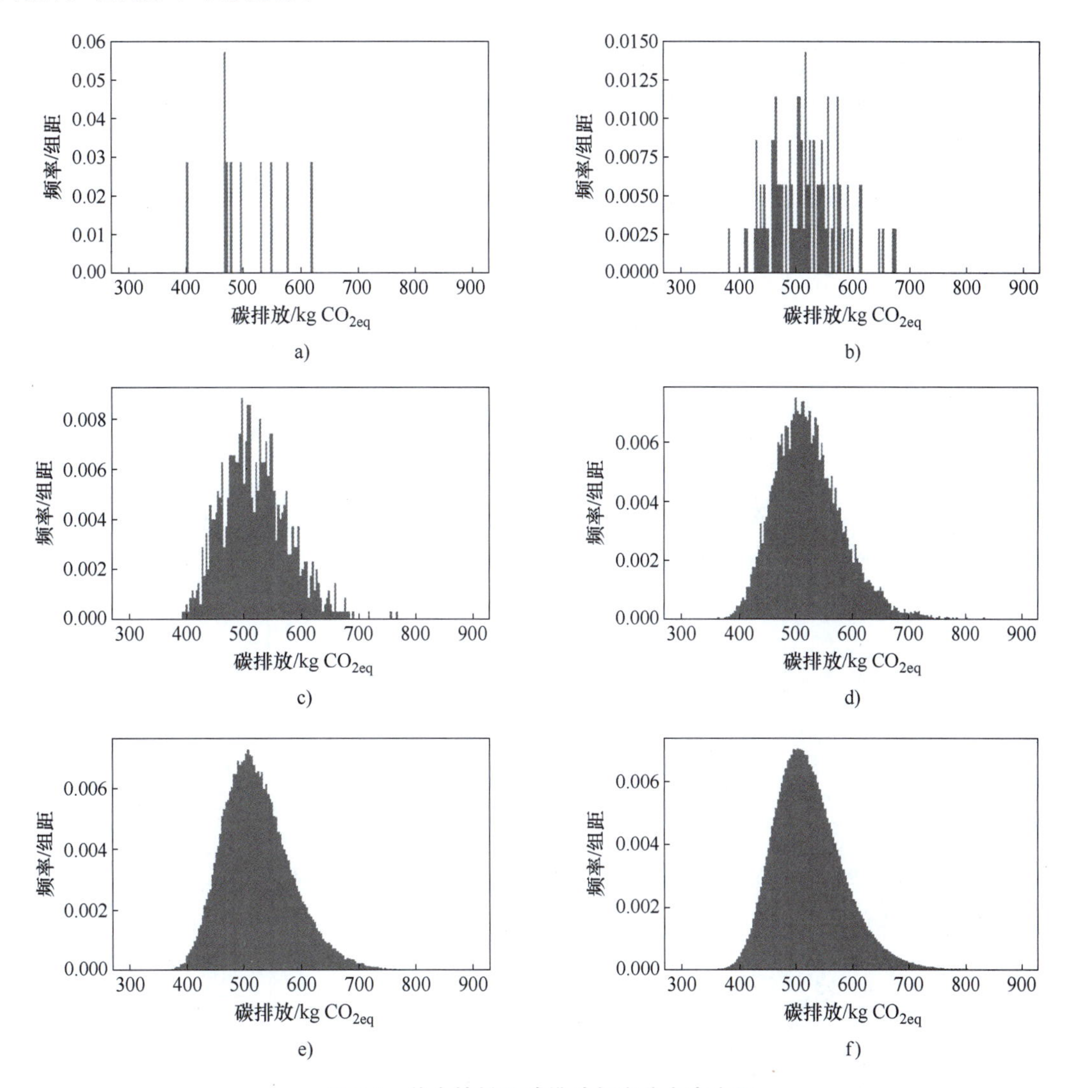

图 4-3　单次抽样下碳排放频率分布直方图

a）样本容量 $N=10$　b）样本容量 $N=10^2$　c）样本容量 $N=10^3$　d）样本容量 $N=10^4$

e）样本容量 $N=10^5$　f）样本容量 $N=10^6$

进一步分析样本容量在多次迭代下的稳定性。将迭代计算设定为 10 次，模拟结果如图 4-4所示。随着样本容量的增加，模拟结果的碳排放均值、标准差、2.5 百分位值和 97.5 百分位值逐渐趋于稳定。综合考虑模拟收敛效果和计算成本，样本容量取 $N=10^6$ 能够满足精度需求。

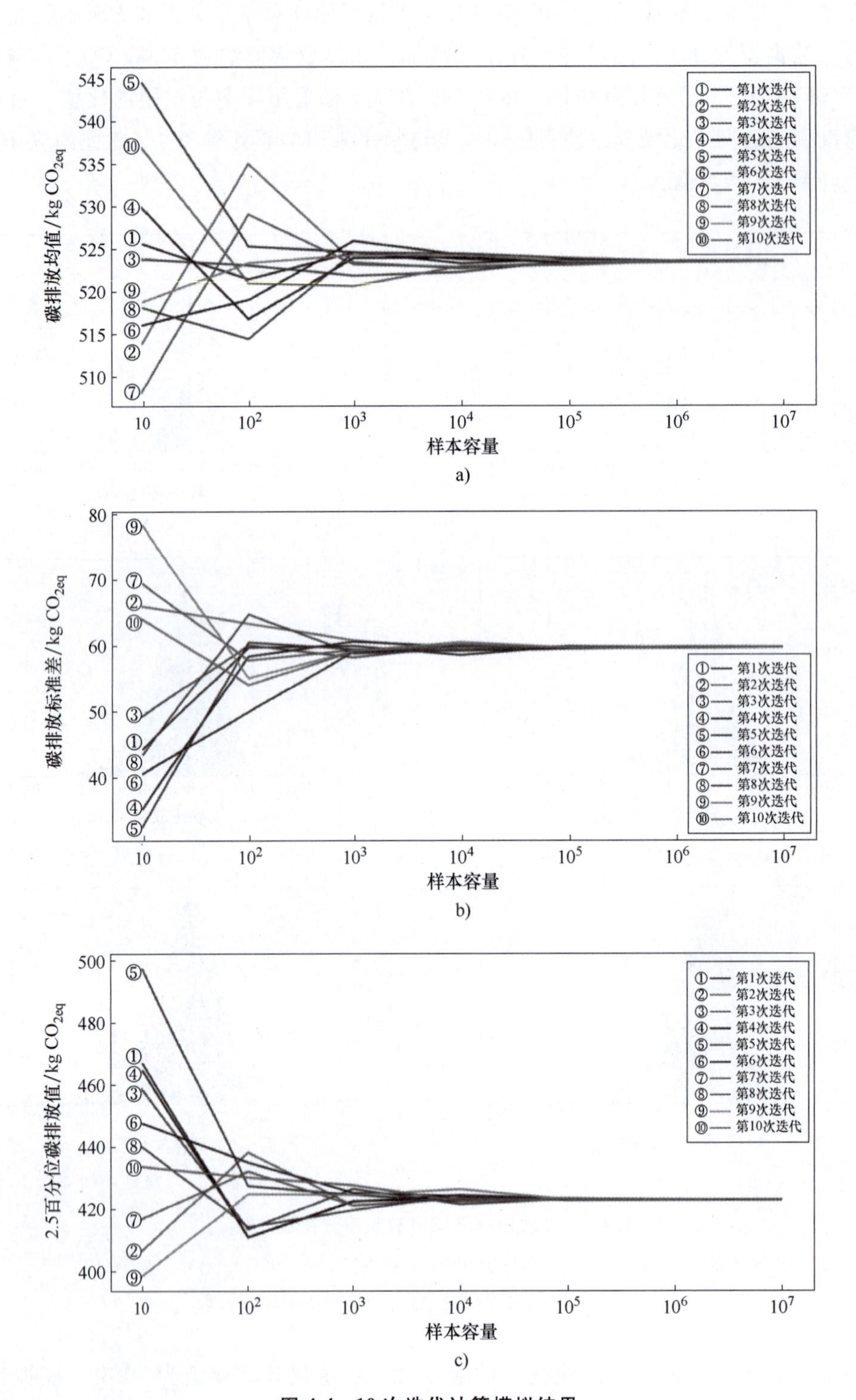

图 4-4　10 次迭代计算模拟结果

a）均值　b）标准差　c）2.5 百分位值

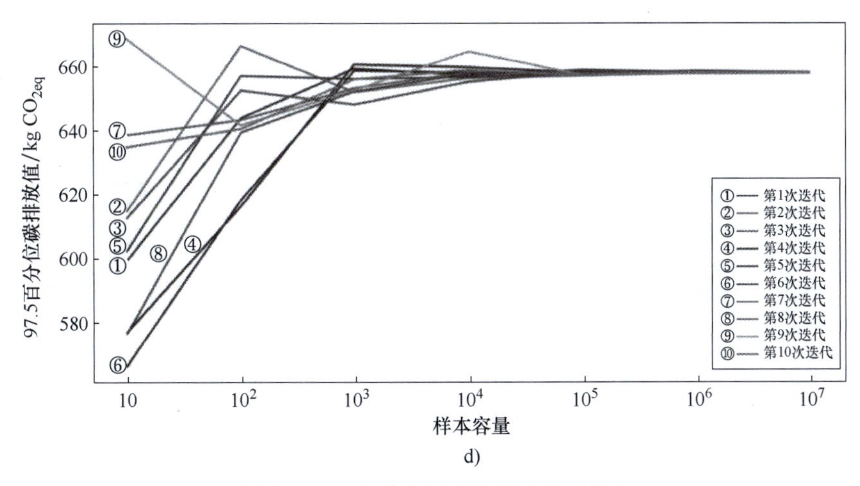

d)

图 4-4　10 次迭代计算模拟结果（续）

d）97.5 百分位值

4.2.3　基元碳排放不确定性分析

根据上述方法，样本容量 N 取 10^6，通过蒙特卡洛模拟明确各基元的碳排放不确定性，如图 4-5 所示。模拟结果表明，样本分布呈现明显的钟形特点，即前后低、中间高的特点，图形分布并不完全对称，暗示后续可使用正态分布拟合基元的碳排放分布结果，为后续模拟不同工程量情况下隧道施工碳排放提供概率分布参数依据。

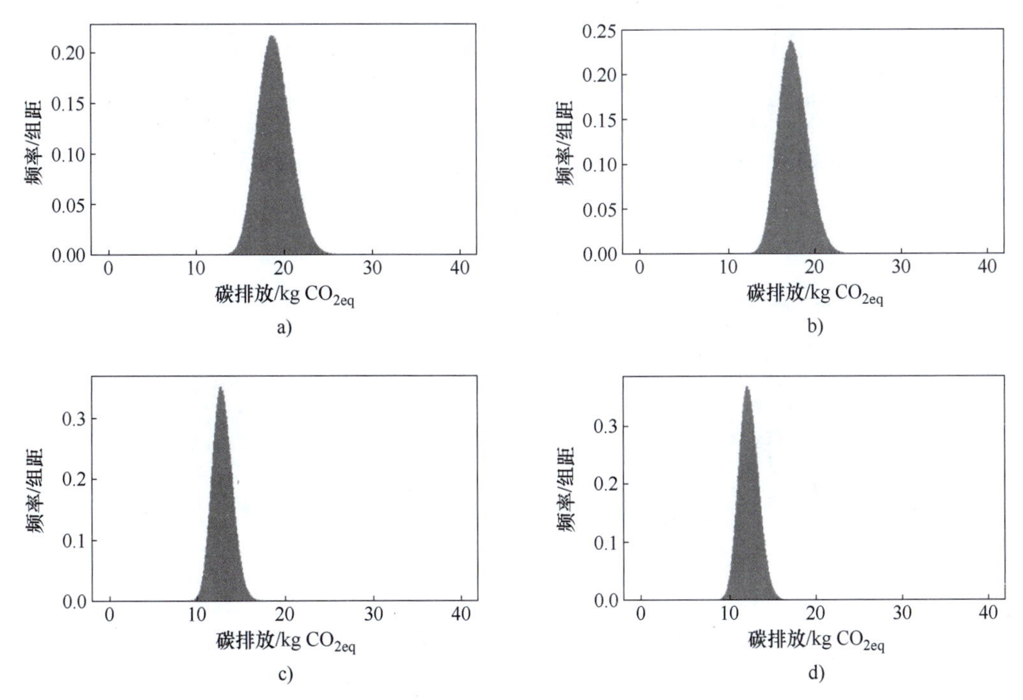

图 4-5　基元碳排放频率分布直方图

a）$1m^3$ Ⅰ级围岩开挖出渣　b）$1m^3$ Ⅱ级围岩开挖出渣　c）$1m^3$ Ⅲ级围岩开挖出渣　d）$1m^3$ Ⅳ级围岩开挖出渣

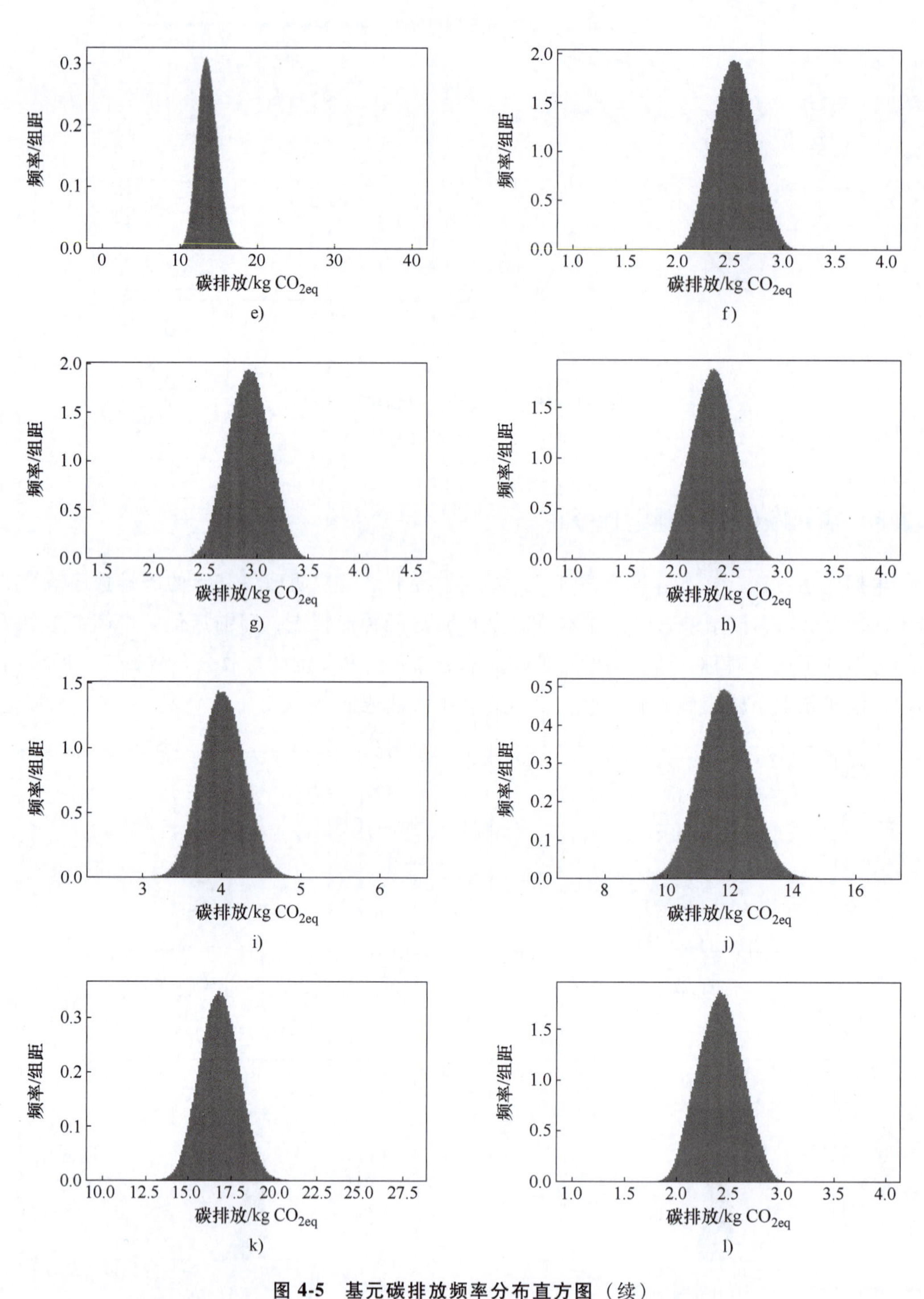

图 4-5 基元碳排放频率分布直方图（续）

e）$1m^3$ Ⅴ级围岩开挖出渣 f）1kg 型钢钢架 g）1kg 格栅钢架 h）1kg 连接钢筋 i）1kg 砂浆锚杆 j）1m 药卷锚杆 k）1m 中空锚杆 l）1kg 金属网

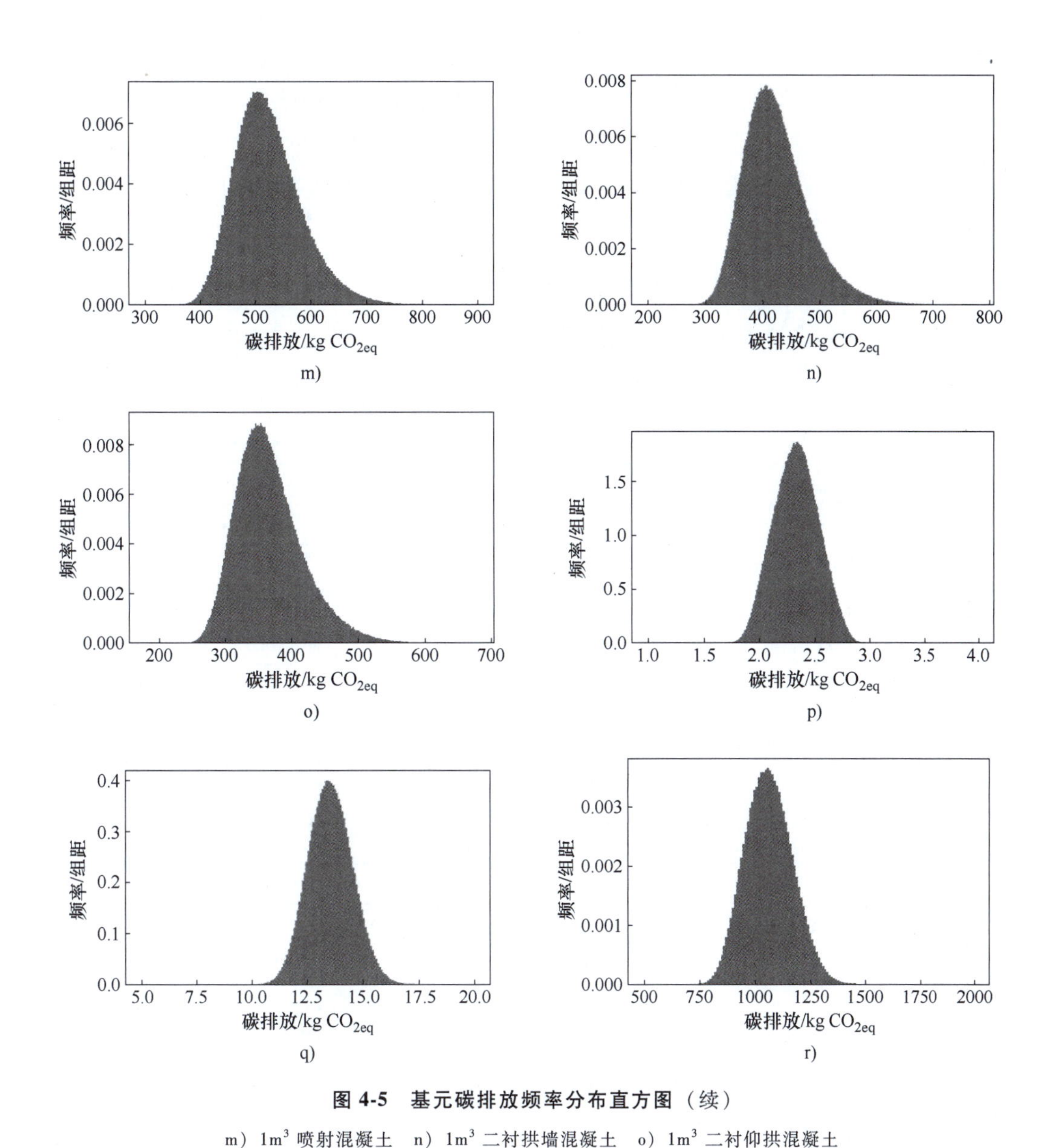

图 4-5　基元碳排放频率分布直方图（续）

m）$1m^3$ 喷射混凝土　n）$1m^3$ 二衬拱墙混凝土　o）$1m^3$ 二衬仰拱混凝土

p）1kg 衬砌钢筋　q）1m 注浆小导管　r）$1m^3$ 水泥注浆

图 4-5 中给出了不同碳排放数值分布对应的概率密度，但仍缺乏相关的分布参数。在统计模拟中，均值、标准差、最小值、最大值等参数能够很好地描述数列的分布特性。各基元碳排放的不确定性描述见表 4-8，与基元碳排放的确定值进行对比显示，基元碳排放的确定值均在样本碳排放的区间范围内，样本均值和确定值有较小偏差，即根据表 3-4 中假定得到的确定值并非最可能的排放值。

由表 4-8 可见，样本均值和确定值的偏差为-5%～6%，偏差主要来源于输入参数的取值差异。工程定额数据和碳排放因子采用三角形分布，而将材料运输和回收比例参数设定为均匀分布。三角形分布和均匀分布具有左右对称特性，若将确定性研究中参数取值保持在区间中值附近，则有利于减小样本均值和确定值的偏差。例如，工程定额取值根据半定量数据质量，原数据为区间中值，消除了确定性研究和样本均值的差异。然而，确定性研究中部分参数取值并非蒙特卡洛模拟的取值范围的中值。材料运输参数设定为均匀分布，市场到隧道运输距离为 0~500km，如果要接近样本均值则应接近回收比例和运输距离的中值，即 250km。

表 4-8 基元碳排放的不确定分析

基元	不确定性分析/kg CO_{2eq}			确定值/kg CO_{2eq}	均值与确定值的偏差（%）
	均值	标准差	95%概率包含区间		
$1m^3$ Ⅰ级围岩开挖出渣	19.005	1.815	15.691~22.753	19.318	-1.62
$1m^3$ Ⅱ级围岩开挖出渣	17.562	1.652	14.538~20.957	17.848	-1.60
$1m^3$ Ⅲ级围岩开挖出渣	12.938	1.119	10.861~15.22	13.268	-2.49
$1m^3$ Ⅳ级围岩开挖出渣	12.301	1.07	10.323~14.488	12.624	-2.56
$1m^3$ Ⅴ级围岩开挖出渣	13.782	1.271	11.44~16.391	14.104	-2.28
1kg 型钢钢架	2.544	0.194	2.177~2.921	2.663	-4.47
1kg 格栅钢架	2.925	0.201	2.544~3.317	3.054	-4.22
1kg 连接钢筋	2.413	0.203	2.029~2.806	2.522	-4.32
1kg 砂浆锚杆	4.009	0.27	3.492~4.543	4.118	-2.65
1m 药卷锚杆	11.861	0.793	10.349~13.438	12.201	-2.79
1m 中空锚杆	16.823	1.115	14.698~19.022	17.277	-2.63
1kg 金属网	2.427	0.203	2.043~2.821	2.536	-4.30
$1m^3$ 喷射混凝土	523.542	59.795	423.131~658.308	504.147	3.77
$1m^3$ 二衬拱墙混凝土	425.63	56.012	335.13~555.964	402.342	5.79
$1m^3$ 二衬仰拱混凝土	367.331	49.629	286.882~482.791	346.662	5.96
1kg 衬砌钢筋	2.345	0.202	1.964~2.738	2.455	-4.48
1mϕ42mm 注浆小导管	13.543	0.982	11.68~15.496	13.966	-3.03
$1m^3$注浆	1057.903	106.482	861.727~1273.054	1054.376	0.33

注：偏差$=\frac{均值-确定值}{确定值}\times 100\%$。

类似的，确定性研究中碳排放因子取较大值，对部分工序的碳排放产生了直接影响。以钢铁为例，钢铁碳排放因子的取值范围为 2.013~2.309kg CO_{2eq}/kg，相对应的，确定性研究中钢铁的碳排放因子取 2.309kg CO_{2eq}/kg，为取值区间的最大值。由于钢铁在钢架和衬砌配筋中大量使用，以上工序的确定性碳排放均值高于样本均值，即表 4-8 中偏差取负值。

表 4-8 中二衬拱墙混凝土、二衬仰拱混凝土和喷射混凝土的碳排放偏差取正值，三者都考虑到了砂石的回收，具体包括隧道废弃渣石的运输、处理和回收运输。根据样本采样的取值设置，回收比例为 0~100%，均值则为 50%，远小于确定值，因而需要从市场购买更多的原料，在生产和运输过程中产生了更多碳排放。此外，由于上述三个基元较其他基元增加了砂石回收的流程，带来了较大的不确定性，导致标准差大幅增加。

4.2.4　基元碳排放拟合

1. 偏态分布处理及拟合方法

偏态分布是连续随机变量概率分布的一种，与正态分布相对应，具有分布曲线左右不对称、集中位置偏向一侧的特点。根据集中位置的相对位置，偏态分布分为正偏态和负偏态两种形态，前者数据集中位置偏向数值较小一侧，后者数据集中位置偏向数值较大的一侧，如图 4-6 所示。

图 4-6　偏态分布

a）正偏态　b）负偏态

为了描述偏态分布的非对称程度，引入偏度系数。当分布左右对称时，偏度系数为 0；当偏度系数大于 0 时，峰值向左偏移，分布呈正偏态；当偏度系数小于 0 时，峰值向右偏移，分布呈现负偏态。偏度系数的绝对数值越大，表明分布的非对称特性越显著。一般认为，当偏度系数绝对值大于 1 时，呈高度偏态；当偏度系数绝对值为 0.5~1 时，呈中度偏态；当偏度系数绝对值为 0~0.5 时，呈轻度偏态。

部分基元碳排放样本数据呈现明显非对称的偏态分布特性，例如，图 4-5 中喷射混凝土碳排放。相较于偏态分布，获取正态分布的概率密度函数更简单，其能够有效降低数据后续处理的难度。因此，需要采用一些预处理方法将数据从偏态分布转换为正态分布。当数据呈现正偏态时，常用的处理方式包括对数变换、平方根变换、反正弦变换和倒数变换。当数据呈现负偏态时，可先取相反数将数据转化为正偏态，再按照正偏态的处理方法进行处理。

通过数据预处理，可将原本呈偏态分布的数据集转化为接近正态分布的样本。通过统计方法获得纠偏后的数据均值和标准差，即可获得对应的正态分布概率密度函数。该函数能够拟合纠偏后的数据集，通过反向处理得到原偏态分布的拟合样本数据集，并与偏态分布的数据进行对比，验证其拟合效果，上述数据处理流程如图 4-7 所示。有必要说明的是，当偏度系数数值较小时，例如，小于 0.1，样本的非对称性较弱，在符合精度要求要求的情况下，无须进行数据纠偏处理。

2. 基元碳排放样本数据纠偏与拟合

使用 NumPy 计算了图 4-5 中各基元碳排放样本数据的偏度系数，计算结果见表 4-9。喷射混凝土、二衬拱墙混凝土和二衬仰拱混凝土的偏度系数为 0.58~0.72，呈现高度偏态，可能需要采用对数变换或平方根变换等措施进行处理。围岩开挖出渣的偏度系数在 0.20 左右，剩余基元的偏度系数小于 0.09，数值较小，接近正态分布。

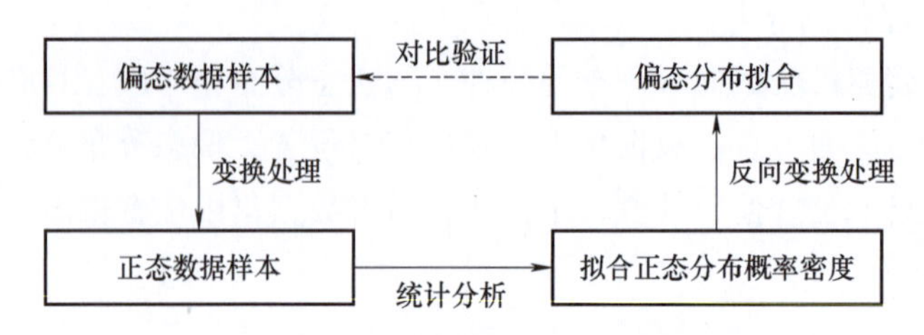

图 4-7　数据纠偏和拟合流程

表 4-9　基元碳排放样本数据偏度系数

基元	偏度系数	基元	偏度系数
$1m^3$ Ⅰ级围岩开挖出渣	0.22	1m 药卷锚杆	0.070
$1m^3$ Ⅱ级围岩开挖出渣	0.21	1m 中空锚杆	0.062
$1m^3$ Ⅲ级围岩开挖出渣	0.20	1kg 金属网	0.046
$1m^3$ Ⅳ级围岩开挖出渣	0.19	$1m^3$ 喷射混凝土	0.58
$1m^3$ Ⅴ级围岩开挖出渣	0.20	$1m^3$ 二衬拱墙混凝土	0.71
1kg 型钢钢架	0.036	$1m^3$ 二衬仰拱混凝土	0.72
1kg 格栅钢架	0.029	1kg 衬砌钢筋	0.039
1kg 连接钢筋	0.039	1m 注浆小导管	0.084
1kg 砂浆锚杆	0.079	$1m^3$ 水泥注浆	0.18

按照偏度系数大小，对基元碳排放的样本数据进行三种处理：

1）两次对数变换处理。适用于喷射混凝土、二衬拱墙混凝土和二衬仰拱混凝土。基元碳排放数值较大，例如，$1m^3$ 喷射混凝土碳排放均值为 523.153kg CO_{2eq}，在对数变换前常常需要使碳排放样本乘上较小的系数，从而加快尾端数据变小的速度。然后根据偏度调整需要，进行第二次对数变换。对数变换的底可取自然对数 e 或 10。对数处理后的正态分布拟合效果如图 4-8a～c 所示。

2）一次对数变换处理。适用于Ⅰ级围岩开挖出渣、Ⅱ级围岩开挖出渣、Ⅲ级围岩开挖出渣、Ⅳ级围岩开挖出渣和Ⅴ级围岩开挖出渣。基元碳排放数值不大，对数变换的底可取自然对数 e。此外，水泥注浆虽然单位体积碳排放数值较大，但可在与较小系数相乘后进行对数变换，获得良好的纠偏效果。对数处理后的正态分布拟合效果如图 4-8 d～i 所示。

3）直接获取样本均值和标准差。适用于型钢钢架、格栅钢架、连接钢筋、砂浆锚杆、药卷锚杆、中空锚杆、金属网、衬砌钢筋和注浆小导管。偏度系数小于 0.09，无须进行纠偏变换，计算样本均值和标准差，直接作为正态分布拟合的参数。

图 4-8 中各基元纠偏后分布满足 $X\sim N(\mu, \sigma^2)$，均值 μ 和标准差 σ 见表 4-10。

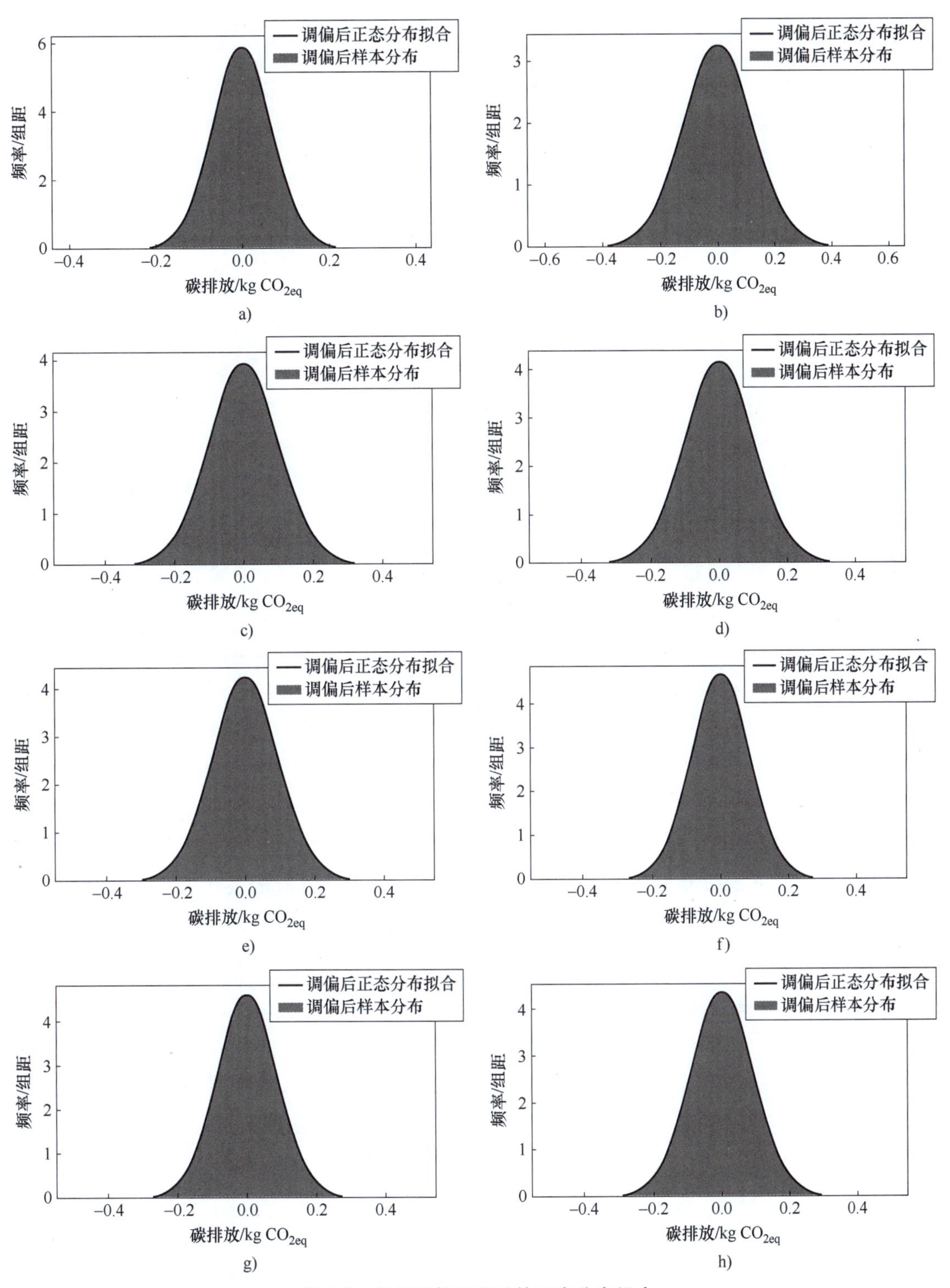

图 4-8　数据纠偏处理后的正态分布拟合

a）$1m^3$ 喷射混凝土　b）$1m^3$ 二衬拱墙混凝土　c）$1m^3$ 二衬仰拱混凝土　d）$1m^3$ Ⅰ级围岩开挖出渣　e）$1m^3$ Ⅱ级围岩开挖出渣　f）$1m^3$ Ⅲ级围岩开挖出渣　g）$1m^3$ Ⅳ级围岩开挖出渣　h）$1m^3$ Ⅴ级围岩开挖出渣

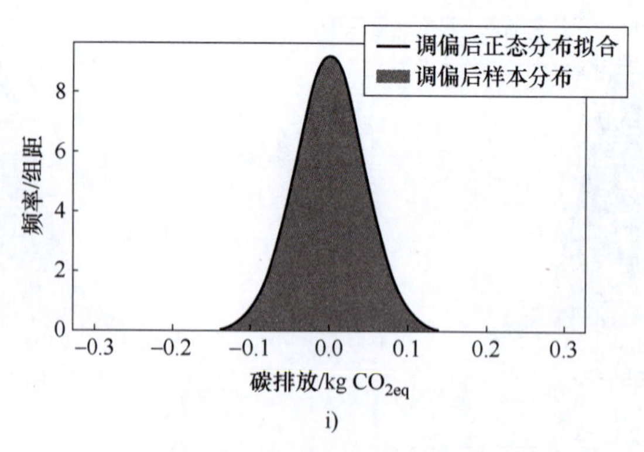

i)

图 4-8 数据纠偏处理后的正态分布拟合（续）

i）$1m^3$ 水泥注浆

表 4-10 数据纠偏处理后的正态分布拟合参数

变量	对应的基元	均值 μ/kg CO_{2eq}	标准差 σ/kg CO_{2eq}
X_1	$1m^3$ 喷射混凝土	0	0.068
X_2	$1m^3$ 二衬拱墙混凝土	0	0.124
X_3	$1m^3$ 二衬仰拱混凝土	0	0.102
X_4	$1m^3$ Ⅰ级围岩开挖出渣	0	0.095
X_5	$1m^3$ Ⅱ级围岩开挖出渣	0	0.094
X_6	$1m^3$ Ⅲ级围岩开挖出渣	0	0.086
X_7	$1m^3$ Ⅳ级围岩开挖出渣	0	0.087
X_8	$1m^3$ Ⅴ级围岩开挖出渣	0	0.092
X_9	$1m^3$ 水泥注浆	0	0.044

在表 4-10 中正态分布的数据基础上，建立各基元样本碳排放的表达式，见式（4-10）~式（4-18）。

$$Y_1 = 100\times10^{e^{X_1-0.336}} \tag{4-10}$$

式中 Y_1——$1m^3$ 喷射混凝土碳排放（kg CO_{2eq}）；

$$Y_2 = 150\times10^{e^{X_2-0.808}} \tag{4-11}$$

式中 Y_2——$1m^3$ 二衬拱墙混凝土碳排放（kg CO_{2eq}）；

$$Y_3 = 100\times10^{e^{X_3-0.583}} \tag{4-12}$$

式中 Y_3——$1m^3$ 二衬仰拱混凝土碳排放（kg CO_{2eq}）；

$$Y_4 = 30\times e^{X_4-0.461} \tag{4-13}$$

式中 Y_4——$1m^3$ Ⅰ级围岩开挖出渣碳排放（kg CO_{2eq}）；

$$Y_5 = 30\times e^{X_5-0.54} \tag{4-14}$$

式中 Y_5——$1m^3$ Ⅱ级围岩开挖出渣碳排放（kg CO_{2eq}）；

$$Y_6 = 25\times e^{X_6-0.663} \tag{4-15}$$

式中　Y_6——1m³ Ⅲ级围岩开挖出渣碳排放（kg CO_{2eq}）；

$$Y_7 = 25 \times e^{X_7 - 0.713} \tag{4-16}$$

式中　Y_7——1m³ Ⅳ级围岩开挖出渣碳排放（kg CO_{2eq}）；

$$Y_8 = 25 \times e^{X_8 - 0.6} \tag{4-17}$$

式中　Y_8——1m³ Ⅴ级围岩开挖出渣碳排放（kg CO_{2eq}）；

$$Y_9 = 100 \times 10^{X_9 + 1.022} \tag{4-18}$$

式中　Y_9——1m³ 水泥注浆碳排放（kg CO_{2eq}）。

根据式（4-10）~式（4-18）拟合偏态分布曲线，与图 4-5 中原样本频率分布进行对比，结果如图 4-9 所示，拟合得到的曲线与原样本结果拟合较好。

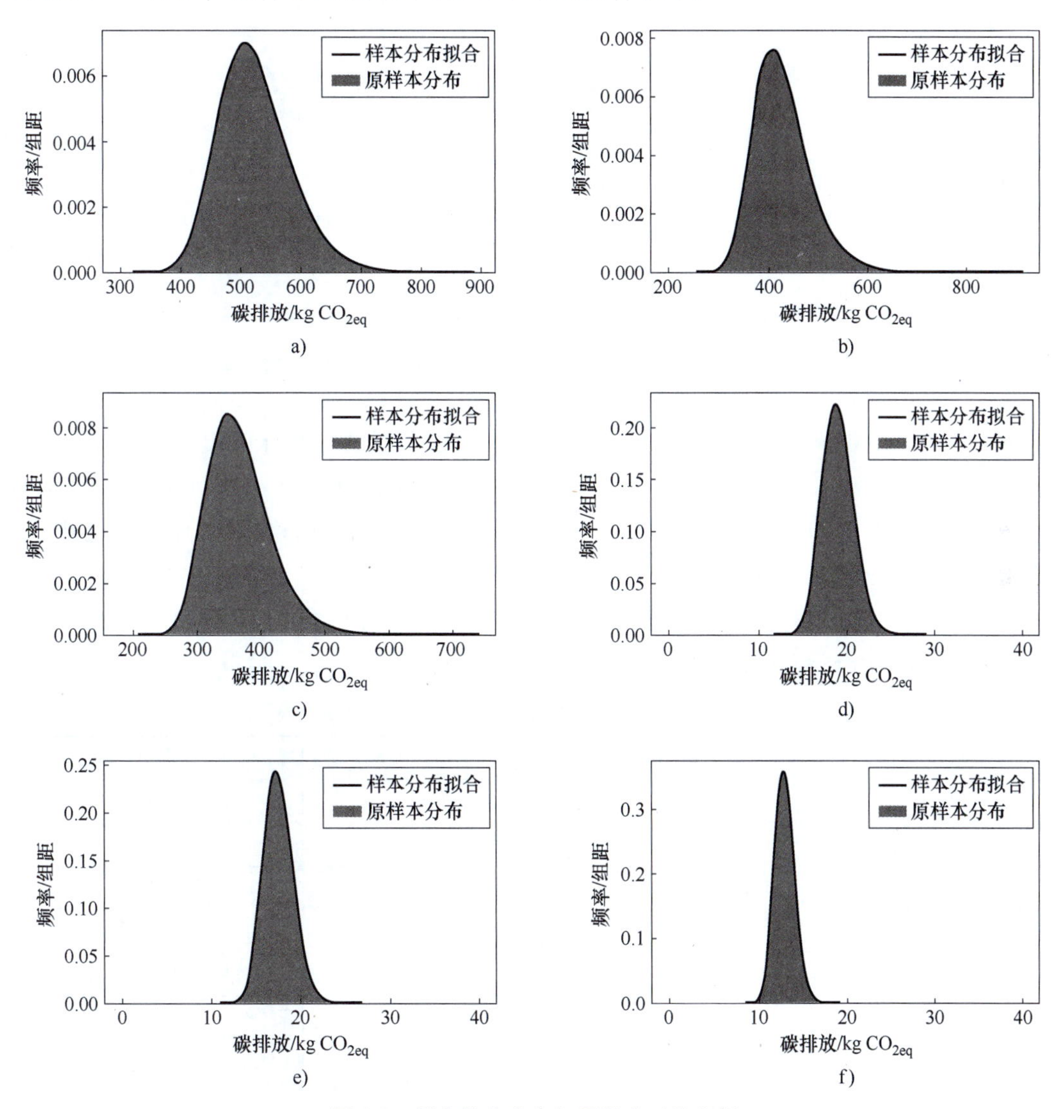

图 4-9　拟合偏态分布与原样本对比分析

a）1m³ 喷射混凝土　b）1m³ 二衬拱墙混凝土　c）1m³ 二衬仰拱混凝土　d）1m³ Ⅰ级围岩开挖出渣　e）1m³ Ⅱ级围岩开挖出渣　f）1m³ Ⅲ级围岩开挖出渣

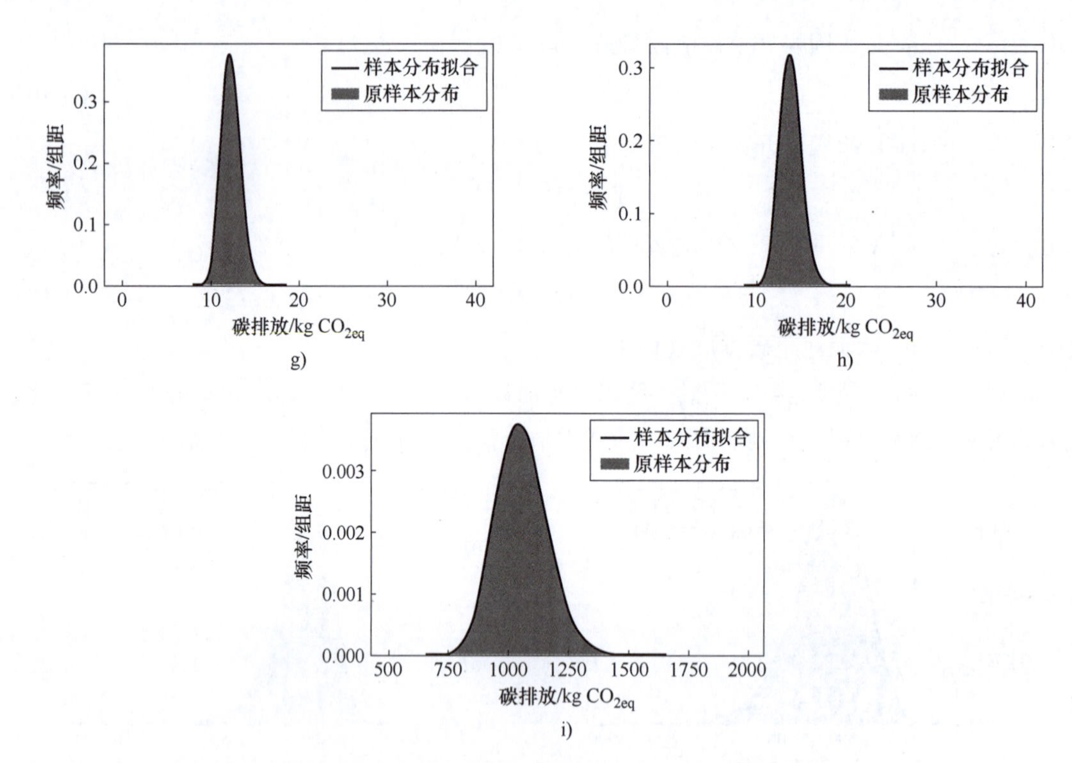

图 4-9　拟合偏态分布与原样本对比分析（续）

g）$1m^3$ Ⅳ级围岩开挖出渣　h）$1m^3$ Ⅴ级围岩开挖出渣　i）$1m^3$ 水泥注浆

对以上偏度系数较大的基元样本数据进行了对数变换处理，而余下基元，包括型钢钢架、格栅钢架、连接钢筋、砂浆锚杆、药卷锚杆、中空锚杆、金属网、衬砌钢筋和注浆小导管，偏度系数小于 0.09，接近正态分布，可直接拟合得到正态分布参数。计算上述基元的均值 μ 和标准差 σ 见表 4-11。

根据表 4-11 中分布参数拟合正态分布曲线，与图 4-5 中原样本频率分布进行对比，结果如图 4-10 所示，拟合得到的曲线与原样本结果拟合良好。

表 4-11　偏度较小的基元正态分布拟合参数

变量	对应的基元	均值 μ/kg CO_{2eq}	标准差 σ/kg CO_{2eq}
X_{10}	1kg 型钢钢架	2.543	0.194
X_{11}	1kg 格栅钢架	2.926	0.201
X_{12}	1kg 连接钢筋	2.412	0.202
X_{13}	1kg 砂浆锚杆	4.007	0.27
X_{14}	1m 药卷锚杆	11.859	0.791
X_{15}	1m 中空锚杆	16.821	1.112
X_{16}	1kg 金属网	2.426	0.202
X_{17}	1kg 衬砌钢筋	2.345	0.203
X_{18}	1m 注浆小导管	13.541	0.983

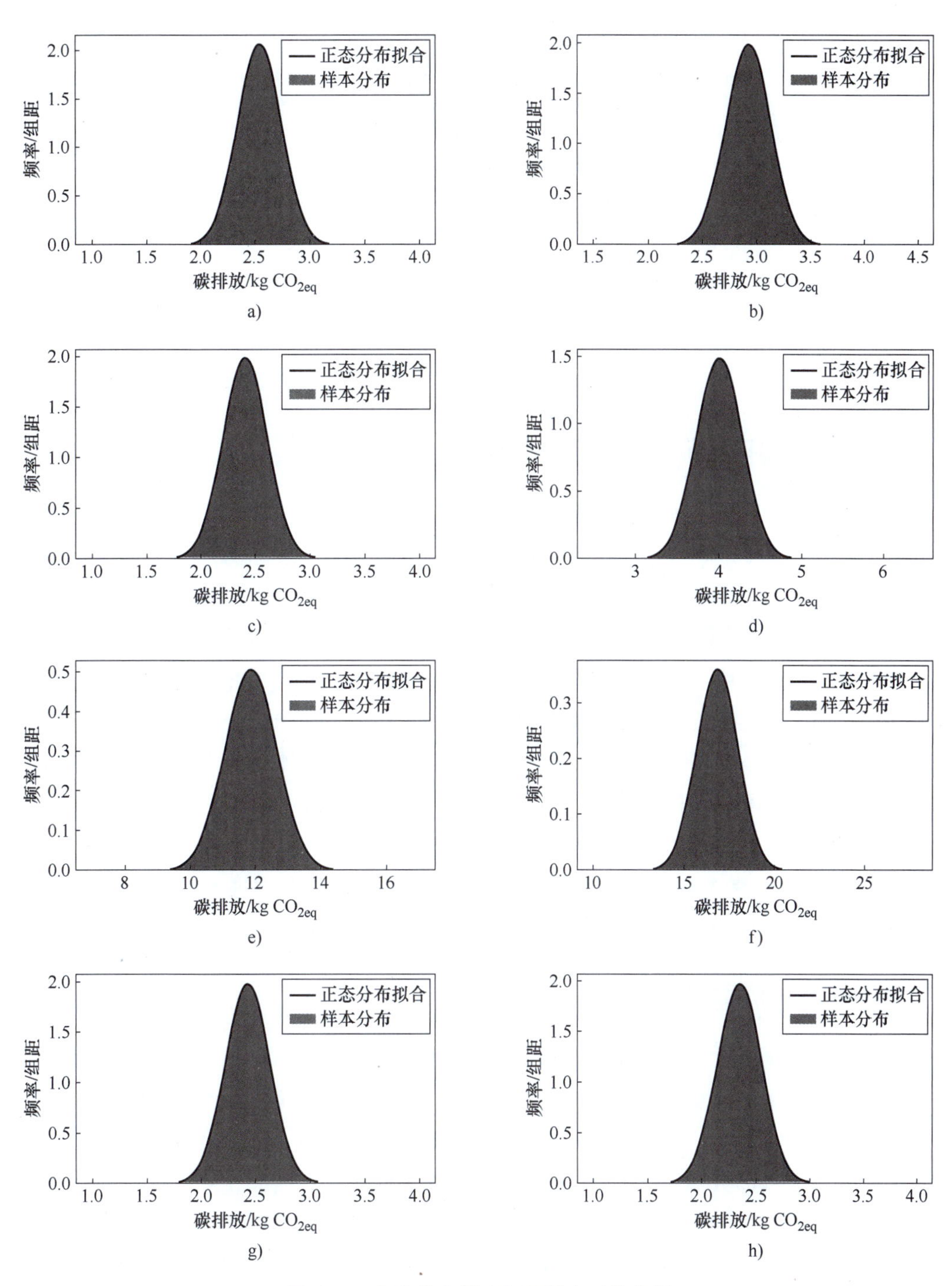

图 4-10　正态分布拟合与原样本对比分析

a）1kg 型钢钢架　b）1kg 格栅钢架　c）1kg 连接钢筋　d）1kg 砂浆锚杆　e）1m 药卷锚杆

f）1m 中空锚杆　g）1kg 金属网　h）1kg 衬砌钢筋

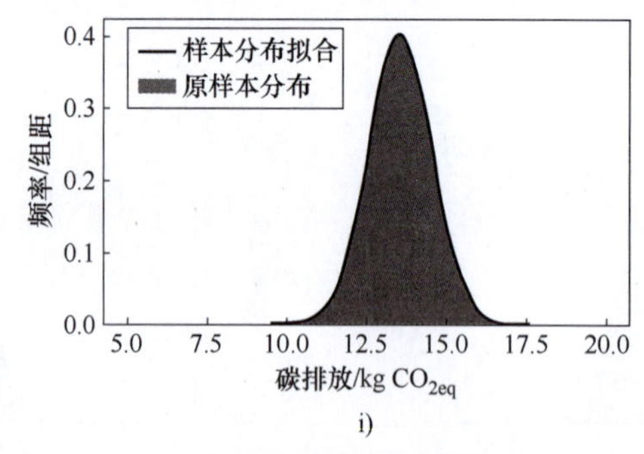

i)

图 4-10 正态分布拟合与原样本对比分析（续）

i）1m 注浆小导管

4.3 衬砌施工碳排放不确定性分析

4.2 节给出了基元碳排放随机建模的清单数据。在此基础上，可进一步建立隧道施工整体碳排放的拟合模型，具体作法：将各模块的工程量与基元碳排放相乘即为模块的碳排放，将模块的碳排放数值累加得到整体的碳排放。但该拟合模型将不同基元视为相互独立的随机变量，与现场实际有所差异，如施工中不同工序共用同一套运输机械、相同的燃料和建材来源。

为明确该拟合模型计算碳排放的偏差，建立一个包含隧道衬砌施工全部单元过程的随机分析计算模型（简称，隧道整体 LCI 模型）将该模型用于分析不同情景下隧道施工碳排放的变化。随后使用隧道整体 LCI 模型分析不同隧道案例的施工碳排放不确定性，包括均值、标准差和 95%包含区间等关键指标，并对各模块的不确定性进行深入分析。最后分析情景不确定性对隧道施工碳排放的影响，考虑未来设计优化带来的碳工程量下降以及技术进步带来的碳排放因子下降，对隧道衬砌碳排放的不确定性造成的影响。整体碳排放不确定性分析流程如图 4-11 所示。

4.3.1 工程量和情景设定

1. 工程量取值设定

隧道衬砌每延米工程量可从隧道勘察设计图中得到，但勘察设计资料属于商业性技术成果，难以大量获得。因此，采用普查方式获得大量隧道每延米工程量是难以实现的。作为一种备选方法，可通过部分隧道设计资料样本对总体进行估计。例如，采用自展抽样法通过 Bootstrap 生成系列伪样本，这些样本都采用有放回的采样，进而计算伪样本的统计量，获得对应的置信区间。但仅限于初始样本足够大时，自展抽样的分布才能接近总体。我国公路隧道里程长达数万公里，总体规模庞大，而样本数量比较有限，难以准确反映总体的分布特点。综上，现阶段难以通过直接统计或间接估计的方法准确获得衬砌施工工程量的分布概率。

根据第 3 章的内容，搜集到的高速公路隧道衬砌设计样本包括Ⅲ级、Ⅳ级和Ⅴ级围岩，浅埋和深埋隧道，较好、较差和一般围岩质量，因而具有较好的地质条件和围岩级别代表性。考虑到当前公路隧道设计仍广泛使用半经验的工程类比方法，即在隧道设计中参考同类断面规模和围岩条件相似的设计，隧道样本能够反映一定时期内特定隧道设计特点，仍以表 3-9 中工程量作为不确定性分析的数据来源。

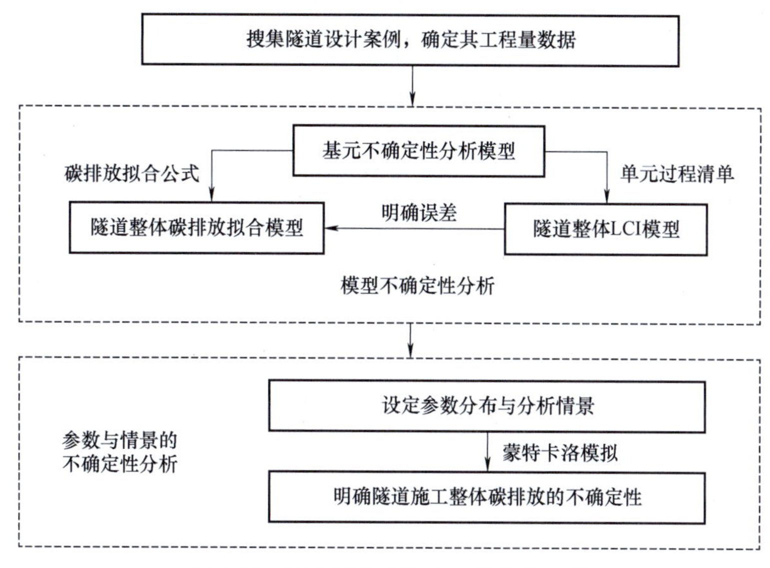

图 4-11　整体碳排放不确定性分析流程

2. 情景分析设定

2019 年，电力行业碳排放在全国碳排放的占比超过 40%，对上游建材间接碳排放和施工现场直接碳排放形成了巨大压力。为引领电力行业持续低碳发展，发改委和生态环境部相继印发了《全国碳排放权交易市场建设方案（发电行业）》和《2019 年发电行业重点排放单位（含自备电厂、热电联产）二氧化碳排放配额分配实施方案（试算版）》。以水电为代表的清洁能源正在快速发展，2019 年我国水电行业累计装机容量约为 3.58 亿 kW · h，较 2018 年增长 1.55%。根据相关规划，未来我国将大力实施水电“西电东送”战略，重点推进长江上游、金沙江、大渡河和澜沧江等大型水电基地建设。可以预见，电力行业碳排放基准线将不断降低。

目前隧道支护结构设计多采用工程类比法和经验法，支护参数设计和实际工程需求并不完全吻合。例如，经过现场实测发现某单线隧道锚杆轴力、喷射混凝土压应力和钢架拉应力远低于极限值，这表明隧道支护设计参数仍具有一定的优化空间。当前国内对锚杆长度、锚杆间距、喷射混凝土厚度和模筑混凝土厚度等因素的优化进行了大量研究。通过受力变形分析，合理设计锚杆长度、间距和配置范围，达到减少施工成本的效果。根据郑万高铁机械化施工支护优化的实践，Ⅳ级和Ⅴ级围岩模筑混凝土厚度下降了 5～10cm（施工成本减少 10%～20%），Ⅳ围岩钢拱架间距从 1.2m 调至 1.4m（施工成本减少约 15%），而Ⅴ级围岩钢拱架间距从 1.0m 增至 1.2m（施工成本减少约 17%），混凝土厚度下降 1～2cm（施工成本减少约 10%）。随着信息化技术的发展，基于实际地层开挖的动态调整将在预设计的基础上提升设计参数合理性。因此，隧道施工过程中建材和能源的使用量将出现下降。

综合以上因素，在基准碳排放情景的基础上，考虑技术进步因素，重点考虑电力和建材的低碳排放因子情景以及设计优化的低投入情景见表4-12。采用专家判断方法设置隧道施工优化的投入减少比例，这里的专家判断主要来源于文献资料。

表4-12 分析情景设定

情景	编号	描述
基准情景	BS01	基于DQI给出定额数据的偏差范围，输入参数分布形式设定为三角形分布和均匀分布，输入参数取值如4.2.1节和4.3.1节
低碳排放因子情景	SS01	钢铁、水泥、柴油和电力的碳排放因子下降15%
低投入情景	SS02	喷射混凝土工程量下降10%
	SS03	模筑混凝土工程量下降15%
	SS04	锚杆工程量下降15%
	SS05	钢架工程量下降15%

4.3.2 模型不确定性分析

首先根据前述基元LCI清单，建立两种隧道整体碳排放算法，即拟合碳排放算法与隧道整体LCI算法。前一种使用基元碳排放的拟合公式，结合各工序工程量计算得到整体碳排放，优点是代码简单，使用方便，缺点是假定了各模块相互独立，与实际工况有一定误差，此外基元的碳排放计算公式是给定的，无法在此基础上进行情景分析。后一种建立了包含全部单元工序的LCI模型，虽然计算流程较长，但优点是计算准确，可对基元的清单数据进行调整，分析不同情景下的碳排放的不确定性。

以表3-9中工程案例为例，比较两种算法的计算结果。如图4-12所示，采用拟合碳排放算法计算得到的95%碳排放包含区间为23.403~29.926t CO_{2eq}，而采用隧道整体LCI算法计算的95%碳排放包含区间为24.109~28.414 t CO_{2eq}。对比发现，拟合碳排放算法得到的分布区间较窄，概率密度较高，同时包含了实际样本碳排放的最可能值即波峰处排放值。图4-12中标记了95%包含区间的端点，即2.5百分位值和97.5百分位值，在样本容量$N=10^6$时，95%包含区间端点数值得到了收敛，迭代10次计算，4个端点值的最大差值仅为0.024t CO_{2eq}。从整体上，拟合碳排放算法得到的95%包含区间处于隧道整体LCI算法的包含区间内，拟合计算的结果具有良好的代表性。

4.3.3 参数不确定性分析

参数不确定性分析采用基准情景，分析每延米隧道施工整体碳排放的不确定性以及各模块碳排放的不确定性。采用隧道整体LCI算法计算衬砌施工碳排放均值和标准差，结果如图4-13所示。其中Ⅴ级围岩碳排放水平最高，相应的标准差数值也较大，Ⅳ级围岩的碳排放分布水平和标准差次之，Ⅲ级围岩碳排放水平和标准差最低。进一步分析不同衬砌的不确定性偏差，Ⅲ级、Ⅳ级和Ⅴ级围岩碳排放的95%包含区间长度分别为2.252~2.810t CO_{2eq}、2.798~4.880t CO_{2eq}和4.623~7.618t CO_{2eq}。从整体上，随着围岩级别增加，衬砌施工碳排放不确定性随之增长。

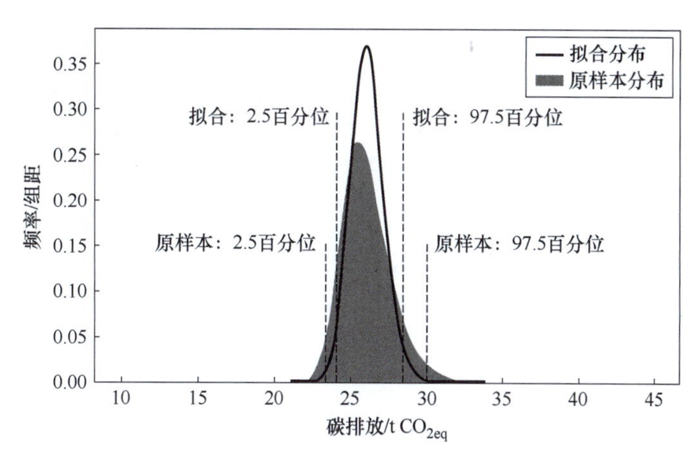

图 4-12　拟合碳排放算法与隧道整体 LCI 算法计算结果比较

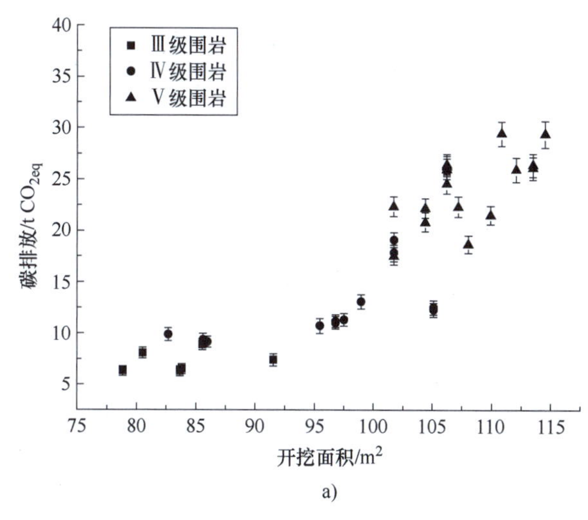

a)

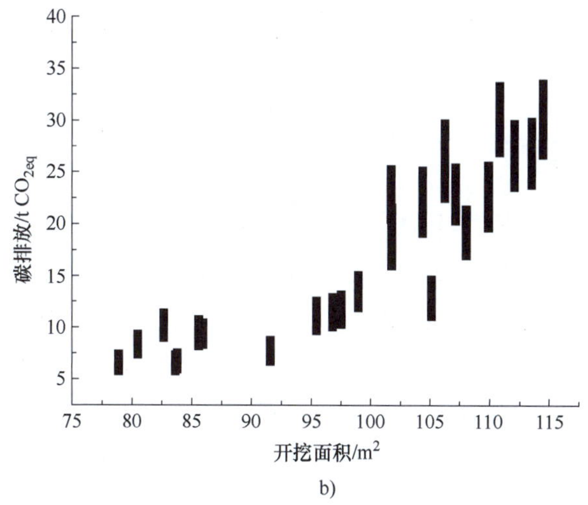

b)

图 4-13　基准情景 BS01 碳排放

a）碳排放均值　b）95%包含区间

使用拟合碳排放算法计算不同模块的碳排放均值和标准差，如图 4-14 所示。分析具体模块，喷射混凝土、中空锚杆、型钢钢架和二衬拱墙混凝土的排放分布区间较广，带有较大的不确定性。在参数不确定性计算中，模块的不确定性主要来源于基元碳排放的不确定性。因此，工序的工程量越大，其碳排放不确定性越高。以钢支撑工序为例，每延米型钢钢架的最大质量为 2881kg，最小质量为 0。1kg 型钢的碳排放不确定性较为固定，其 95%碳排放区间为 2.177~2.921kg CO_{2eq}，可见，每延米钢架质量越大，图 4-14 中误差棒长度越长。再如 1m^3 水泥注浆的 95%碳排放区间为 861.727~1273.054kg CO_{2eq}，具有极高的单元工程量不确定性，但其工程量较小，最大值仅为 0.58m^3，该模块的碳排放不确定性较小。

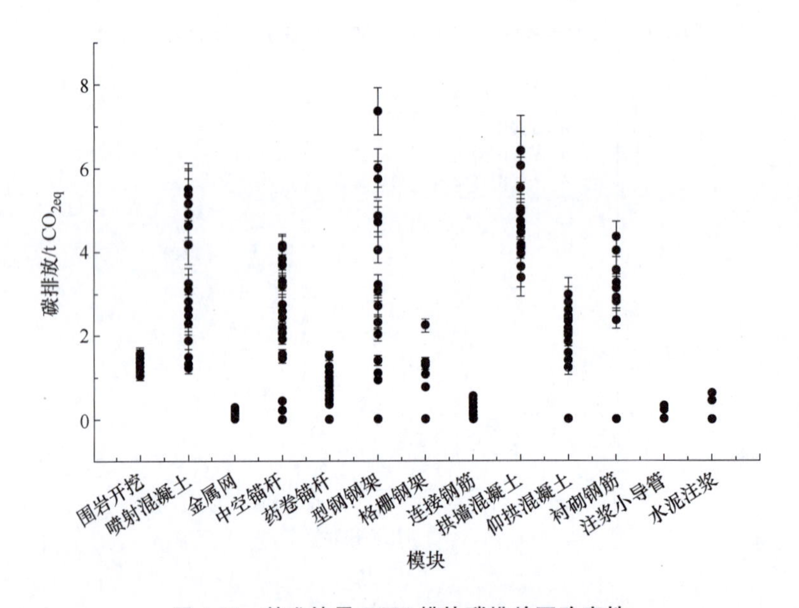

图 4-14 基准情景 BS01 模块碳排放不确定性

4.3.4 情景不确定性分析

为便于比较，统计了六种情景下的每延米隧道衬砌施工碳排放均值的频率分布，如图 4-15 所示。情景 BS01、SS01 分别对应基准场景、碳排放因子下降场景，情景 SS02、SS03、SS04 和 SS05 分别对应喷射混凝土、模筑混凝土、锚杆和钢架工程量下降的情景。综合来看，情景 SS01 碳排放均值分布区间从 6~30t CO_{2eq}变化为 4~26t CO_{2eq}，表明情景 SS01 对不同隧道案例都有良好的减排效果。类似的，情景 SS03 碳排放均值分布区间从 6~30t CO_{2eq}变化为 4~30 t CO_{2eq}。基准情景下有五个案例碳排放均值落在 26~28t CO_{2eq}区间。相对应的，情景 SS03 中并无相关案例碳排放均值落在 26~28t CO_{2eq}区间，说明该情景对高碳排放隧道具有良好的减排效果。而情景 SS02、SS04 和 SS05 的碳排放均值频率分布相近，整体的减排效果不明显。

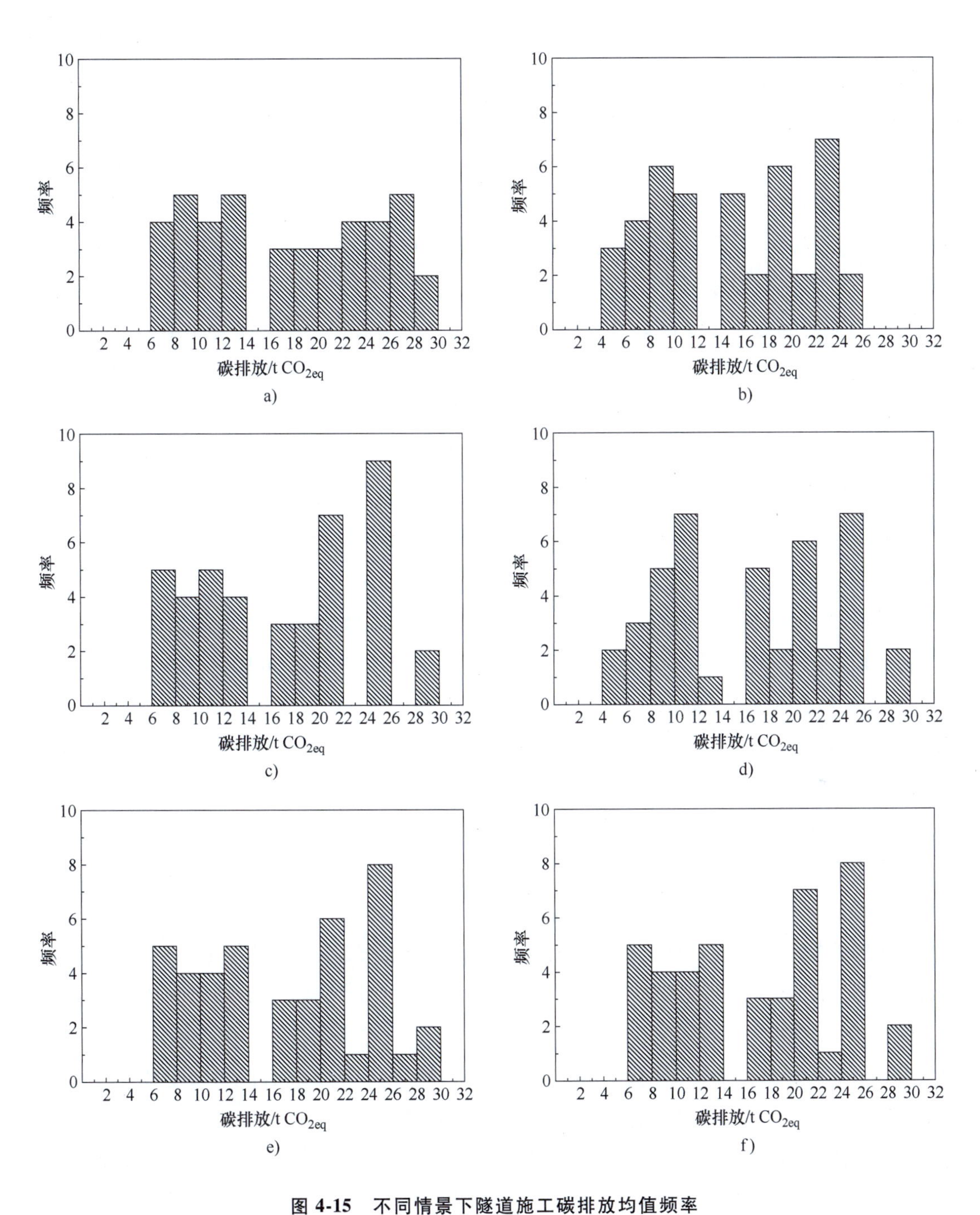

图 4-15 不同情景下隧道施工碳排放均值频率

a）情景 BS01 b）情景 SS01 c）情景 SS02 d）情景 SS03 e）情景 SS04 f）情景 SS05

我国部分主要建材的生产能耗高于发达国家，如我国水泥生产综合能耗比日本高 24.3%。为加快我国重点行业技术升级和低碳发展步伐，生态环境部要求钢铁、水泥等重点行业在“十四五”期间加快纳入全国碳排放交易市场，鼓励先进企业技术进步，降低落后产能所占的体量。随着我国生产技术水平的不断提升，重点材料生产和电能碳排放水平将不断下降。根据情景 SS01 设定，在碳排放因子降低时，隧道施工的碳排放均值下降 0.9~4.328 t CO_{2eq}，相对于基准情景碳排放的下降比例为 14.53%~14.70%。

喷射混凝土是隧道开挖后的重要支护构件，也是隧道永久衬砌的关键组成部分。喷射混凝土的独特优势体现在它是唯一与围岩大面积接触的支护体，很难被其他支护结构所替代。因而，足够厚度的喷射混凝土对保障隧道稳定有重要作用。然而，喷射混凝土厚度在达到一定厚度后对隧道变形的控制将不再明显，由此引发对合适喷射混凝土厚度优化的思考和探索。考虑到喷射混凝土在围岩支护中的重要作用，结合现有工程中衬砌优化案例，将喷射混凝土工程量下降值设定为 10%（1~2cm），每延米碳排放均值下降 0.123~0.551t CO_{2eq}，相对于基准情景碳排放的下降比例为 1.51%~2.79%。

配筋和混凝土工程量存在微妙平衡，当模筑混凝土厚度低于最优值时，为满足结构强度要求，衬砌配筋率上升导致钢筋用量增加，应当在模筑混凝土优化中得到重视。重点分析模筑混凝土工程量下降对整体碳排放的影响。根据情景 SS03 中设定，每延米碳排放均值下降 0.508~1.408 t CO_{2eq}，相对于基准情景碳排放的下降比例为 3.97%~8.96%。

当前隧道多采用新奥法设计，锚杆常采用全断面均匀设计，其优点在于增加施工安全性，但可能会造成材料浪费。此外，部分研究发现，锚杆长度存在最优区间，当锚杆达到一定长度后，其对围岩扰动和变形控制作用增长微弱。根据情景 SS04，通过优化锚杆长度、间距和布设范围，锚杆工程量下降 15%，每延米碳排放均值下降 0.053~0.621t CO_{2eq}，相对于基准情景碳排放的下降比例为 0.54%~2.35%。

喷射混凝土在喷射初期强度较低，由钢架承担地层压力，起到控制围岩变形作用，当前隧道初支中广泛使用型钢和格栅，两种钢架具有不同优势，前者刚度大，实现受力快，但成本高；后者质量轻，支护效果好。但钢架单位成本较高，在保证支护强度的前提下，可通过提升钢架间距增强项目经济性，加快工程进度。根据情景 SS05，通过优化钢架间距等方法，钢架工程量下降 15%，每延米碳排放均值下降 0~1.10t CO_{2eq}，相对于基准情景碳排放的下降比例为 0~3.75%。

进一步比较各情景对不同围岩级别隧道施工碳排放的影响。将各隧道施工碳排放均值按照围岩级别分别取均值，结果如图 4-16a 所示。图 4-16b 中显示了不同情景相对于基准情景的碳排放均值的均值差异。随着围岩级别上升，每延米衬砌施工工程量增加，因而某工序工程量按照情景设定呈百分比下降时，碳排放均值的变化数值逐渐增大。但各情景对不同围岩级别的减排效果有所差异。例如，在 SS04 和 SS05 下，各围岩级别的碳排放均值变化不均衡，Ⅴ级围岩的减排效果远高于Ⅲ级围岩，说明该情景对Ⅴ级围岩有一定的减排效果，而对Ⅲ级围岩减排效果十分微弱。相对应的，在情景 SS02 和 SS03 下，对不同围岩级别都有一定的减排效果。

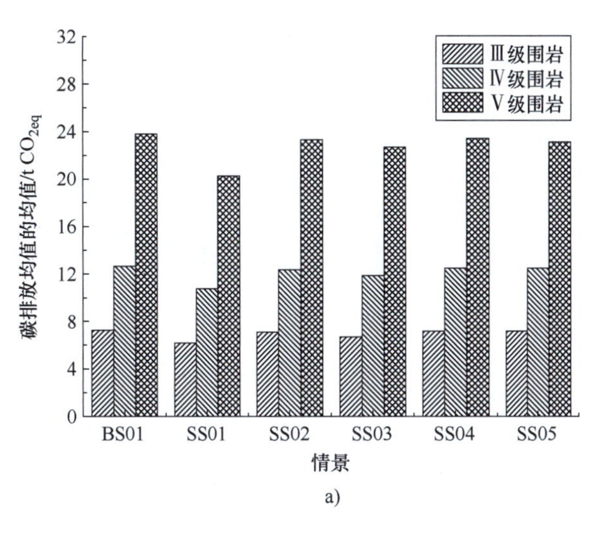

a)

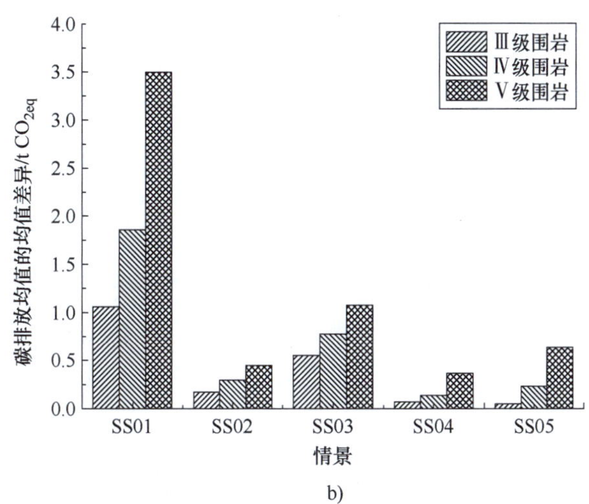

b)

图 4-16　隧道案例碳排放均值及其均值差异

a）碳排放均值的均值　b）相较于基准情景碳排放均值的均值差异

课后习题

1. 简述评估计算数据的不确定性的大致分析过程。

2. 请通过图形表示单元工程量和衬砌施工二者碳排放的不确定性分析流程。

3. 部分隧道施工工序具有巨大减排控碳的潜力，简述这部分工序共有的特点，并至少写出四种具有较大减排潜力的隧道施工工序。

4. 对隧道施工的碳排放追根溯源可以说就是由材料和能源的消耗而产生的，请简述未来对材料和能源的减排方向。

第5章 地下工程运营期碳排放计算方法

本章提要

本章将以公路隧道为例，对地下工程生命周期中运营阶段的碳排放特征和计算方法进行介绍，并结合实例进行说明分析，使读者对地下工程运营期碳排放计算方法有清晰的认识。本章学习重点是明确运营期碳排放计算目标与范围并掌握运营期碳排放计算方法。

地下工程是一个建设规模大、投入资源多的大型系统，由于其地质条件的多样性，导致每一个地下工程的断面特点、支撑结构形式和运营机电布置都可能存在较大差异。其生命周期内的物质能量流动复杂，在为人类社会实现其工程经济价值的同时，还带来了沉重的环境负担。

地下工程生命周期碳排放的主要贡献源是运营期间通风照明等机电设备的运行。在第2~4章中已经以公路隧道为例，对地下工程施工碳排放的计算边界划分、计算方法构建、碳排放预测公式拟合以及不确定性分析等内容进行了阐述和介绍。施工碳排放的特点，包括施工方法多样、施工步骤烦琐，加上受到天气因素的影响，容易产生突发情况，这使得地下工程施工期间涉及的建筑材料和施工机械种类繁多，各环节之间物质能量流动错综复杂，难以搜集获取精确的计算数据，对施工环境效益的评价估算容易产生较大误差，因此地下工程生命周期内碳排放的隐蔽性和复杂性更多地体现在了施工建设阶段。如果将研究范围扩大到数十年甚至上百年的使用年限来看，地下工程运营阶段产生的碳排放在生命周期内碳排放总量中占据了绝大部分比例，所以运营阶段的能源消耗和环境影响几乎代表了整个生命周期的能耗和碳排放水平。建立适用于地下工程运营期间碳排放的计算体系，挖掘运营阶段重要排放源头，并且准确量化对应的碳排放影响，是后续开发相关节能减排新技术，制定减排控碳新措施的基础和前提，因此不能忽视运营期碳排放的环境影响。本章以公路隧道为例，对地下工程生命周期中运营阶段的碳排放特征和计算方法进行分析。

5.1　运营期碳排放计算目标与范围

隧道的运营阶段是体现其工程经济价值的阶段，也是对隧道整个生命周期碳排放影响时间最长、排放占比最大的阶段。车辆在行驶途中会燃烧化石能源排放出尘烟颗粒、碳氧化物、氮氧化物等废气，将会引起气候的温室效应和环境污染的不良现象。加之隧道相对于桥梁、道路、铁路等其他交通基建设施具有明显的封闭性特点，无法实现完全自然地采光通风，为了保证隧道内的行车安全，提高隧道的使用效率，在隧道内需要安装照明、通风系统。同时考虑到隧道内如果发生交通事故、火灾险情等突发状况时，存在不易疏散施救的情况，为保证隧道内的交通安全性，还需要布置灾害预警和监控系统、防排烟系统等机电设施。

对于隧道运营使用期间碳排放计算分析的目标和范围主要考虑以下两方面：

1）移动源碳排放。由隧道内机动车辆燃烧汽油、柴油等化石能源排放出汽车尾气的过程。

2）固定源碳排放。由隧道内照明、通风系统，灾害预警和监测系统等附属机电设施设备启停运转所需电能消耗的过程。

值得特别说明的是，虽然以电车为代表的新能源汽车正得到广泛普及，年均销售量也正在稳步攀升，但目前燃油车辆在我国汽车行业保有量中仍占据主导地位，因此对于隧道移动源碳排放的分析仅考虑了以汽油、柴油为动力能源的燃油汽车。

电车的行驶与隧道内机电设施的运行主要以电力为主要能源，在消耗电能过程中虽然并不像燃烧化石能源会直接对外排放出 CO_2、氮氧化物等废气，但是电力作为二次能源，在生产过程中也会产生较多的能源消耗和温室气体排放，且在电力输配过程中也会发生能源损耗。另外由于各个国家电力生产结构的差异性，各种发电方式的能效不同，不同国家地区的电力生命周期碳排放系数也各有不同。

我国的电力生产方式仍然是以使用效率较低、排放量较高的煤电为主。这种电力生产结构导致我国电力的碳排放系数很高，根据美国国家能源署的研究报告，全部电力形式生命周期碳排放系数达到 1.081，其中燃煤发电形式对全部电力形式生命周期碳排放的贡献度高达 97.1%。因此大力优化改善发电方式，提高清洁能源的发电占比，对低碳隧道的建设运营发挥着至关重要的作用。

综上，隧道运营期碳排放和机动车的燃料能源消耗、机电设施的电力能源消耗息息相关。它与隧道施工期间碳排放最大的不同点在于隧道运营过程中几乎没有涉及建筑材料的使用，可以说隧道运营期碳排放的分析研究就是对汽油、柴油和电能三类能源消耗的分析研究。

5.1.1　移动源碳排放

公路隧道内行驶的车辆主要以小汽车和载重汽车为主，如图 5-1 所示，分别以汽油和柴油作为燃料能源，在行驶过程中排出废气，主要包括 CO_2、CO、氮氧化物以及 SO_2 等污染气体，其中 CO_2 的大量排放是诱发全球温室效应的重要因素之一。机动车在隧道内行驶的过程中释放的碳排放属于隧道运营期间的直接碳排放，移动源碳排放的大小受到诸多因素影响，如机动车在隧道内的行驶状况（行驶车速）、车辆种类（单位公里油耗）、燃料能源燃烧效率等都会对隧道内的直接碳排放产生影响。

图 5-1 隧道内行驶的机动车

由于机动车系统是公路隧道内的移动源，碳排放与隧道生命周期其他阶段相比，机动车行驶过程是在一个密闭空间里发生的随时间、空间变化的过程，其碳排放特性是随时间、空间变化的，针对不同研究对象，要研究其某一个时间点或某一个时间段的碳排放及排放特性，需要将其单独测算。

5.1.2 固定源碳排放

隧道与公路其他路段相比，对于机电设施（如照明、通风系统，见图 5-2）、灾害预警和监测系统的需求和使用较多，要追求隧道低碳性就要追求机电设施的低碳化，即减少隧道内机电设施的使用。但同时，要保障隧道的安全性，又必须保证机电设施一定的使用量。因此，在隧道碳排放的低碳性和交通的安全性之间，需要相互平衡，将低碳性与安全性相结合，在保证隧道安全性的同时，追求低碳化，需要最高效地应用机电设施，研究二者之间的协调点。特别是隧道照明、通风系统在隧道运营期间，乃至在隧道整个生命周期范围内的电力能源消耗和碳排放中都占据着相当大的比例，故需要对隧道照明、通风等系统的电能消耗予以充分关注。

图 5-2 隧道运营图

对于隧道运营期的主要能耗来源主要考虑以下五种机电设施：

（1）隧道照明系统　高速公路隧道照明系统是高速公路隧道设施正常运行的保障。它是基于人类视觉系统和隧道的交通特点而设计的，当驾驶人进入隧道时，从隧道外看隧道入口照明不足，将产生一个黑洞效应，会对汽车驾驶产生很大的威胁，甚至会发生严重的交通事故。根据隧道内不同的视觉现象，通常把遮阳棚或植被设置在隧道入口和出口的位置，并且将照明设施布置在入口处、隧道内、出口处，超过 100m 必须设置缓和照明段。对于双向交通隧道，两端的入口也是出口，照明条件完全相同，可都按进口设计。隧道内的照明通常选择荧光灯、低压钠灯、高压汞灯，电光源的选择根据隧道内的环境温度和通风情况来确定，如低压钠灯经常用在长隧道和烟雾多的区域，高压汞灯用于短隧道和烟雾少的区域。隧道照明设施布局有三种形式：相对布置、交错布置和中间布置。

（2）隧道通风系统　隧道通风系统主要是为了减少一氧化碳和烟雾浓度，提高可见度，确保隧道安全，车辆和人员通行顺畅，特别是发生火灾时，利用通风系统将烟雾及时排出，人员和车辆尽快得到疏散和救援。公路隧道有很多种通风方式，通风方式和隧道长度、交通条件、地质条件、地形和气象因素等密切相关。合理的通风系统应安全可靠，安装方便，投资少，对隧道施工灾害环境适应性强，操作方便，通风的运行和管理成本低。

全射流风机纵向通风的模式是目前最简单的，国内外大量的中长隧道及长隧道均采用这种通风方式，目前，适合应用于长度不超过 2500m 的隧道。此外，还有一种通风方式应用比较广泛，即竖井排风加射流风机的混合纵向通风方式。射流式通风的原理是在车道空间上方直接吊设射流式通风机，用以升压从而进行通风。

（3）隧道监控系统　公路隧道环境污染较为严重，而且具有低照度、空间有限、噪声大等环境特征。因此需要在隧道内设置监控系统，包括照明控制系统、通风控制系统、交通监控系统等。

1）照明控制系统。照明控制系统的形式和运营方法对照明系统运营的成本有着显著的影响。隧道照明控制系统可以监控实际亮度，根据检测传感装置及照明的实时控制，能保证安全和节能的目的。内部和外部自动检测隧道亮度，然后发送到监控中心的计算机控制程序处理，并执行控制单元指令的照明。

2）通风控制系统。通风控制系统的构成和运作模式，也影响了通风系统的能耗成本。把隧道内 CO 浓度检测器的能见度和风速的探测器的检测值作为通风控制的基本参数，通过计算机系统处理这些数据，实现风机的自动控制，这一过程是通风控制系统的主要工作程序。

3）交通监控系统。为了能够尽快掌握交通阻滞的现场情况以及阻滞原因，隧道交通监控系统实时监视隧道的交通流量及道路使用状况，从而使交通管理人员尽快确定疏导方案。同时按照隧道内的实际交通状况，转换交通程序，自动（或手动）控制交通信号装置状态，以实现公路隧道的安全、高效。

（4）隧道消防系统　公路隧道建筑结构复杂，处于封闭的环境中，一旦发生火灾，车上很多人无法自行逃生，因此公路隧道消防系统的设计是非常重要的；隧道消防系统由隧道火灾报警系统和消防设施两部分组成。隧道火灾报警系统的基本内容包括火灾探测与自动报警，另外还包括各种消防防火设备的计算机控制和管理，具有一定的自动化水平和综合消防智能化水平；火灾报警系统的设计目标是发现火灾时间，发现火灾报警时间，确定火源地点的时间，应急响应过程中尽量减少实施时间。隧道消防设施一般包括消防水泵、水管、水泵房、消防水箱、消防给水工程等。

（5）隧道交通安全设施　隧道交通安全设施主要包括交通标志、标线、视线诱导设施，正确使用及合理设置标志、标线和视线诱导设施，可以创建一个安全、快捷、舒适的交通环境，提高隧道通行能力，改善交通条件，节省能耗。

目前主要考虑照明、通风系统设施的能耗与碳排放影响。由于隧道封闭的构造方式和独特的行车环境，隧道内的照明系统是与行车环境关系最密切、作用最直接的部分，也是在整个隧道运营过程中投资耗能最大的系统。良好的照明环境是隧道运营安全最基本的保障。随着我国隧道工程建设规模的不断扩大，隧道照明的能源消耗和运营成本也随之提高，隧道照明的耗电费用早已成为隧道正常运营的沉重负担。隧道通风方式的选择需要根据隧道长度、车流量、地质环境等因素决定，典型的隧道通风系统主要包括自然通风和机械通风两类。短隧道通常可不设机械通风设备，依靠自然通风即可保持隧道内的空气质量和粉尘含量达到标准，但是在中、长、特长公路隧道中一般都需要安装机械通风设备，以保证隧道内行车安全和满足火灾疏散要求。

5.2 清单分析

隧道生命周期碳排放的清单分析是指对隧道整个生命周期阶段中对内输入和对外输出过程的定量分析，量化整个过程中输入材料、能源的消耗，以及计算分析对外部环境产生的碳排放输出量。而采用排放系数法量化计算隧道生命周期的物质能源消耗以及 CO_2 排放，除了需要界定合理的碳排放研究阶段和计算边界以外，还有一个关键点在于获取准确适用的基础计算数据。在分析公路隧道施工碳排放的模块化计算方法时，提出了清单分析所需要用到的基础数据包括前景数据和背景数据。前景数据包含了隧道施工活动期间所需建材及能源的消耗量数据，比如用于构建隧道支护结构的混凝土、钢材等建材的使用量以及电能、柴油和汽油等能源的消耗量就属于前景数据；而背景数据则包括上述各类建材和能源各自对应的碳排放因子，碳排放因子是指消耗单位材料或能源时对外界环境释放的 CO_2 量。前景数据的获取来源大多是项目管理方统计整理出的能耗清单以及工程概算表，或者是借助勘察设计资料和政府单位公布的预算定额进行工程量推算；背景数据一般来自研究机构公布的数据库，如《温室气体盘查议定书》《IPCC 国家温室气体清单指南》等以及碳排放因子相关的文献成果。

明确隧道运营期碳排放的计算目标和范围是开展碳排放清单分析的前提和基础，在 5.1 节中将隧道运营期的主要碳排放来源划分为移动源（机动车）碳排放和固定源（机电设施）碳排放两类。根据隧道生命周期碳排放清单分析的定义，在界定出碳排放计算边界范围后，需要获取准确且适用的基础数据，比如对于移动源碳排放的计算需要基于机动车在隧道内行驶过程的燃料能耗数据；对于固定源碳排放的计算则需要基于各类机电设施的电力消耗数据。移动源碳排放和固定源碳排放的大小又受到不同因素的影响（见表 5-1），我们还需要关注各影响参数可能带来的变化。

表 5-1　隧道运营期碳排放影响因素

碳排放来源	消耗能源种类	影响因素分类	影响因素内容	碳排放种类
移动源	汽油、柴油	交通因素	隧道交通流量	直接碳排放
		车辆因素	发动机、车身质量	
		行驶状态因素	车速、驾驶水平	
		设施服务因素	道路基础设施服务水平	
固定源	电能	机电设施种类和运行方案	照明、通风、灾害预警等系统种类和运行启停方案	间接碳排放
		地区电能碳排放因子	电能碳排放因子	

1）交通因素的影响。显而易见，隧道内行驶车流量的大小决定了燃料能源的消耗量，也直接影响了移动源的碳排放大小。车辆在公路隧道上行驶过程中，当车流密度较低时，驾驶人选择速度的空间很大，车辆可以以较平稳的速度持续行驶，产生拥挤的概率就小。当交通流逐渐增大，超过交通流处于稳态的临界值时，车辆逐渐趋于紊乱状态，行驶延误增加，跟驰行为严重，逐渐出现车辆不停加减速现象，甚至需要停车等待，显然油耗会明显提升。出现这种情况，可以通过控制高速公路入口，禁止车辆驶入匝道，加快匝道出口处车辆的疏散，进而降低交通流密度，减轻交通拥堵，避免交通事故发生，同时降低油耗。

2）车辆因素的影响。发动机的结构、排量、压缩比等特性均对汽车耗油量有重要影响。比如发动机的比油耗（即每小时单位有效功率消耗的燃油量），对汽车的耗油量有非常重要的影响，而发动机的比油耗取决于发动机的结构，可通过提高发动机的压缩比改善供油系统及燃烧室形状等措施降低发动机的比油耗。为提高消耗燃料的经济性，应优化发动机结构、合理选择发动机类型、提高发动机压缩比。

3）行驶状态因素的影响。油耗与驾驶人的行驶速度有着很重要的关系，汽车发动机转速和负荷会与汽车行驶速度有关，除此之外各种相关的阻力系数（比如滚动阻力系数、空气阻力系数），以及其他方面（如车辆档位及机械效率）也与行驶速度有着很重要的关系，基于上述方面的影响可以得出：行驶速度会在很大程度上直接或间接地影响着燃油的消耗。然而行驶速度与燃油消耗并不是简单的线性增加或线性递减的关系，速度提高后空气阻力变大，在相同距离的条件下却可以减少行驶时间，从而减少油耗时间。从定性分析来看，行驶速度与油耗的数学关系是比较复杂的。

对大众、福特和丰田系列的某三种小汽车进行了行驶车速与油耗、碳排放相关的试验，经数据处理后，对车辆以车速为自变量，记录了不同行驶车速状态下，车辆油耗和碳排放的相对大小，试验结果如图 5-3 所示。

由图 5-3 可见，标准化百公里油耗平均值和标准化 CO_2 排放比例平均值随车速的变化趋势，且二者之间存在着一定的关系：两条曲线有两个不同的交点，分别对应着不同的行驶车速，在该车速区间以外，汽车油耗高且 CO_2 的排放比例很低；在交点对应的车速区间以内，随着车速的加快，CO_2 排放比例升高、油耗值减小，当各自达到极大值和极小值之后，随着车速的增加，CO_2 排放比例减少、油耗逐渐增加。因此，在此区间内一定存在着一个区间，使得该区间比任何其他相等长度的区间都满足 CO_2 排放比例高且油耗值小的要求，即最佳碳排放车速行驶区间。

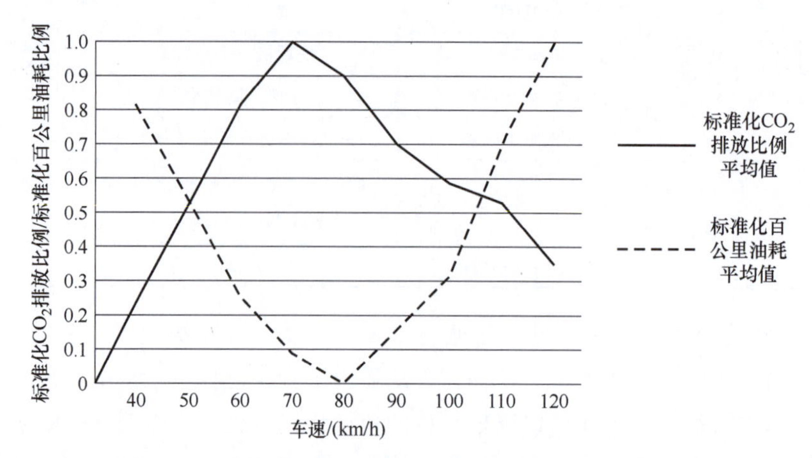

图 5-3　标准化 CO_2 排放比例、百公里油耗与车速的关系

4）道路基础设施的影响。驾驶人面对不同的平、纵曲线会进行不同的操作，驾驶人在面对转弯半径过小或纵坡过大时都要进行减速。滚动摩阻力大小受到道路的表面特性的直接影响，而汽车轮胎与路面接触面积及阻尼力的大小受到路面强度或刚度的影响，因此，汽车轮胎滚动阻力的大小会受到影响，进而影响汽车油耗；行车的速度、车辆的油耗、机械的磨损以及乘车的舒适性会受到道路表面构造及平整度大小的影响。国内外研究试验测得最大油耗差别是 1.15 倍左右，可见碳排放受到路面平整度的直接制约。

《载货汽车运行燃料消耗量》（GB/T 4352—2022）及《载客汽车运行燃料消耗量》（GB/T 4353—2022）把我国的道路分为六类。相关试验表明，汽车在 2 类道路上行驶的油耗比 1 类道路上的汽车油耗高 10%，在 3 类道路上要高 25%，在 4 类道路上要高 35%，在 5 类道路上要高 45%，在 6 类道路上要高 70%。道路路面等级越低，车辆油耗越大。我国高速公路隧道主要以沥青混凝土路面为主，属于 1 类路面。

5）机电设施运行方案的影响。目前国内外针对公路隧道节能照明技术的研究重点主要集中在新型节能照明灯具的普及利用、发光涂料的辅助增光照明、智能化照明控制系统的开发、隧道照明设计规范的完善以及光伏照明、光纤照明和隧道洞口减光构筑物的布置和修建等方面；对于节能通风技术的研究重点主要围绕自然通风节能技术、机械通风智能控制系统、机械通风变频节能技术展开。可见，智能控制系统同是节能照明、通风技术的研究重点，智能照明、通风控制主要以隧道内车流量为输入自变量，通过一系列学习算法，提前预估下一时间点的车流量，并基于预测结果控制照明灯具和通风风机的启停运转。

因此基于车流量，由智能系统对机电设施，如高压钠灯等照明灯具，射流风机等通风风机的控制方案是影响隧道运营期固定源碳排放大小的决定性因素。

5.3 运营期碳排放计算方法

公路隧道运营阶段的碳排放主要分为直接来源于机动车排放的尾气，以及间接来源于隧道照明、通风、灾害预警检测和交通指示等机电设施所消耗的电能。与其他路段主要以移动源的碳排放为主相比较，隧道运营阶段的碳排放源可以分为移动源和固定源两大类。其中隧道照明、通风、预警监控与指示标志等机电设施，属于碳排放的固定源，是由于耗电间接产生的，有一定运行周期，排放情况较为稳定，基于国际通用的《IPCC 国家温室气体清单指南》、PAS 2050 准则及相关理论等测算方式，结合针对我国发电方式结构进行修正的排放系数可对其进行碳排放测算。移动源的碳排放测算可以结合隧道长度与不同类型的机动车宏观碳排放因子，以及根据公路隧道运营情况估算生命周期内流量，测算而得。

5.3.1 计算公式

公路隧道运营期的整体碳排放可以通过式（5-1）计算。

$$G_s = G_{s1} + G_{s2} = L\sum Q_c \mathrm{EF}_c + \sum U_d \mathrm{EF} H_d$$

式中　G_{s1}——隧道运营期移动源的碳排放（kg CO_{2eq}）；

G_{s2}——隧道运营期固定源的碳排放（kg CO_{2eq}）；

L——隧道的长度（m）；

Q_c——隧道内 c 型车的单位流量（辆/m），其中 c 是车辆类型的编号；

EF_c——c 型车的单位碳排放因子［kg CO_{2eq}/(km·辆)］；

U_d——隧道内 d 类机电设施单位小时消耗的电能（kW）；

H_d——设备运行时间（h），其中 d 是机电设施的编号；

EF——研究地区的电力碳排放系数［kg CO_{2eq}/(kW·h)］。

因此，隧道运营期的碳排放受隧道尺寸、隧道内车流量、车型种类、车辆的碳排放因子、机电设施种类和运营周期、地方能源碳排放系数等因素的影响。同时，隧道运营阶段移动源的碳排放与时间有一定的关系，要分析某一时刻或某一时间段内短期的碳排放特性，还需要引进新的交通碳排放估算模型来进行测算。

5.3.2 计算实例

厦门海沧隧道是我国福建省厦门市连接湖里区与海沧区的跨海通道，项目原称“厦门第二西通道”，位于厦门西海域下方，是厦门市继翔安隧道之后修建的另一项规模宏大的跨海工程，该项目是平行于海沧大桥，连接海沧与本岛的东西向快速交通通道。该项目的建设将成为厦门主动对接泉州、漳州、龙岩、三明等周边城市的城市联盟的联络线，将作为厦门本岛北部与海沧、漳州的客运通道和重要的货运通道。对完善厦门市路网结构，缓解进出岛交通压力，拓展厦门市发展空间，促进区域社会经济协调发展，优化产业布局等方面具有重大意义。该海底隧道由两座平行双车道隧道组成，其中左线隧道长 6415m，右线隧道长 6435m。该项目于 2016 年开始主体工程建设，于 2021 年完成隧道贯通工程，并已实现全面通车。

对公路隧道运营期的碳排放，按照上文模型公式进行估算。根据项目报告，2019 年该隧道内预测的日均交通流量及交通组成见表 5-2。

表 5-2　2019 年第二西通道内预测的日均交通流量及交通组成

车型	客车组成		货车组成				合计
	小客车	大中客车	小货车	中货车	大货车	拖挂车	
占比	79.90%	4.80%	12.30%	0.60%	0.00%	2.40%	100.00%
日交通量	53152	3193	8182	399	0	1597	66523

客车和货车分别以汽油、柴油为动力能源，根据文献成果确定汽油小型车、汽油中型车、汽油大型车的碳排放因子分别为 149.28g CO_{2eq}/(km · 辆)、261.58g CO_{2eq}/(km · 辆)和 519.99g CO_{2eq}/(km · 辆)，柴油小汽车、柴油中型车、柴油大型车的碳排放因子分别为 181.35g CO_{2eq}/(km · 辆)、533.04g CO_{2eq}/(km · 辆) 和 736.47g CO_{2eq}/(km · 辆)。将大中客车的碳排放因子取 390.79g CO_{2eq}/(km · 辆)，拖挂车的碳排放因子取 736.47g CO_{2eq}/(km · 辆)。

根据已知信息可以确定各参数的取值，代入计算式后得到该隧道 2019 年日均移动源碳排放的计算结果，见表 5-3。

表 5-3　移动源碳排放计算结果

<table>
<tr><th>种类</th><th>碳排放计算公式</th><th>参数</th><th>取值</th><th>计算结果</th></tr>
<tr><td rowspan="10">移动源碳排放 G_{s1}</td><td rowspan="10">$G_{s1}=L\sum Q_c \mathrm{EF}_c$</td><td colspan="2">单位车流量 Q_c（辆/m）</td><td rowspan="10">154.9t CO_{2eq}</td></tr>
<tr><td>2019</td><td>66523</td></tr>
<tr><td rowspan="2">隧道长度 L/m</td><td>左洞：6415m</td></tr>
<tr><td>右洞：6435m</td></tr>
<tr><td rowspan="6">单位车辆碳排放因子 EF_c/[g CO_{2eq}/(km · 辆)]</td><td>小客车：149.28</td></tr>
<tr><td>大中客车：390.79</td></tr>
<tr><td>柴油小货车：181.35</td></tr>
<tr><td>柴油中货车：533.04</td></tr>
<tr><td>柴油大货车：736.47</td></tr>
<tr><td>柴油拖挂车：736.47</td></tr>
<tr><td rowspan="2">固定源碳排放 G_{s2}</td><td rowspan="2">$G_{s2}=\sum U_d \mathrm{EF} H_d$</td><td>电力碳排放系数 EF /[kg CO_{2eq}/(kW · h)]</td><td>0.801</td><td rowspan="2">72.7t CO_{2eq}</td></tr>
<tr><td>电能消耗量 $U_d H_d$ 由预测得到</td><td>9.072×10^4kW · h</td></tr>
<tr><td colspan="4">汇总</td><td>227.6t CO_{2eq}</td></tr>
</table>

将移动源碳排放、固定源碳排放相加，估算可知 2019 年该隧道运营期间日均产生碳排放量约为 227.6t CO_{2eq}。

根据计算结果，发现在该实例隧道中，移动源在隧道运营碳排放中的占比达到了 68.1%，超过了机电设施碳排放占比（31.9%）的两倍，然而不同隧道工程的结构构造、隧道长度、交通流量以及机电设施的类型和启停控制方案可能存在较大差异。因此本章节仅提供一种计算理念和思路，针对具体隧道工程的运营碳排放计算需要因地制宜，汇总整理合适的基础数据，将会得到不同的结果。

课后习题

1. 简述隧道运营期碳排放和隧道施工期碳排放的最大不同点。
2. 隧道运营期碳排放的计算范围主要划分为哪几部分？各自的碳排放来源又是什么？
3. 怎样考虑隧道安全运营和低碳运营二者的联系？
4. 隧道碳排放清单分析的定义是什么？
5. 隧道运营期碳排放的影响因素主要有哪几类？并简述具体内容。
6. 隧道运营期碳排放的计算公式是什么？并简述各参数的含义。

第6章 地下工程施工期低碳节能技术

本章提要

本章主要对地下工程施工期低碳节能技术进行介绍，包括地下工程施工期低碳节能效果计算方法及以实际工程为依托对不同施工方法碳排放差异进行对比分析，并详细介绍了多区域混合式施工通风节能技术、节能施工风机布设技术，以及复杂地下工程施工网络通风计算模型。本章学习重点是掌握不同施工方法低碳节能效果计算方法。需要重点掌握的内容包括不同施工方法碳排放差异的比较方法、风仓式通风技术要点、节能风机最佳布设方案及复杂地下工程通风网络解算。

随着我国公路建设的快速发展及隧道施工技术的不断进步，在工程建设中，地下工程呈现出复杂化、大型化的特点，包括各种特长深埋隧道、地下储气库、储油库、水电站地下厂房等复杂大型地下洞室群。这类大型复杂地下工程往往具有施工难度大、施工周期长、建设成本高等特点，目前针对这类复杂地下工程的施工难题，提出了很多高效节能的办法。对于高原长大隧道施工中面临的燃油机械效率不高的问题，引入了新能源机械设备；对于隧道爆破产生的大量烟尘与有害气体需要大量通风排除的问题，引入了水压爆破的方法，对掌子面施工区降低通风要求，节约电能起到了有效作用。还包括对工法的合理选择、对绿色节能材料的合理使用，这些技术与方法都在丰富着当下地下结构施工阶段的节能研究。

其中，通过合理改善通风是地下工程施工阶段节能的重要部分，目前国内在特长隧道、大型复杂洞室等结构的通风系统设计和施工方面的经验尚且欠缺，没有形成一种适合于多洞室相互影响下合理的施工通风技术。所以，在倡导工程建设低碳节能的背景下，增强对长大隧道、复杂洞室等地下结构的通风设计对我国地下空间的可持续发展具有重要意义。

6.1 不同施工方法低碳节能效果对比

在地下工程高速发展的今天，我国各大城市都有地铁项目正如火如荼地开展建设，着眼于地铁施工建设阶段碳排放并制定相应节能减排措施，将有力改善我国地铁隧道施工高能耗、高排放的现状。

当下针对地铁碳排放主要着眼于各类建筑材料、能源的碳排放差异或是各施工分部工程碳排放量的组成。而以上因素又往往与隧道施工工法的选择息息相关。故深入了解不同隧道施工方法的碳排放强度对于合理选用工法以达到施工节能减排的效果是非常有必要的。

隧道常用的施工工法主要包括盾构法、钻爆法及明挖法三类。由于地铁施工主要位于城市市区内，尤其是地面车道主干道的正下方，为了不影响地面车辆的正常通行，在实际施工中主要考虑采用暗挖法中的盾构法和钻爆法两种工法。而明挖法则常用于地铁车站基坑的开挖及车站结构的筑造。在进行不同工法对比时，主要对盾构法和钻爆法的施工碳排放强度进行对比。

6.1.1　碳排放计算方法

目前排放系数法是开展隧道碳排放量化分析的主要计算方法，通过统计汇总地铁隧道施工建设期内建材和能源的工程使用量清单，将各类建材和能源消耗量分别乘以对应的碳排放因子并由下至上累加求和，得到隧道施工碳排放的总体水平。

使用排放系数法的核心在于获取合理适用的基础数据，如建材和能源的消耗数据一般来源于施工方现场统计整理的工程量清单，碳排放因子则主要来自于数据库和行业标准等。

6.1.2　碳排放计算公式

地铁隧道施工建设期间产生碳排放是建材生产、建材运输和现场施工三个阶段碳排放的总和，其计算式见式（6-1）。

$$C_t = C_M + C_T + C_C \tag{6-1}$$

式中　C_t——地铁隧道施工建设期间产生的碳排放总和（t CO_{2eq}）；

C_M——建材生产阶段碳排放（t CO_{2eq}）；

C_T——建材运输阶段碳排放（t CO_{2eq}）；

C_C——现场施工阶段碳排放（t CO_{2eq}）。

其中建材生产阶段碳排放、建材运输阶段碳排放、现场施工阶段碳排放的计算公式见式（6-2）~式（6-4）。

1）建材生产阶段碳排放。建材生产阶段的碳排放包括原材料采集获取、原材料运输和建材的生产加工等过程中产生的碳排放，其中建材的生产加工过程中，能源消耗和化学反应释放的二氧化碳贡献了该阶段的主要碳排放。在隧道施工期间，还需要考虑一定的材料损耗情况，在建材生产阶段碳排放的计算公式中应予以注意，见式（6-2）。

$$C_M = \sum_{i=1}^{n} M_i(1 + u_i)F_i \tag{6-2}$$

式中　C_M——建材生产阶段碳排放（t CO_{2eq}）；

M_i——第 i 种建材的工程量（t、m^3、m^2、m）；

u_i——第 i 种建材的损耗率；

F_i——第 i 种建材的碳排放因子（t CO_{2eq}/t、m^3、m^2、m）；

n——建材种类数。

2）建材运输阶段碳排放。建材的运输是隧道整个施工过程不可缺少的一环，建材的运输过程主要考虑将混凝土等建材从生产加工地运送至隧道施工现场的环节。常用的运输方式主要包含公路运输、铁路运输和水路运输三种方式，不同的运输方式产生的能耗量和碳排放各不相同。建材运输阶段碳排放的计算公式见式（6-3）。

$$C_T = \sum_{i=1,j=1}^{n,m} W_i D_{ij} F_j \tag{6-3}$$

式中 C_T——建材运输阶段碳排放（t CO_{2eq}）；

W_i——第 i 种建材货物的质量（t）；

D_{ij}——第 i 种建材采用第 j 种运输方式的运距（km）；

F_j——采用第 j 种运输方式情况下，单位质量单位运距的碳排放因子［t CO_{2eq}/(t·km)］；

n——建材种类数；

m——运输方式种类数。

3）现场施工阶段碳排放。在完成施工所需建材的生产加工以及运输至指定场地后，将开展地铁隧道的施工开挖，在该过程中将使用诸如盾构机、推土机和起重机等大量机械，并且这些机械主要以柴油、汽油和电力为驱动能源，在其施工作业过程中消耗燃料能源将对外界环境直接排放 CO_2 等气体。需要注意的是，电能属于清洁能源，在使用电能时并不会直接产生碳排放，一般考虑的是在电能的上游生产阶段，即发电过程将释放 CO_2 等气体。为便于计算，将有关电能消耗产生的碳排放与柴油和汽油一并纳入现场施工阶段的研究范围中。因此对于现场施工阶段的碳排放计算，是以能源的消耗量为基础展开计算分析的，具体计算公式见式（6-4）。

$$C_C = \sum_{i=1}^{n} E_i F_i \tag{6-4}$$

式中 C_C——现场施工阶段碳排放（t CO_{2eq}）；

E_i——第 i 种能源的消耗使用量（kW·h、kg）；

F_i——第 i 种能源的碳排放因子［t CO_{2eq}/(kW·h)、kg］；

n——能源种类数。

从表 2-4 中选取计算所需的碳排放因子。

6.1.3 不同施工工法碳排放差异分析

选取深圳地铁 7 号线 12 条区间段，共 31.516km 的土建工程作为分析案例，从宏观层面首先计算各隧道案例的施工碳排放总量，再通过除以地铁隧道的区间总长，即可得到单线地铁区间在单位施工里程下的碳排放强度。

1. 工程概况

该案例所采用的施工工法以及施工里程见表 6-1。此外计算所需的建材类型、使用量及施工机械的能耗量数据均来自于深圳地铁管理单位统计汇总的施工概算表。

由于概算表中缺少运输载具能耗的数据统计，经查阅文献资料，运输碳排放在隧道整体施工碳排放量中的占比均在 10%以内，主要贡献者是建材生产碳排放和施工能源碳排放。因此对材料运输作一定工程假设：假定工程案例中，隧道施工所需的建材统一采用载重 10t 的重型柴油货车运输，平均运距取为 30km。

表 6-1　各案例隧道施工工法及里程

工程段落		案例编号	盾构法施工	钻爆法施工
深圳地铁 7 号线	西丽湖站—西丽站区间	案例 1	3. 480km	—
	深云站—安托山站区间	案例 2	—	6. 200km
	石厦站—皇岗村站区间	案例 3	1. 642km	—
	福民站—皇岗口岸站区间	案例 4	1. 344km	—
	皇岗口岸站—福邻区间	案例 5	1. 784km	—
	赤尾站—华强南站区间	案例 6	1. 164km	—
	华强南站—华强北站区间	案例 7	0. 704km	—
	黄木岗站—八卦岭站区间	案例 8	1. 782km	—
	八卦岭站—红岭北站区间	案例 9	1. 614km	—
	田贝站—太安站区间	案例 10	—	1. 290km
	深云站—安托山站车辆段出入线	案例 11	—	6. 152km
	安托山站停车场出入线	案例 12	—	4. 360km
	合计	—	13. 514km	18. 002km

由表 6-1 可知，共计 8 段地铁区间，13. 514km 的区间主体采用了盾构法施工，另有 4 段地铁区间，共计 18. 002km 的地下区间采用了钻爆法施工。仅从选取的案例可以发现，盾构法和钻爆法在城市地铁隧道施工里程的占比接近，后文将开展量化明确两种工法施工碳排放的构成和减排敏感性分析工作。

值得一提的是，在盾构隧道施工阶段，预制盾构管片是构成盾构地铁隧道的重要结构，主要由钢筋、水泥和砂石等建材预加工制成，但在项目方提供的施工概算表中统一只提供了钢材、混凝土、水泥和砂石等原始建材的消耗量，并未提供在盾构管片预制加工过程中具体的能耗数据。受限于施工概算表中基础数据的局限性，经调研资料与访谈询问项目管理单位，选择从宏观视角出发，将盾构管片的消耗量拆解为钢筋、水泥和砂石等基础建材的消耗量，主要针对在盾构法、钻爆法两种工法施工的情况下，分析各种建材和能源的碳排放特点，暂未单独考虑预制盾构管片的碳排放。明确盾构管片的能耗和碳排放对整个工程的施工规划十分重要，可进一步搜集统计更加全面的基础数据，细化盾构法施工隧道的碳排放来源，针对盾构管片的能耗和碳排放特点，以及预制盾构管片和现浇混凝土之间的碳排放差异进行深入分析。

2. 隧道施工碳排放强度计算分析

（1）盾构法施工隧道　盾构法凭借其自动化程度高、对地面交通影响小及适用于松软含水地层等优点，得到众多隧道设计人员和施工管理者的青睐，近年来逐渐成为城市地铁隧道区间施工的首要选择。采用盾构法施工所需的建筑材料主要有预制盾构管片、水泥、钢材及砂石等，各类现场施工机械则以柴油、汽油和电能为驱动能源。

经汇总得到了8段盾构隧道区间案例施工消耗的主要建材和能源的工程量清单，见表6-2。

表6-2　盾构隧道主要建材和能源工程量清单

建材	单位	案例1	案例3	案例4	案例5	案例6	案例7	案例8	案例9
木材	m^3	92.8	23.04	67.58	39.39	20.68	19.03	65.36	36.28
钢板	t	18.8	5.14	3.5	3.9	9.3	0.86	5.1	3.1
钢筋、钢丝	t	4683.1	778	1395.1	1744.9	1205.3	722.5	1983	1523.3
型钢、钢管	t	744.5	80.14	135.6	174.4	88.8	56.6	357	164.8
铁件	t	147.5	61.3	52	65.1	43.7	53.4	98.1	63
C15混凝土	m^3	120.99	0	0	0	0	0	128.42	0
C20混凝土	m^3	2288	13.44	23.36	24.54	182.28	13.44	16.82	15.5
C25混凝土	m^3	0	0	0	0	0	15.4	0	0
C30混凝土	m^3	334.18	0	64.46	77.62	37.74	0	0	0
C35混凝土	m^3	504	0	0	0	0	0	0	0
C50混凝土	m^3	0	0	0	0	0	0	0	0
32.5级水泥	t	11575.2	6.17	7116.9	10428	6679	4890.6	6.17	6122.3
42.5级水泥	t	1156.2	3616.4	2269.2	851.7	0	410.9	9884.1	11
52.5级水泥	t	7.65	7.1	7.1	7.1	0	7.56	7.1	7.65
水泥砂浆	m^3	0	0	7.43	7.43	827.97	0	0	0
螺栓	t	339.7	84.8	138	177.8	118.2	72.3	186.4	164.6
电焊条	t	28.8	3.7	5.96	6.16	1.4	1.7	9.14	2.45
砂	t	41963	9944.4	13791	17839	12005	2434.4	19734	14141
石	t	3472.8	0	51.792	77.1	117.9	0	96.05	50.56
水玻璃	t	672.8	0	1703.3	688.1	120.2	608.1	42.1	11.6
防水卷材	m^3	3270.3	0	0	0	0	0	3092.5	0
橡胶止水带	m	1773.4	82.87	82.87	82.87	0	88.2	59667	69414
硝铵炸药	t	16.35	0	0	0	0	0	0	0

（续）

建材	单位	案例 1	案例 3	案例 4	案例 5	案例 6	案例 7	案例 8	案例 9
水	t	208.1	61.3	134.1	269	145.2	124.7	168.1	158.8
汽油	t	100.32	34.3	68.3	19.02	15.74	2.38	23.53	19.3
柴油	t	266.67	84.71	115.56	57.61	37.47	156.9	113.74	61.86
电力	kW · h	3465.2	1022.9	1505.7	941.1	561.7	1698	1300.7	1676.4

由于表 6-2 中仅包含建筑材料和施工机械的工程能耗量，缺少相关建材的运输数据。对于运输阶段的工程假设在上文已经解释，即所有建材货物统一采用 10t 载重的柴油货车运输，从建材生产加工地运输至施工现场的平均运距取为 30km。

以式（6-1）~式（6-4）为理论计算，结合表 6-2 中的工程量清单数据、由工程假设得到的运输数据，以及通过查询表 2-4 中对应的碳排放因子，可按建材生产、建材运输和现场施工三个阶段输出得到上述 8 段盾构隧道碳排放的计算结果，见表 6-3。

表 6-3　盾构法施工案例隧道碳排放计算结果

项目		案例 1	案例 3	案例 4	案例 5	案例 6	案例 7	案例 8	案例 9	平均值
区间里程/km		3.480	1.642	1.344	1.784	1.164	0.704	1.782	1.614	1.689
碳排放总量/t CO_{2eq}		28502.4	7356.7	14879.9	14931.2	8861.5	8196.6	16352.3	10442.6	13690.4
碳排放强度/(t CO_{2eq}/km)		8190.3	4480.3	11071.4	8369.5	7613.0	11642.9	9176.4	6470.0	8376.7
建材生产	碳排放/t CO_{2eq}	23797.9	5237.9	12067.2	12987.3	8076.9	6088.3	14339.3	8569.7	11395.6
	占比（%）	83.5	71.2	81.1	86.9	91.1	74.3	88.9	82.1	82.4
建材运输	碳排放/t CO_{2eq}	353.3	796.5	837.3	843.8	101.7	45.4	379.7	110.2	433.5
	占比（%）	1.2	10.8	5.6	5.7	1.2	0.5	1.0	1.0	3.4
现场施工	碳排放/t CO_{2eq}	4351.3	1322.2	1975.4	1100.1	682.9	2062.9	1633.3	1762.6	1861.4
	占比（%）	15.3	18.0	13.3	7.4	7.7	25.2	10.0	16.9	14.2

由表 6-3 可见，建材生产阶段对隧道施工总体碳排放的贡献最大，上述 8 段案例隧道中建材生产碳排放的平均占比达到了 82.4%，案例 6 的结果甚至超过了 90%，可以认为建材生产阶段释放的 CO_{2eq} 是隧道施工期造成环境影响的最主要原因。其次是现场施工阶段的碳排放，其在隧道施工总体排放量中的占比基本在 10%~20%之间上下浮动，平均值为 14.2%。而建材运输碳排放的占比最小，平均占比为 3.4%。可用图形更加清晰直观地展现各盾构隧道在单位施工里程下产生碳排放的强度大小与差异，如图 6-1 所示。

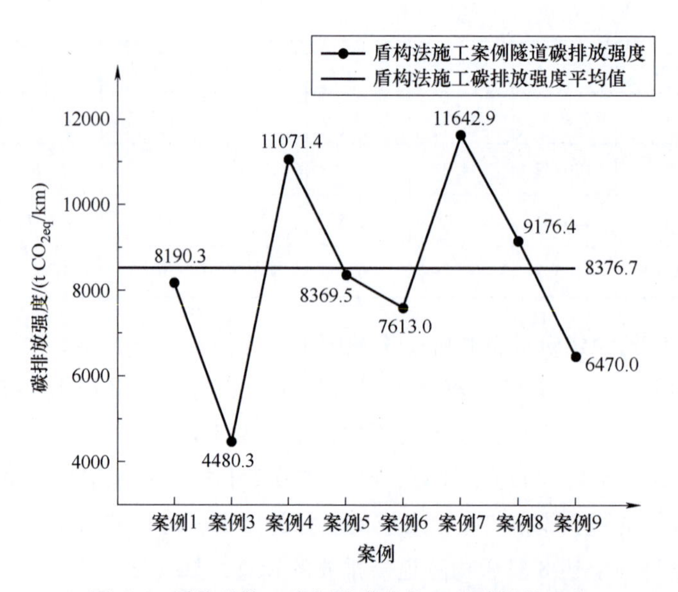

图 6-1　盾构法施工案例隧道单位里程碳排放强度

通过计算结果和图 6-1 可见，当采用盾构法施工开挖时，各案例隧道的单位里程碳排放强度平均值为 8104. 4t CO_{2eq}/km。

（2）钻爆法隧道　钻爆法施工同属于暗挖法施工的一类，对于 4 段采用钻爆法施工案例隧道碳排放的计算分析，与盾构隧道的计算过程类似，以式（6-1）~式（6-4）为理论计算基础，由施工概算表整理汇总计算所需的工程量清单，再结合碳排放因子，最终可输出得到 4 段钻爆法施工案例隧道的碳排放计算结果，见表 6-4。

表 6-4　钻爆法施工案例隧道碳排放计算结果

项目		案例 2	案例 10	案例 11	案例 12	平均值
区间里程/km		6. 200	1. 290	6. 152	4. 360	4. 5005
碳排放总量/t CO_{2eq}		65468. 9	56493. 9	80067. 2	70246. 5	68069. 1
碳排放强度/(t CO_{2eq}/km)		10559. 5	43793. 7	13014. 8	16111. 6	20869. 9
建材生产	碳排放量/t CO_{2eq}	52290. 5	51620. 9	65576. 5	57468. 6	56739. 1
	占比（%）	79. 9	91. 4	81. 9	81. 8	83. 8
建材运输	碳排放量/t CO_{2eq}	1004. 5	422. 3	1300. 4	1132. 8	965. 0
	占比（%）	1. 5	0. 7	1. 6	1. 6	1. 4
现场施工	碳排放量/t CO_{2eq}	12174. 3	4450. 7	13190. 3	11645. 1	10365. 1
	占比（%）	18. 6	7. 9	16. 5	16. 6	14. 9

由表 6-4 可见，采用钻爆法施工时，建材生产阶段的碳排放在施工总体碳排放中占比的

平均值达到了 83.8%，几乎贡献了隧道施工所有碳排放。而现场施工由于能源消耗产生碳排放的贡献比例多数维持在 17%左右，平均占比为 14.9%。建材运输碳排放则最小，大约只占碳排放总量的 1.4%。同时由计算结果可知钻爆地铁隧道区间的单位里程碳排放强度平均值为 15124.8t CO_{2eq}/km。此外，还可作出上述 4 段钻爆法施工案例隧道的碳排放强度对比图，如图 6-2 所示。

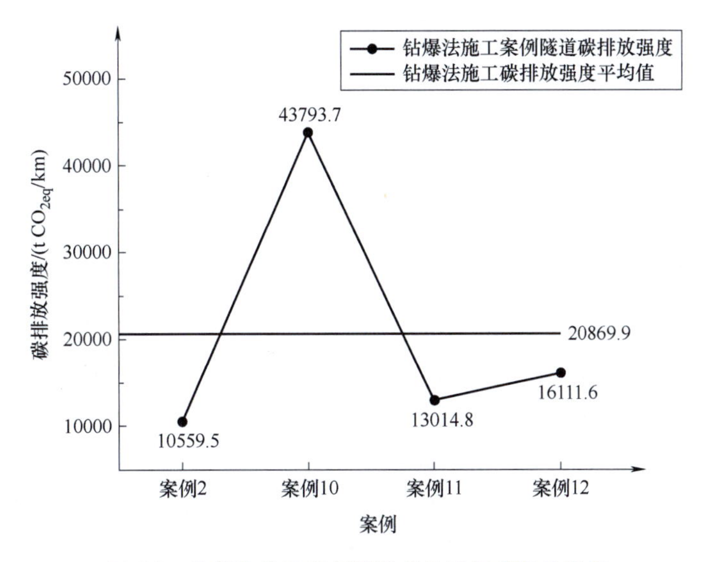

图 6-2　钻爆法施工案例隧道单位里程碳排放强度

（3）两种工法的碳排放强度对比分析　通过对上述案例隧道施工碳排放的计算，分别得到了采用盾构法和钻爆法施工时单位里程的碳排放强度平均值。其中，盾构施工隧道的碳排放强度平均值为 8376.7t CO_{2eq}/km，钻爆隧道为 20869.9t CO_{2eq}/km。由上述计算结果可用柱状图直观表示两种工法施工碳排放强度的差异，如图 6-3 所示。

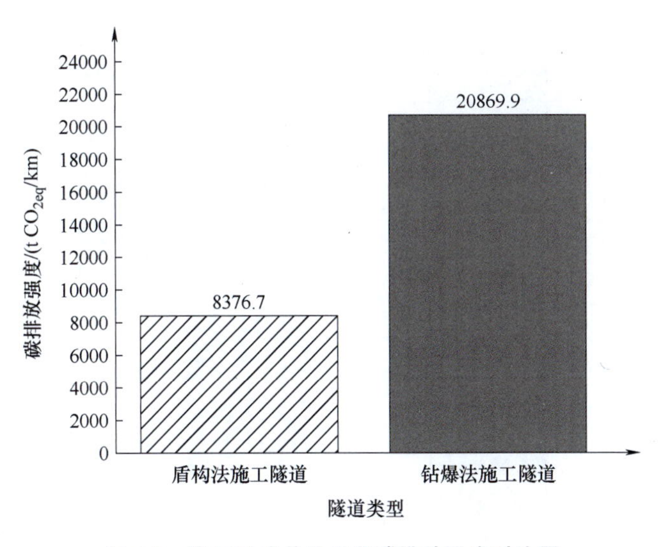

图 6-3　施工工法单位里程碳排放强度对比图

由图 6-3 可见，当采用盾构法施工开挖地铁区间时，单位里程产生的碳排放相比钻爆法施工时的碳排放更少，钻爆法施工的碳排放强度平均值是盾构法施工的两倍多，所以，盾构法施工相比于钻爆法施工更具清洁低碳特点。造成盾构法施工碳排放强度低于钻爆法施工碳排放强度的原因可能是在盾构机推进过程中，盾构机械可对隧道区间提供一种临时性的支撑稳定效果，那么人为施作的临时支护工程量就相对更少，导致混凝土、水泥和钢材等重要建筑材料的使用量减少，大幅度降低了隧道施工期间带来的环境影响；也可能是预制盾构管片相较于现浇混凝土对于混凝土、水泥浆的能耗量和碳排放都更少。

由于建材生产碳排放在上述两类常见工法施工总体碳排放中的平均占比均超过了 80%，可以说建材生产阶段释放的 CO_{2eq} 含量几乎代表了整个施工过程的碳排放水平。因此在初步明确两种工法施工碳排放强度的差异后，需要给出隧道施工建材生产阶段的关键排放来源。

3. 敏感性分析

敏感性分析

开展两类常用隧道施工工法碳排放强度对比研究的意义在于能够在隧道规划阶段，为设计人员提供不同工法附带的环境效益比对的参考意见与思路，进而推动绿色低碳隧道的可持续性建设。在初步明确盾构隧道相对钻爆法施工隧道更具清洁环保的特点后，还需要针对各工法施工活动期间产生 CO_{2eq} 的主要排放源头的减排降耗敏感性分析开展工作。分为两大部分：一是，分别明确两类工法施工碳排放的主要贡献源；二是，调整各类主要材料、能源的相关参数，分析各参数的改变对于隧道施工总体碳排放带来的变化结果。最终形成高能耗、高排放隧道建设项目的控碳、减排建议。

（1）关键排放来源的界定　从隧道施工阶段生命周期的视角出发，已经发现建材生产阶段的碳排放量几乎代表了隧道施工总体碳排放的大致水平。对上述两类隧道建材生产阶段中各类材料的碳排放计算结果进行分类并汇总，进一步细化并得到了主要建材碳排放源的解析成果，如图 6-4 所示。

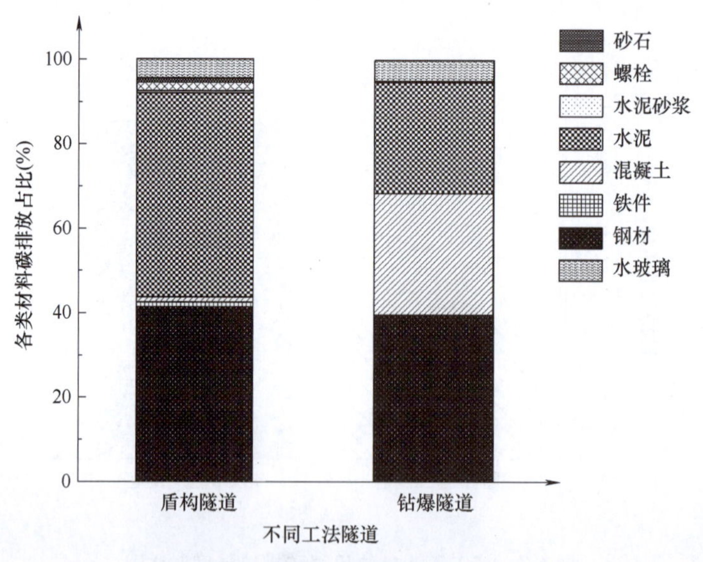

图 6-4　主要建筑材料碳排放占比图

由图 6-4 中可见，钢材和水泥是两类隧道施工期间建材生产阶段碳排放所共有的主要排放源头。尤其是采用盾构法施工的地铁隧道，钢材和水泥生产过程释放的 CO_{2eq} 分别占到建材生产碳排放总量的 40%和 47%，混凝土仅占 1.1%。考虑到建材生产阶段碳排放又在隧道施工排放总量中的平均占比超过 80%，可以说钢材和水泥的大量使用是引起盾构隧道高排放最重要的原因。而对于钻爆隧道而言，钢材生产造成的碳排放大约占建材生产阶段碳排放总量的 39%，仍是一大重要排放源头。但由于在钻爆法施工期间，需要进行喷混凝土和衬砌浇筑形成隧道支护结构，导致混凝土的用量陡然增加，使得混凝土成为钻爆隧道建材生产阶段碳排放的第二大主要贡献源，其碳排放占比为 29%，略大于水泥（约 26%）的占比。

综上，钢材、水泥和混凝土三类材料在地铁隧道施工建材生产过程中几乎贡献了 90%以上的碳排放，是引起隧道施工高排放的重要原因。而无论是采用盾构法还是钻爆法施工开挖地铁隧道，钢材和水泥都是碳排放的重要源头，它们的使用方案尤其需要得到重视。但不同工况下，混凝土在整个工程建材生产碳排放中的占比有着显著差异。在盾构隧道中，建筑材料大多被用于盾构机掘进和管片拼接过程，在这些分部工程中盾构管片和水泥使用较多。在 6.1.3 节已经提到盾构管片主要由钢材、水泥和砂石等建材构成，同时将盾构管片的消耗量拆解为钢材等建材的消耗量，这导致钢材和水泥的用量急剧增大，相比之下用到的混凝土量较少，造成混凝土对于盾构施工碳排放的贡献占比较小。反观钻爆隧道，初支和二衬期间都需要使用大量混凝土材料施作支护结构，这也使得混凝土在钻爆施工建材生产碳排放中成为第二大贡献源。

（2）敏感性计算分析　隧道施工工序烦琐多样，各种物质流和能源流错综复杂，施工周期时间跨度大，精确统计工程量数据难度大。因此识别和明确对隧道施工总体碳排放的数据敏感且影响程度大的因素，对于整体把控重点能耗分部工程和准确制定节能减排措施具有重要意义。

通过排放系数法的计算式发现，施工建材和能源的工程消耗量及各自对应的碳排放因子数据是影响碳排放最终计算结果的关键参数。即可通过优化隧道开挖路线、改进隧道支护方案以降低支护材料及施工能耗的工程消耗量，或者通过促进低碳环保材料、环境友好型能源的生产技术革新，提高清洁能源在发电结构中的占比，降低重要建材和能源的碳排放因子，最终实现隧道施工活动阶段的控碳、降碳目标。因此，将对主要建筑材料和能源的碳排放因子开展敏感性分析工作。

隧道施工碳排放的来源可主要分为建筑材料的生产，化石能源及电能的使用两大类。上文已经明确隧道施工建设阶段建材生产碳排放的关键来源，即钢材、水泥和混凝土三大建材，几乎代表了建材生产碳排放大小的整体走势。现对上述三类建材，以及柴油、汽油和电能三类能源进行分析，最终筛选出对隧道施工总体碳排放具有重要影响且数据敏感性较强的因素。假定碳排放因子分别发生-15%、-10%、-5%、5%、10%、15%共六个等级的改变，对隧道施工总体碳排放的影响结果如图 6-5 所示（横纵轴单位均为百分比）。图 6-5 中横轴表示建材或能源碳排放因子的改变比例（%），纵轴代表由建材或能源碳排放因子参数的改变而引起隧道施工总体碳排放的变化幅度。

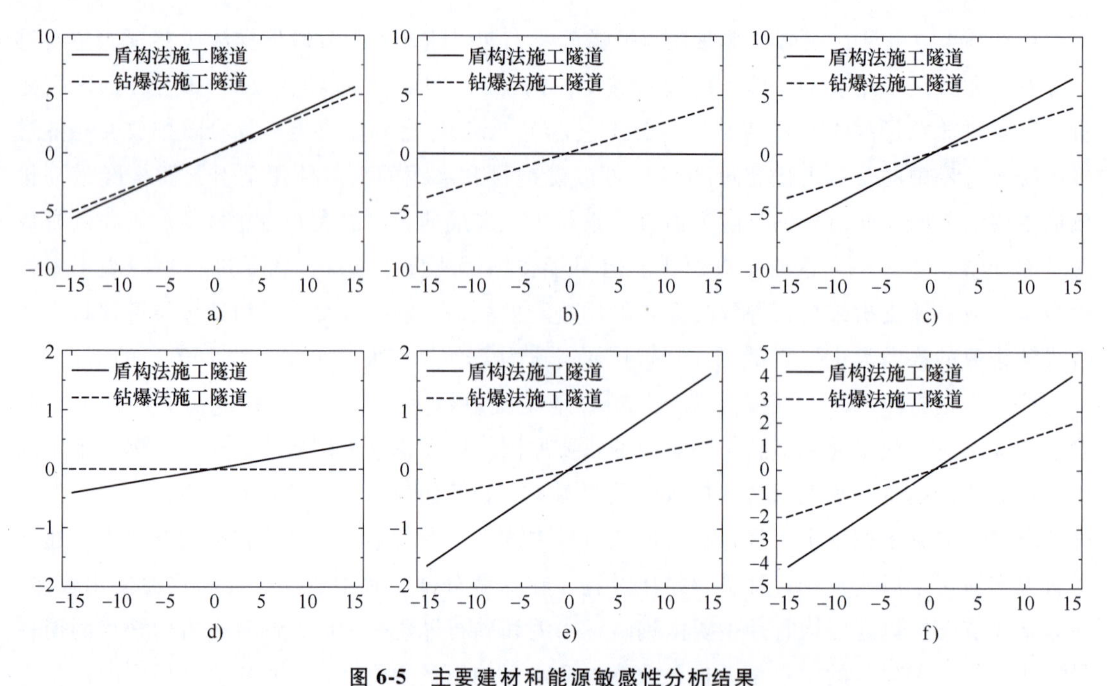

图 6-5 主要建材和能源敏感性分析结果

a）钢材 b）混凝土 c）水泥 d）汽油 e）柴油 f）电能

由图 6-5 可见，以钢材、混凝土和水泥为代表的主要建筑材料对于隧道施工碳排放量的影响程度大于能源的影响作用，但能源可发挥的减排效益巨大，同样不可忽视。建材方面，水泥是影响盾构隧道施工阶段碳排放最重要的材料因素，当水泥的碳排放因子减小 15%，将导致隧道施工总体碳排放下降 6%。其次当钢材的清洁生产技术得到改进时，将有力降低盾构隧道大约 5%的施工碳排放。而混凝土在盾构隧道中可发挥的减排潜力几乎为零的原因在于盾构施工过程中，钢材和水泥用量较多，混凝土的用量微小，导致钢材和水泥在生产过程产生的碳排放更高，后期可实现的减排效果也更加显著。

对于钻爆法施工隧道来说，钢材可发挥的减排作用与盾构法施工情况相当，同样约为 5%。但是由于钻爆隧道施工期间需要施作喷射混凝土和衬砌浇筑两大重要工序形成隧道断面支护结构，因此混凝土的减排敏感性明显增大，达到了 3.6%，是影响钻爆隧道施工碳排放变化第二敏感的建材因素。相比于前两者，水泥在钻爆隧道施工期间可发挥的减排效益略小（为 3.2%），但不可忽视。

从化石能源和电能敏感性分析的整体结果来看，隧道施工碳排放几乎没有表现出对于汽油碳排放因子变化的敏感性特征。其原因是从施工概算表中发现汽油相比于电能和柴油的使用量较小，尤其是在钻爆法施工隧道中，几乎只用到了挖掘机、轨道矿车等以柴油为动力能源的机械，以及空气压缩机、电动卷扬机等以电能为驱动能源的施工机械，而对汽油机械的需求量较少，导致汽油几乎没有产生对隧道施工总体碳排放变化的影响作用。此外，当柴油和电能的碳排放因子变小后，盾构隧道相较于钻爆隧道可实现的碳减排作用相对更为明显。相比于柴油，在两种施工情况下都表现出了对电能的减排效果尤为敏感，例如，当风能、水能等清洁能源在发电结构中的占比提高，使电能的碳排放因子减小 15%时，将对盾构隧道和钻爆隧道施工碳排放可分别实现大约 4.1%和 1.8%的减排贡献。

综上，隧道施工碳排放对于钢材、混凝土和水泥三类建材及电能碳排放因子的改变较为敏感，具体到每一种施工工法，各类因素可发挥的减排作用又各不相同。低碳环保钢材、可再生混凝土和水泥等新型材料的推广应用及清洁能源发电方式的优化改进是实现低碳隧道建设的关键。此外，从控制工程量的角度出发，如何合理、高效地使用上述三类建材和电能是规划设计隧道施工方案时需要重点考虑的因素，这同样也是地下工程施工碳减排工作中值得关注和突破的地方。

6.2 多区域混合式施工通风技术

目前地下工程的施工主要以新奥法为主，在作业时，不可避免地会产生大量的粉尘及有毒有害气体，导致施工环境恶化，严重危害施工人员的身体健康。地下工程施工通风技术可以快速有效地将施工空间中的粉尘、烟雾及有毒有害物、高温气体置换，以达到符合作业人员劳动保护的要求，是地下工程施工的关键工序和措施。

经过数十年的发展，我国地下工程在基础理论、设计方法、施工技术及装备研制等方面取得了长足进步。另外，随着经济实力与人民生活水平的不断上升，我国对复杂地下空间的应用需求日渐增加，因此，出现了大量多掌子面同步开挖施工的地下工程。传统的地下工程通风方法已经无法保证多区域地下空间的环境要求，有必要发展并采用新型多区域混合式施工通风技术。

6.2.1 风仓式通风技术

风仓式通风方法是指在施工现场布设一密闭仓体，仓体以月牙形和长方体形为主，月牙形风仓可以更好地与隧道顶部贴合，长方体形风仓则更容易进行加工制作。风仓有进风口和出风口，且皆与风管连接。施工作业时，新鲜空气可在风机的作用下通过风仓进风口进入风仓内部，然后通过风仓出风口被送至各个施工掌子面。在仓体内部可以设置隔板或者接力风机来增强风仓的通风效率。风仓示意图如图 6-6 所示。

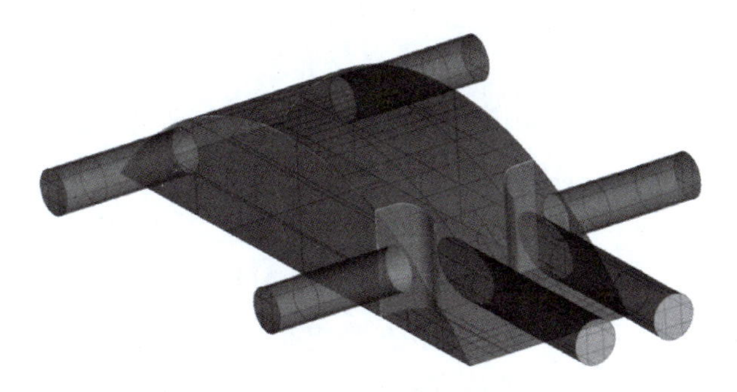

图 6-6　风仓示意图

传统的风管式通风方法，无论是压入式通风还是排出式通风，都需要将风管延伸至施工掌子面，对于多区域复杂地下工程，随着掌子面数量的增加，施工现场的风管数量也会大量增加，使得本就不充足的施工作业空间更加紧张。若将风管合并，即采用风管分岔的方法，则会面临风管大角度弯折，存在较大局部阻力损失的问题。

采用风仓式通风方法，可将风仓布设于隧道分岔处，仅设置一个或两个风仓进风口，便有效减少送风风管数量。同时风管不会出现大角度弯折的情况，加之可以在风仓内设置隔板来调整内部风流场情况，局部阻力相较于风管式通风也大大降低。对于长距离通风，还可以在风仓内增设接力风机，保证通风系统拥有足够的压力将新鲜空气运送至施工掌子面。下面将通过具体的工程案例来进一步介绍风仓式通风技术。

6.2.2 工程案例

本案例为某地下储油洞室工程，主要内容包含：5 条储油洞室、5 条水幕巷道、1 条施工巷道、3 条连接巷道、1 座通风竖井、2 座进出油竖井、2 个泵坑、2 条通风连接巷道、6 个密封塞及其他相关配套工作。地下工程布置图如图 6-7 所示。

施工巷道情况：2#施工巷道长度为 1274.5m，巷道断面为直墙拱形状，宽度为 10m，高度为 9m。施工巷道内每隔一定长度（150~200m）设置安全岛，安全岛平面尺寸为 3.5m×6m，高约 4m。施工巷道内设置厚 20cm 的 C25 素混凝土路面；表面采用刻痕机刻槽。2#施工巷道洞口起点高程为 20m，终点高程为-92m，施工巷道的坡度平均约为 8%，转弯半径为 50m。地下单元施工完成后，在与储油洞室结合部位采用钢筋混凝土密封塞进行封闭，实现储油洞室与外界隔离。施工巷道内则用水充满。入口处实施封闭。

连接巷道情况：该工程共有 3 条连接巷道，分别为上部连接巷道、中部连接巷道和下部连接巷道。连接巷道为直墙圆拱形，断面宽 10m，高 10m。上、中、下连接巷道分别连接储油洞室上层、中层和下层。连接巷道均长 143.2m，巷道底板标高分别为-72m（上部）、-82m（中部）和-92m（下部），洞轴线垂直于储油洞室的轴线方向。

储油洞室情况：该工程共有 5 条储油洞室，分别为 C1、C2、D1、D2、D3，各洞室平行布置，其净间距为 30.8m，洞室长度在 464~579m 之间。储油洞室断面宽度和高度分别为 22m 和 30m，截面形式为直墙圆弧拱顶，底部设置宽 2m×高 5m 的切角，设计断面面积为 615.98m^2，洞室地面标高为-92m。

竖井及泵坑情况：该工程设置 2 座进出油竖井、1 座通风竖井，各竖井直径均为 6m。竖井上口位于库区设计地表面，其中 1#进出油竖井深 111m，井口高程为 49m；2#进出油竖井深 110m，井口高程为 48m，通风竖井深 128m，井口高程为 65m。竖井内采用钢结构支撑将内部各种管道、缆线固定，支撑固定在竖井壁上。管道安装完成后，采用密封塞、混凝土或膨润土将竖井封闭。在出油竖井正下方设置泵坑，泵坑直径为 6m，深度为 13m。

该工程施工共分为三个阶段：第一阶段主要作业对象为 2#施工巷道，2#施工巷道作业完成后进行第二阶段，即对上部连接巷道和储油洞室上层进行施工，本阶段最多同时存在 10 个施工掌子面，第二阶段施工完成后进行第三阶段，即对中部连接巷道、下部连接巷道、储油洞室中层和储油洞室下层进行施工作业。本书仅讨论第二阶段的施工通风方法。

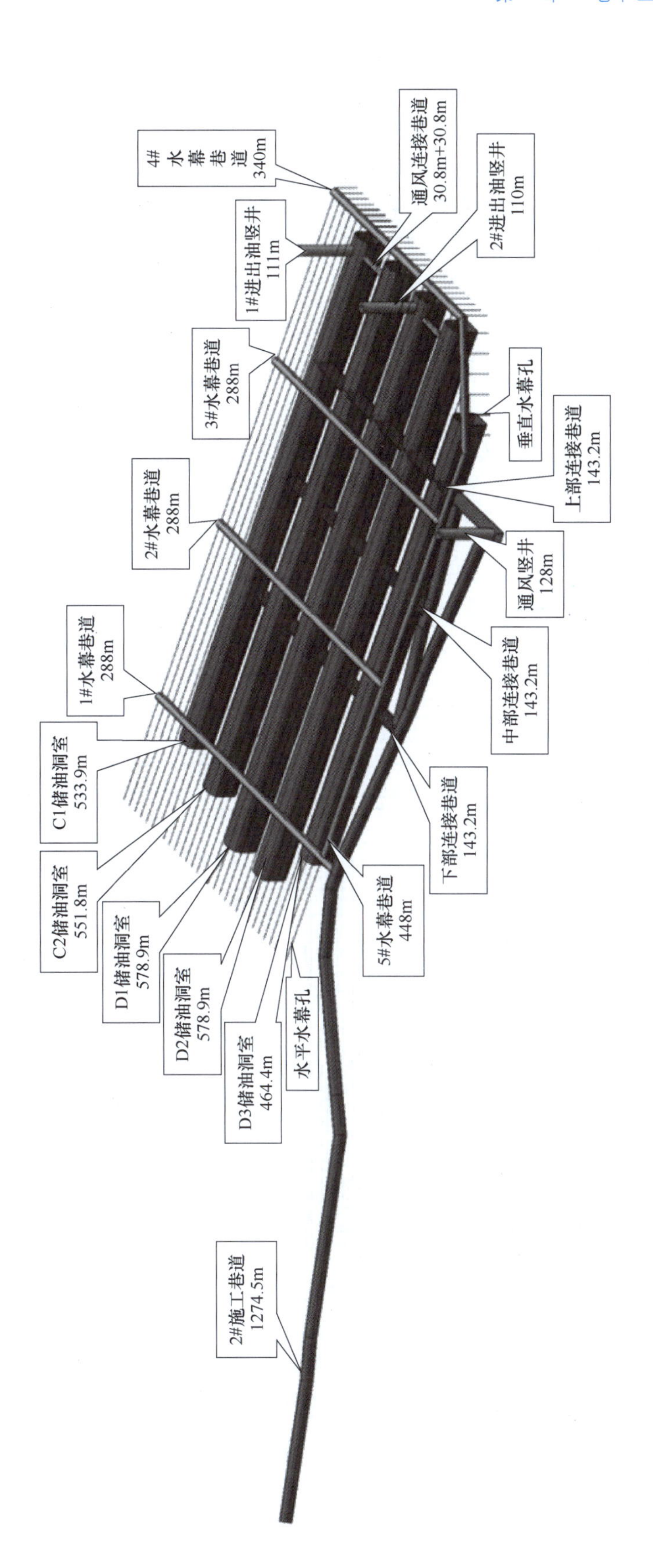
4#水幕巷道 340m
通风连接巷道 30.8m+30.8m
2#进出油竖井 110m
1#进出油竖井 111m
3#水幕巷道 288m
垂直水幕孔
上部连接巷道 143.2m
2#水幕巷道 288m
通风竖井 128m
中部连接巷道 143.2m
1#水幕巷道 288m
C1储油洞室 533.9m
下部连接巷道 143.2m
C2储油洞室 551.8m
5#水幕巷道 448m
D1储油洞室 578.9m
D2储油洞室 578.9m
D3储油洞室 464.4m
水平水幕孔
2#施工巷道 1274.5m

图 6-7　地下工程布置图

6.2.3 通风方式

针对工程案例中的施工第二阶段，先说明风管压入式通风方式。风管压入式通风方式是指管路进风口设在洞外，出风口设在掌子面附近，在风机的作用下，新鲜空气从洞外经管路送到掌子面，稀释污染物，污浊空气则由隧洞排至洞外。该通风方式具有的特点：新鲜空气可以一直运送到施工掌子面；平衡后，污染气体和粉尘在隧道内浓度分布由里向外，逐渐增大，作业区工作人员处在相对新鲜的空气中；可使用软风管，且管路的延长比较容易；污染物排出时会经过整个隧道，后续作业环境相对较差；管路漏风对通风有正面作用。

在该案例工程中，风管压入式通风方式的具体布置方法为：在2#施工巷道洞口外布设轴流风机，风机连接风管并延伸至各个施工掌子面附近。风管压入式通风方式示意图如图6-8所示。

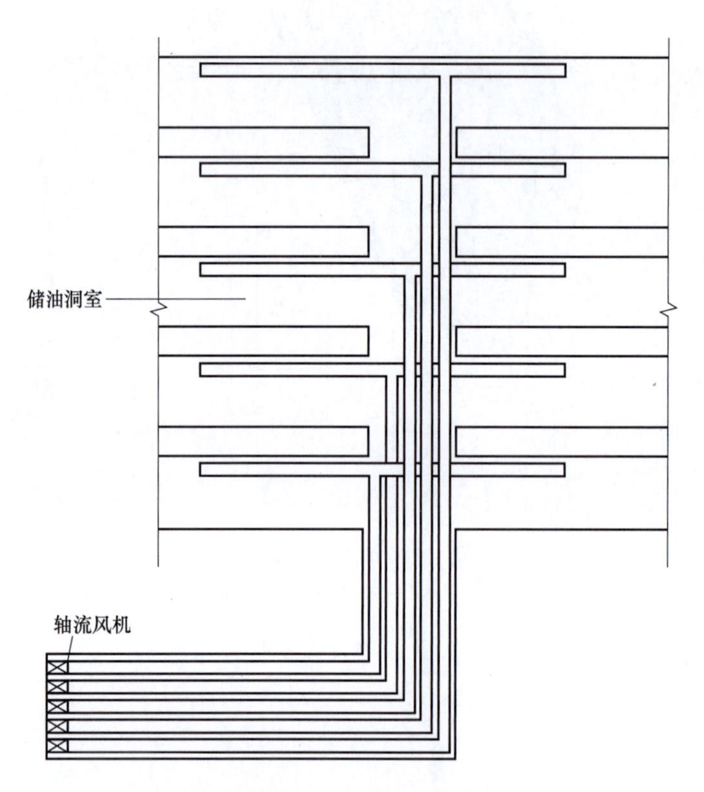

图6-8 风管压入式通风方式示意图

使用风管压入式通风方式，隧洞内会存在大量风管，而且在上层连接巷道内，各个风管之间还需要上下穿插，这会过度压缩施工空间，风管的高度太低，还会存在被施工机械破坏的风险。除此之外，这些风管都存在很多大角度弯折，将会大大增加管路内的局部阻力，增大风机的负担，降低通风效率。基于以上原因，可以说明传统的风管压入式通风很难应用于多施工区域多掌子面的复杂地下工程。

在该案例工程中，风仓式通风方式的具体布置方法：在 2#施工巷道外布置轴流风机，用于将新鲜空气运送至各个施工掌子面。在 2#施工巷道内，使用隔板风道代替传统的风管风道。隔板风道相较于风管风道，其横断面面积更大，即在送风量一致的情况下，隔板风道内风速更小，通风阻力更小；而且隔板风道不像风管风道那样容易被破坏，密闭性更好，几乎不存在漏风的现象。在上层连接巷道内布设风仓，由于连接巷道长度为 143.2m，布设一个大型风仓在施工上较为困难，因此考虑布设 5 个小型风仓，风仓之间通过风管连接，风仓内部布设变频轴流风机，风仓外连接风管并延伸至施工掌子面处。风仓式通风方式示意图如图 6-9 所示。

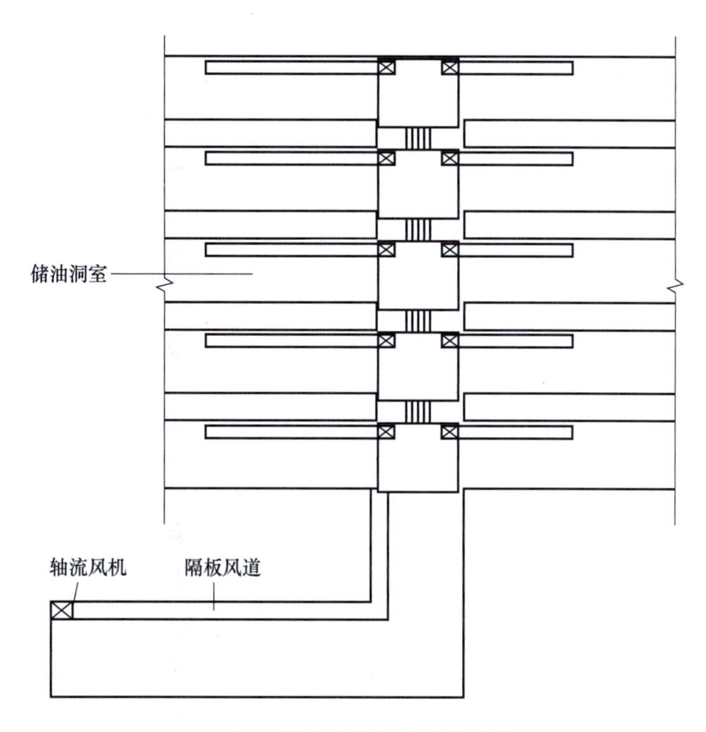

图 6-9　风仓式通风方式示意图

采用风仓式通风方式后，隧洞内的风管数量大幅度降低，而且风管不再存在大角度弯折的情况，这意味着通风系统的阻力更小。虽然风仓式通风相较于风管压入式通风，使用的风机数量更多，但是该案例并非长距离通风工程，风仓内部所布设风机的功能仅仅是为了调节各个掌子面的风量大小，所选用的皆为小功率风机，对于通风系统整体而言，风仓式通风的风机功率更低，相比于传统的风管压入式通风更加节能环保。

在实际工程中，风仓的具体参数会对通风效率产生极大的影响。轴流风机的轴功率和电动机功率可按式（6-5）计算。

$$S_{\mathrm{kw}}=\frac{Q_{\mathrm{a}}p_{\mathrm{tot}}}{1000\eta}\left(\frac{273+t_0}{273+t_1}\right)\frac{p_1}{p_0} \tag{6-5}$$

式中　S_{kw}——轴流风机的功率（kW）；

Q_a——轴流风机的风量（m^3/s）；

p_{tot}——轴流风机的全风压（N/m^2）；

η——风机效率；

t_0——标准温度（℃），取 20℃；

t_1——风机环境温度（℃）；

p_0——标准大气压（N/m^2），取 $101325N/m^2$；

p_1——风机环境大气压（N/m^2）。

综上，风机环境压力会影响轴流风机的功率。风机的环境大气压越大，轴流风机功率越高。对于风仓而言，风仓的形状、长度、宽度、高度、风仓内隔板的布设方式和长度、风仓内风机的距离等因素均会影响风仓内环境压力，因此在实际工程中，常常会使用数值模拟的方法探究风仓的各个因素对风机环境大气压的影响。

以下举例说明：使用 ANSYS Fluent 软件进行风仓数值模拟计算，风仓形状为长方体形，设有一个进风口和两个出风口，将风仓进风口设置为速度入口，速度值设为 15m/s；将风仓出风口设置为速度入口，速度值设为-12m/s。采用控制变量法对风仓最优尺寸进行计算：风仓高度 $H=3m$ 时，风仓长度 L 依次设置为 3m、4m、5m、6m 和 7m；风仓长度 $L=3m$ 时，风仓高度依次设置为 3m、4m 和 5m。进出风口高度均为 1.5m。

计算完成后，在高度为 1.5m 处截取平面，显示该平面的压力云图、速度云图及速度矢量图，计算结果如图 6-10～图 6-16 所示，并得出进出风口的环境大气压，计算结果见表 6-5、表 6-6。

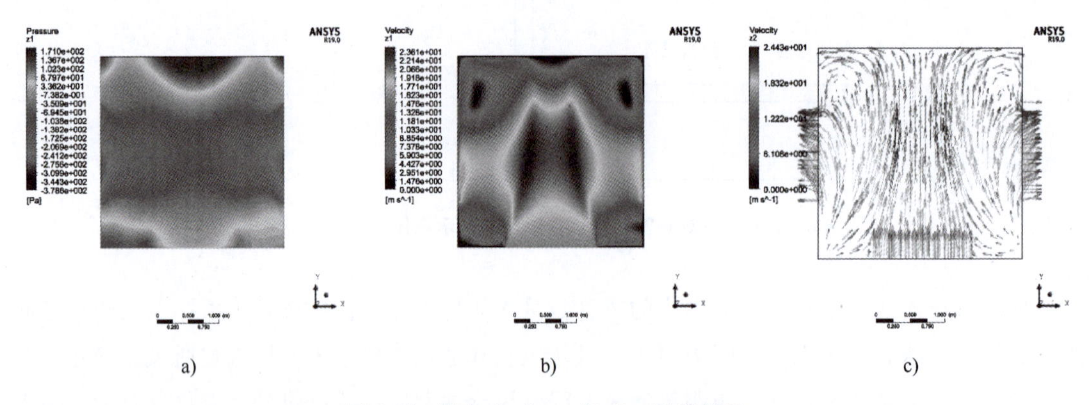

a)　　b)　　c)

图 6-10　风仓 $L=3m$，$H=3m$ 计算结果

a）压力云图　b）速度云图　c）速度矢量图

1）确定风仓最优长度。在风仓高度 H 不变时，随着风仓长度 L 增大，风仓进出风口的风压差值减小，最终趋于稳定；在风仓长度 $L=3m$ 时，风压差值有最大值，风仓的供风效率最大。由压力及速度云图可知，风仓长度 L 越小，风仓内流场越稳定。由速度矢量图可知，风仓长度 L 越大，风仓内存在的涡流规模越大。从经济性的角度考虑，风仓长度越小，越经济实用。综上，风仓最优长度应取 3m。

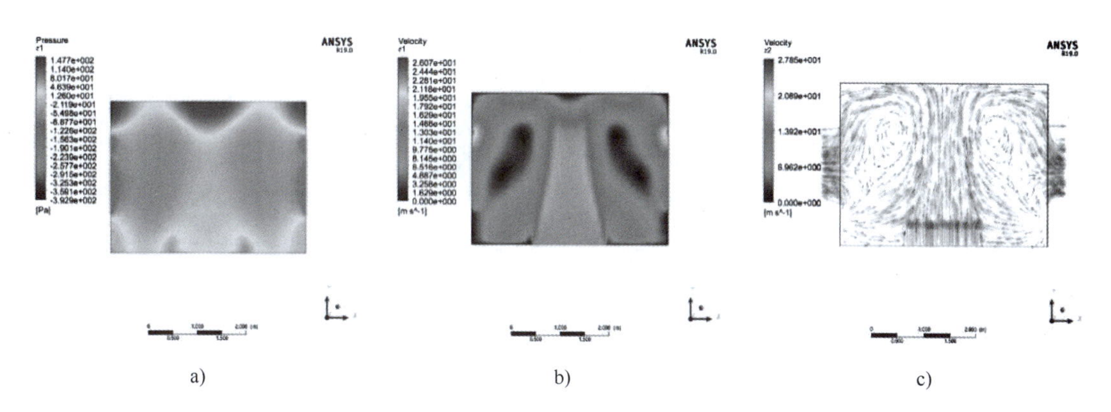

a)　　b)　　c)

图 6-11　风仓 $L=4m$，$H=3m$ 计算结果

a）压力云图　b）速度云图　c）速度矢量图

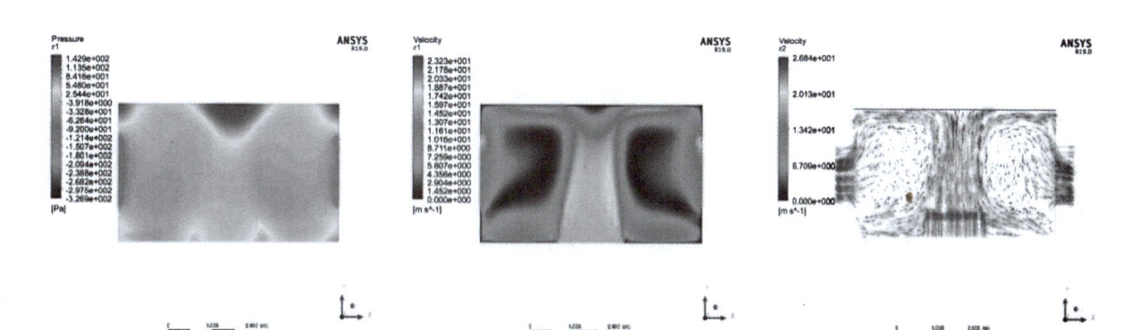

a)　　b)　　c)

图 6-12　风仓 $L=5m$，$H=3m$ 计算结果

a）压力云图　b）速度云图　c）速度矢量图

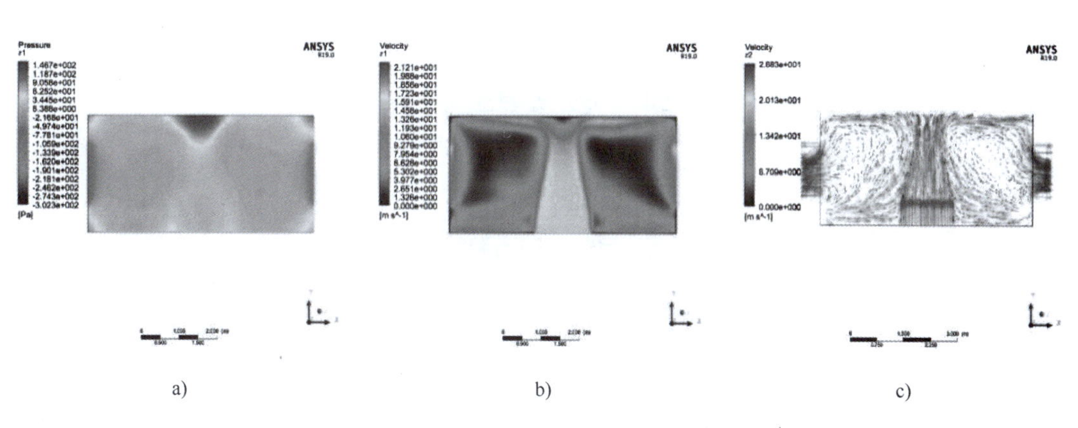

a)　　b)　　c)

图 6-13　风仓 $L=6m$，$H=3m$ 计算结果

a）压力云图　b）速度云图　c）速度矢量图

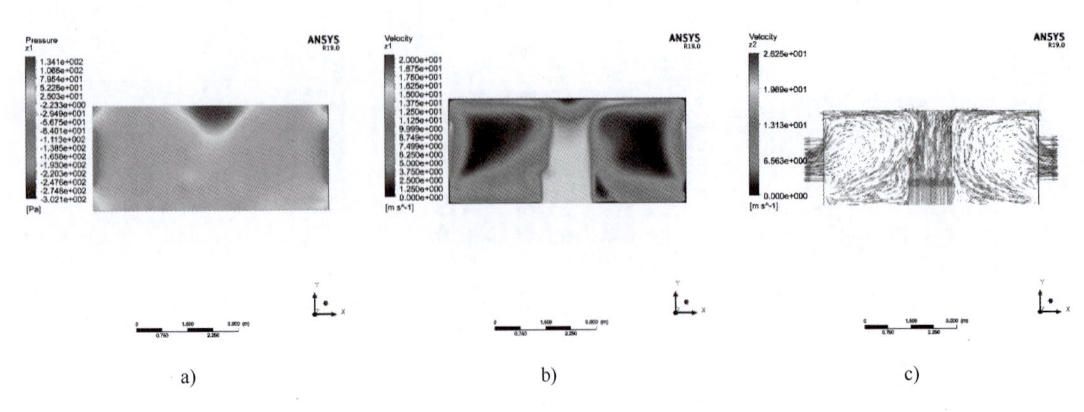

a) b) c)

图 6-14 风仓 $L=7\mathrm{m}$，$H=3\mathrm{m}$ 计算结果

a）压力云图 b）速度云图 c）速度矢量图

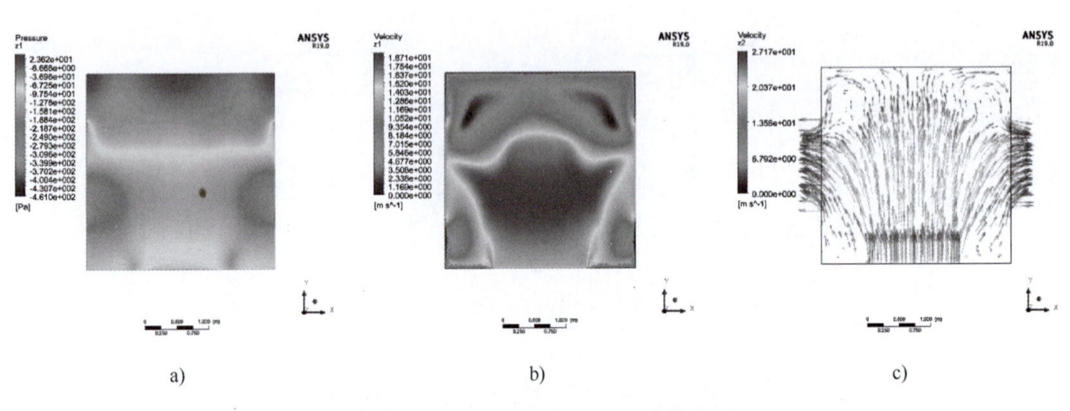

a) b) c)

图 6-15 风仓 $L=3\mathrm{m}$，$H=4\mathrm{m}$ 计算结果

a）压力云图 b）速度云图 c）速度矢量图

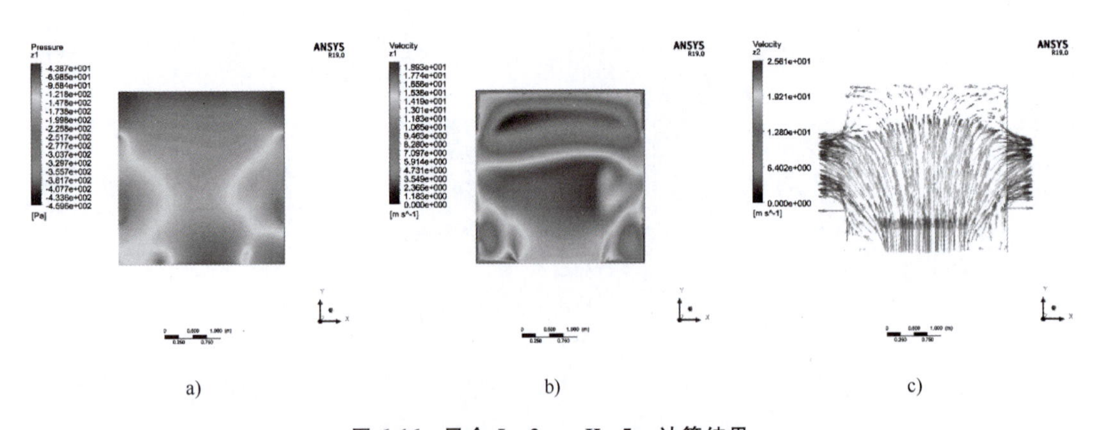

a) b) c)

图 6-16 风仓 $L=3\mathrm{m}$，$H=5\mathrm{m}$ 计算结果

a）压力云图 b）速度云图 c）速度矢量图

表 6-5　风仓高度 $H=3m$ 时进出风口风压计算结果

风仓长度 L/m	3	4	5	6	7
进风口风压/Pa	49.7606	23.0367	21.9981	18.1512	6.7605
出风口风压/Pa	-284.5435	-167.6615	-134.5300	-124.2790	-135.9060
风压差值/Pa	334.3041	190.6982	156.5281	142.4302	142.6665

表 6-6　风仓长度 $L=3m$ 时进出风口风压计算结果

风仓高度 H/m	3	4	5
进风口风压/Pa	49.7606	-34.7052	-50.2549
出风口风压/Pa	-284.5434	-240.9580	-247.8335
风压差值/Pa	334.3040	206.2528	197.5786

2）确定风仓最优高度。在风仓长度 L 不变时，随着风仓高度 H 增大，风仓进出风口的风压差值减小，且变化程度逐渐减小；在风仓高度 $H=3m$ 时，风压差值有最大值，风仓的供风效率最大。由压力及速度云图可知，风仓高度 H 越小，风仓内流场越稳定。由速度矢量图可知，风仓高度 H 增大，风仓内涡流规模越小甚至消失。综上，风仓最优高度应取 4m，在保证较大供风效率的同时，又减少了风仓内的涡流现象，从经济性的角度考虑也较为经济实用。

综上，风仓宽度设置为 3m，风仓最优长度为 3m，最优高度为 4m。

6.3　复杂地下工程施工网络的通风计算模型

随着我国的地下空间不断开发、施工建造技术的不断提高，在实际工程中遇到了大量的特长隧道、复杂地下洞室等结构。诸如特长深埋公路隧道、地下储油库、地下厂房等，如图 6-17、图 6-18 所示。这些地下结构洞室数量多、规模庞大，并且洞室布置呈现复杂化、多样化的特点，对施工通风提出了极大的挑战。

对于多洞室的大型地下结构，由于其结构本身的复杂性，由纵横交错的巷道形成了复杂的网络通风系统，其相对于一般的地下结构、隧道结构呈现出施工通风变化复杂的特点，如果采用手算方式对网络通风系统进行求解，就会面对计算量极大、计算过程极其复杂烦琐等困难。故为了准确快速地了解在通风网络系统中各任意支路的通风情况，通常会采用网络通风模型对其进行求解。

该模型利用图论的方法将复杂地下工程结构的通风网络系统抽象简化为由不同节点和分支构成的通风网络模型拓扑结构，并通过计算机技术及图论相关知识对其进行快速准确的解算分析，可以对施工期间的隧道通风系统进行快速的调整和优化。

图 6-17　白鹤滩水电站地下厂房

图 6-18　金沙江畔某地下厂房

目前关于通风网络的解算方法众多，各种通风网络解算方法的实质均是基于风量平衡定律、风压平衡定律及通风阻力定律来对通风网络进行解算。在实际工程应用中，常使用的是回路风量法和节点风压法。以上两种解算方法具有以下特点：

1）回路风量法。具有计算速度快、计算结果收敛性与初始风量无关的优点，但在网络解算过程中需寻找独立回路，同时通风系统中不能存在单向回路，因为单向回路的存在会造成所有基于回路风压平衡定律的迭代计算无效，使得通风网络计算无法进行。故当通风网络系统中存在单向回路时，需要采用其他方法对通风网络进行解算。

2）节点风压法。计算时不需对回路风压平衡进行求解计算，其解算本质是对以节点风压为变量的方程组进行求解，计算过程中是对通风网络系统中的每一个节点的风压进行计算而不用考虑选择回路的问题，该方法更简单且对任何复杂的通风网络系统解算都能良好的适用。但该方法也存在明显的缺点，相较于回路风量法，节点风压法计算结果的收敛性受到各节点的初始风压的影响，其计算收敛速度较慢。

6.3.1　通风网络基本定律及简单风网介绍

各种风网解算方法都建立在风量平衡定律、风压平衡定律、通风阻力定律这三大定律的基础上。

1）风量平衡定律。在通风网络中，流入某节点的风量必然等于流出某节点的风量，即通风网络中流入与流出任意节点的风量代数和为零，其表达式见式（6-6）。

$$\sum Q_i = 0 \tag{6-6}$$

式中　Q_i——流入或流出某节点的风量，以流入者为正，流出者为负。

2）风压平衡定律。该定律描述为在通风网络中任意网孔中各分支风道通风阻力代数和为零。当网孔中不存在自然风压、交通风、风机等作用时，风压平衡定律可表示为式（6-7）。

$$\sum \Delta p_i = 0 \tag{6-7}$$

式中　Δp_i——通风网孔中任意分支风道的风压，以流动方向顺时针者为正，逆时针者为负。

当网孔中存在自然风压、交通风、风机等作用时，风压平衡定律表示为式（6-8）。

$$\sum \Delta P_i - (\sum H_{\mathrm{f}} + \sum H_{\mathrm{z}} + \sum \Delta p_{\mathrm{t}}) = 0 \tag{6-8}$$

式中　H_{f}——风机风压；

H_{z}——自然风压；

Δp_{t}——交通风压。

3）通风阻力定律。该定律描述为在通风网络中各分支风道的阻力与风量的平方成正比，其表达式为式（6-9）。

$$\Delta p = RQ^2 \tag{6-9}$$

式中　Δp——分支通道的通风压力；

R——风路上的风阻；

Q——通过风路的风量。

各种通风网络系统的解算基于以上三大定律建立，而复杂的通风网络系统也往往由简单的风网组成。其中串联风网和并联风网是两种基础风网，其遵循风网流动的基本规律，具有以下特点：

1）串联风网风量分布特点。在串联风网中，通过各分支风道的风量相等。设串联风网中总风量为 Q，各分支风道的风量分别为 Q_1，Q_2，Q_3，…，Q_n，则存在关系，见式（6-10）。

$$Q_1 = Q_2 = Q_3 = \cdots = Q_n \tag{6-10}$$

2）串联风网风压分布特点。在串联风网中，通过各分支风道的风压之和等于串联风网的总风压。设串联风网中总风压为 Δp，各分支风道的风压分别为 Δp_1，Δp_2，Δp_3，…，Δp_n，则存在关系，见式（6-11）。

$$\Delta p_1 + \Delta p_2 + \Delta p_3 + \cdots + \Delta p_n = \Delta p \tag{6-11}$$

3）串联风网风阻分布特点。在串联风网中，各分支风道的风阻之和等于串联风网的总风阻。设串联风网中总风阻为 R，各分支风道的风阻分别为 R_1，R_2，R_3，…，R_n，则存在关系，见式（6-12）。

$$R_1+R_2+R_3+\cdots+R_n=R \tag{6-12}$$

4）并联风网风量分布特点。在并联风网中，设并联风网中总风量为 Q，两条分支风道的风量分别为 Q_1、Q_2，则根据通风网络风量平衡定律存在关系，见式（6-13）。

$$Q=Q_1+Q_2 \tag{6-13}$$

5）并联风网风压分布特点。在并联风网中，设并联风网中总风压为 Δp，两条分支风道的风压分别为 Δp_1、Δp_2，则根据通风网络风压平衡定律存在关系，见式（6-14）。

$$\Delta p_1=\Delta p_2=\Delta p \tag{6-14}$$

6）并联风网风阻分布特点。在并联风网中，设并联风网中总风阻为 R，两条分支风道的风阻分别为R_1、R_2，则根据通风网络通风阻力定律存在关系，见式（6-15）。

$$R=\frac{1}{\left(\frac{1}{\sqrt{R_1}}+\frac{1}{\sqrt{R_2}}\right)} \tag{6-15}$$

6.3.2 复杂地下工程通风网络建立

对于存在多洞室的复杂地下结构的通风系统，可将其整体抽象为一个复杂的通风网络。对于任意复杂通风网络，不妨设其存在 n 条分支和 m 个节点，基于通风网络三大平衡定律可建立式（6-16）。

$$\sum_{j=1}^{n} b_{ij}\,|q_j|=0,(i=1,2,\cdots,m-1) \tag{6-16}$$

式中 q_j——分支风量；

b_{ij}——基本关联矩阵元素。

$$f_i(q_1,q_2,\cdots,q_{n-m+1})=\sum_{j=1}^{n} c_{ij}\,r_j\,q_j\,|q_j|-h'_i=0,(i=1,2,\cdots,n-m+1) \tag{6-17}$$

式中 $f_i(q_1,q_2,\cdots,q_{n-m+1})$——通风网络通风阻力平衡方程，简记为 f_i；

c_{ij}——基本回路矩阵元素。

式（6-17）表示满足通风网络风压平衡定律的 $n-m+1$ 个非线性方程可以简化记为 $f_i=\sum r_{ij}q_{ij}^2=0$，($j\in i$，$i=1$，2，…，$n-m+1$)；式（6-16）表示满足通风网络中节点风量平衡定律的 $m-1$ 个线性方程。

6.3.3 复杂地下工程通风网络解算

把式（6-17）进行泰勒级数展开，见式（6-18）。

$$f_i=f_i^0+\frac{\partial f_i}{\partial q_1}\Delta q_1+\frac{\partial f_i}{\partial q_2}\Delta q_2+\cdots+\frac{\partial f_i}{\partial q_{n-m+1}}\Delta q_{n-m+1}+\frac{1}{2}\frac{\partial^2 f_i}{\partial q_1^2}\Delta q_1^2+\frac{1}{2}\frac{\partial^2 f_i}{\partial q_2^2}\Delta q_2^2+\cdots+\frac{1}{2}\frac{\partial^2 f_i}{\partial q_{n-m+1}^2}\Delta q_{n-m+1}^2=0 \tag{6-18}$$

将式（6-18）采用矩阵表示，见式（6-19）。

$$\boldsymbol{F}=\boldsymbol{F}^0+\boldsymbol{J}\Delta\boldsymbol{Q}_L+\cdots+\frac{1}{2}\Delta\boldsymbol{Q}_L^{\mathrm{T}}\boldsymbol{H}\Delta\boldsymbol{Q}_L \tag{6-19}$$

式中　$\Delta\boldsymbol{Q}_L$——余支修正量，$\Delta\boldsymbol{Q}_L=(\Delta q_1,\Delta q_2,\cdots,\Delta q_{n-m+1})$；

$\Delta\boldsymbol{Q}_L^{\mathrm{T}}$——$\Delta\boldsymbol{Q}_L$的转置矩阵；

$\boldsymbol{J}$——Jacobi 矩阵，一阶导数矩阵；

$\boldsymbol{H}$——Hession 矩阵，二阶导数矩阵；

$\boldsymbol{F}^0$——常量。

其中：

$$\boldsymbol{J}=\begin{bmatrix} \dfrac{\partial f_1}{\partial q_1} & \dfrac{\partial f_1}{\partial q_2} & \cdots & \dfrac{\partial f_1}{\partial q_{n-m+1}} \\ \dfrac{\partial f_2}{\partial q_1} & \dfrac{\partial f_2}{\partial q_2} & \cdots & \dfrac{\partial f_2}{\partial q_{n-m+1}} \\ \vdots & \vdots & \vdots & \vdots \\ \dfrac{\partial f_{n-m+1}}{\partial q_1} & \dfrac{\partial f_{n-m+1}}{\partial q_2} & \cdots & \dfrac{\partial f_{n-m+1}}{\partial q_{n-m+1}} \end{bmatrix} \tag{6-20}$$

$$\boldsymbol{H}=\begin{bmatrix} \dfrac{\partial^2 f_1}{\partial q_1^2} & \dfrac{\partial^2 f_1}{\partial q_2^2} & \cdots & \dfrac{\partial^2 f_1}{\partial q_{n-m+1}^2} \\ \dfrac{\partial^2 f_2}{\partial q_1^2} & \dfrac{\partial^2 f_2}{\partial q_2^2} & \cdots & \dfrac{\partial^2 f_2}{\partial q_{n-m+1}^2} \\ \vdots & \vdots & \vdots & \vdots \\ \dfrac{\partial^2 f_{n-m+1}}{\partial q_1^2} & \dfrac{\partial^2 f_{n-m+1}}{\partial q_2^2} & \cdots & \dfrac{\partial^2 f_{n-m+1}}{\partial q_{n-m+1}^2} \end{bmatrix} \tag{6-21}$$

$$\begin{cases} \Delta\boldsymbol{Q}_L=-\boldsymbol{H}^{\mathrm{T}}\boldsymbol{J} \\ \boldsymbol{Q}_L=\boldsymbol{Q}_L^0+\Delta\boldsymbol{Q}_L \\ \boldsymbol{Q}=\boldsymbol{Q}_L\boldsymbol{C} \end{cases} \tag{6-22}$$

此时为牛顿法，即通过 $\boldsymbol{J}$ 矩阵和 $\boldsymbol{H}$ 矩阵来确定余支增量，再确定出余支风量，再由 $\boldsymbol{Q}_L\boldsymbol{C}$ 确定出其他分支的风量，即

$$\begin{cases} \Delta\boldsymbol{Q}_L^{(k+1)}=-(\boldsymbol{J}^{(k)})^{-1}\boldsymbol{F}^{(k)} \\ \boldsymbol{Q}_L^{(k+1)}=\boldsymbol{Q}_L^{(k)}+\Delta\boldsymbol{Q}_L^{(k+1)} \\ \boldsymbol{Q}^{(k+1)}=\boldsymbol{Q}_L^{(k+1)}\boldsymbol{C} \end{cases} \tag{6-23}$$

在此情况下为采用一阶导数来逼近牛顿法的迭代法，也称作拟牛顿法。该情况需要求一阶导数的逆矩阵。

当令

$$
\boldsymbol{J}_0 = \begin{bmatrix} \frac{\partial f_1}{\partial q_1} & 0 & \cdots & 0 \\ 0 & \frac{\partial f_2}{\partial q_2} & \cdots & \frac{\partial f_2}{\partial q_{n-m+1}} \\ \vdots & \vdots & \vdots & \vdots \\ 0 & 0 & \cdots & \frac{\partial f_{n-m+1}}{\partial q_{n-m+1}} \end{bmatrix} \tag{6-24}
$$

则有

$$
\begin{cases} \Delta \boldsymbol{Q}_L^{(k+1)} = -(\boldsymbol{J}_0^{(k)})^{-1} \boldsymbol{F}^{(k)} \\ \boldsymbol{Q}_L^{(k+1)} = \boldsymbol{Q}_L^{(k)} + \Delta \boldsymbol{Q}_L^{(k+1)} \\ \boldsymbol{Q}^{(k+1)} = \boldsymbol{Q}_L^{(k+1)} \boldsymbol{C} \end{cases} \tag{6-25}
$$

此时为斯考德-恒斯雷法。该方法先将 $\boldsymbol{J}$ 矩阵变形为 $\boldsymbol{J}_0$ 矩阵，之后再完成迭代。以上方法中 $\boldsymbol{C}$ 表示回路矩阵，$\boldsymbol{Q}=(\boldsymbol{Q}_L,\boldsymbol{Q}_T)$，其中 $\boldsymbol{Q}_L$ 表示余支风量，$\boldsymbol{Q}_T$ 表示树枝风量。

6.4 隧道施工的减排建议

在第 3 章中对隧道施工的排放特点、影响因素和影响规律进行了分析。结合前文的分析，从公路隧道设计施工、建材选择使用及材料运输与采集加工三方面提出建议如下：

1）减排的首要任务是明确有潜力的减排工序。具有减排潜力的工序具有两个特点：一是，该工序的碳排放水平较高；二是，该工序的碳排放水平有一定下降空间。不同工序在隧道施工碳排放的占比不同。综上，喷射混凝土、锚杆+注浆、钢架、模筑混凝土和钢筋都有较大的碳排放潜力。值得注意的是，每立方米水泥注浆碳排放量较高，大量使用将使得隧道碳排放快速增长，需要在软弱围岩加固时注意。

2）减排须认识到不同设计优化措施减排效果的差异性。4.3 节中给出了多个隧道设计优化情景，其中 SS02~SS05 为低投入情景。基于 42 组隧道施工碳排放计算，喷射混凝土、模筑混凝土、锚杆和钢架在降低指定比例的工程量后，其每延米碳排放均值分别下降 0.123~0.551t CO_{2eq}、0.508~1.408t CO_{2eq}、0.053~0.621t CO_{2eq}和 0~1.10t CO_{2eq}。可见，模筑混凝土设计优化带来的减排效果最佳。对比单层衬砌的挪威法隧道，复合式衬砌存在较大减排空间。从减排和节省资源的角度来看，应积极探索扩大单层衬砌的使用场景，减少良好围岩质量下模筑衬砌的支护储备。

3）应根据围岩级别灵活选取合适的设计参数优化工序。当优化锚杆和钢架设计参数时，Ⅴ级围岩隧道的减排效果明显优于Ⅲ级围岩。相对应的，喷射混凝土和模筑混凝土的设计参数优化对于Ⅲ级至Ⅴ级围岩都有较好的减排效果。

4）水泥、钢材、电能和柴油在隧道施工碳排放中占有较高排放比例。材料能源的减排包括两个方向：一是，选用较低能耗水平的产品；二是，减少施工过程中的浪费。

5）产品的能耗与其生产工艺和规模有着直接关联。以水泥为例，学者对全国359条水泥生产线进行了抽样调查，所使用的生产工艺包括新型干法水泥生产（190条生产线）、立窑及湿法窑（75条生产线）和特种水泥（94条生产线）。测算三种工艺的碳排放水平平均值分别为702.35kg CO_{2eq}/t水泥、621.66kg CO_{2eq}/t水泥及879.88kg CO_{2eq}/t水泥。可见，不同生产工艺的碳排放强度有较大差异。此外，尽管小规模水泥生产线和大规模水泥生产线在生产工艺方面的差距不大，但前者的电力和燃料排放显著高于后者。总体来看，大规模水泥生产线的能耗低于小规模水泥生产线。因而，从减排角度来看，大规模生产线和低能耗生产工艺的产品具有减排优势，应当优先采用。

6）施工中的材料能源浪费增加了工程成本和碳排放，削弱了企业的竞争力。施工企业应当在材料的采购、运输和使用中建立完善的管理制度，明确各部门的责任范围，建立并实行有效的奖惩制度。加强辅助设备的管理，通过智能监控监测通风机、空压机等设备的运行状态，对开关时间进行强化管理。通过建立机械用电量台账，减少设备非正常用电。做好设备的维修保养，保证设备处于良好的使用状态。

7）鼓励企业因地制宜地开展材料再利用。通过材料回收（如使用隧道弃渣回收砂石），能够减少材料运输的碳排放，削减外购材料成本，提升企业的利润水平，达到减排增效的多重利好效果。

8）施工企业应建立低碳的供应链网络。随着供应链节点增加，施工企业可能拥有多个供货厂家及多个配送中心，形成一定规模的供应链网络。不同厂家和配送中心的选择，决定了材料从厂家到隧道现场的运输配送距离。由于车辆运输过程对隧道整体碳排放有着重要影响，有必要对多家厂商的供应链网格进行建模研究，动态选择运输节点和运输车载重量，将材料运输配送的经济成本和碳排放水平控制在较优水平。

课后习题

1. 风仓式通风与传统风管式通风相比，优势体现在哪里？
2. 哪些参数会影响风仓的供风效率？
3. 在布设风机时，为什么随风机距隧道顶壁距离的增加，出口附近风速越来越大？
4. 布设风机时，风机之间的纵向间距对通风效果产生什么影响？
5. 布设风机时，风机之间的横向间距为什么不能过大？一般取多少最佳？

第 7 章 地下工程运营期低碳节能技术

本章提要

本章从通风及照明两方面介绍地下工程运营期低碳节能技术。运营期通风节能技术主要包括交通隧道利用自然风节能通风设计方法及地下工程通风机组优化配置技术。运营期照明节能技术重点介绍照明灯具布置及控制技术、发光涂料、新能源及新材料等在隧道照明中的应用。本章学习重点是掌握运营期低碳节能技术的设计及应用场景。

地下工程运营期低碳节能技术是指在地下空间使用过程中，采用各种措施和方法降低能源消耗和碳排放，提高能源利用效率和环境质量的技术。这些技术包括绿色电气化、智能化、照明节能、通风换气优化、废热回收利用等。地下工程运营期低碳节能技术不仅有利于实现“双碳”目标，也有助于提高地下空间的舒适性和安全性，延长地下工程的使用寿命，增加经济效益和社会效益。

7.1 交通隧道利用自然风节能通风设计方法

7.1.1 隧道自然风气象观测物理量获取

隧道通风系统中的空气状态在很大程度上取决于风道进口处的当地气象情况，所以研究隧道两端洞外空气的温度、相对湿度，风速、风向、压强随时间的连续变化规律，隧道各风道进出口高差及气温差异在洞内形成的巨大自然风压，得出与温度和压力梯度有关的隧道自然风压，对计算隧道需风量，分析通风防灾系统自然风压的变化规律是非常必要的。由于气象因素变化多端，对隧道运营通风是一个随机的影响因素，在通风设计中应对某种较不利的情况进行考虑，从而使设计具有一定的可靠度。如果按此进行通风设计，则需要有一个设计频率的标准，并且需要隧道所在地多年的气象资料。鉴于此，以泥巴山隧道为例，在隧道各风道进出口处安装自动气象站系统进行长期气象监测。

自动气象站系统是一种集气象数据采集、存储、传输和管理于一体的无人值守的气象采集系统。它在工农业生产、旅游、城市环境监测和其他专业领域都有广泛的用途。

PH 自动气象站用于测量气温、相对湿度、照度、雨量、风速、风向、气压、辐射等基本气象要素，具有显示、自动记录、实时时钟、超限报警和数据通信等功能。PH 自动气象站由气象传感器、PH 气象数据采集仪、PH 计算机气象软件三部分组成。PH 气象数据采集仪采集并记录各气象数据，采用汉字液晶数据显示，人机界面友好，具有设定参数掉电保护和气象历史数据掉电保护功能，可靠性高。PH 气象数据采集仪与计算机之间的通信方式有有线和 GPRS 无线通信两种方式，采用 GPRS 无线通信方式可选用 PH1000 GPRS 无线数据通信终端。PH 自动气象站具有技术先进、测量精度高、数据容量大、遥测距离远、人机界面友好、可靠性高的优点，广泛应用于气象、农业、海洋、环境、机场、港口、工农业及交通等领域。

在自动气象站直接布线不方便的情况下，可以采取 GPRS 无线数据通信网络的方式来传输气象数据，工程现场的 PH 自动气象站与中心气象计算机之间的组网方式就是采用 GPRS 无线通信方式。中心气象计算机可以与多台 PH 自动气象站通过移动 GPRS 无线数据通信网络组成气象监测网络，如图 7-1 所示。

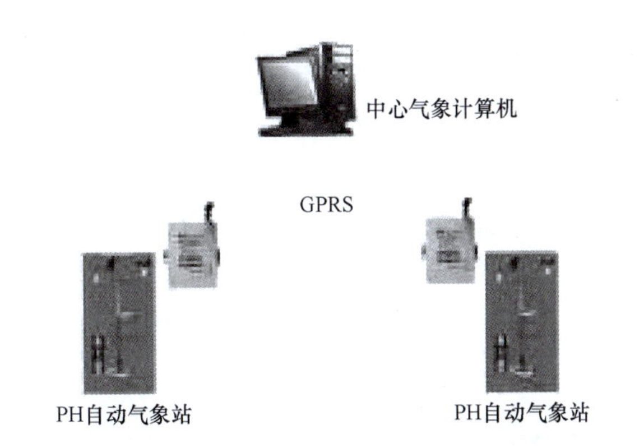

图 7-1　采用 GPRS 无线通信方式的自动气象站监测网络图

7.1.2　隧道自然风风速确定

根据泥巴山隧道气象监测资料，表明各洞口位置处的气温、风速及大气压力经常发生变化，从而使得超静压差和热位差不稳定，因此在一般情况下隧道内将产生不稳定的自然风，对隧道运营通风产生一个随机的影响。目前，在通风设计中，较一致的习惯是按对通风不利的情况来考虑，仅仅假设一个固定的隧道内自然反风风速 $v_n = 2 \sim 3\text{m/s}$ 对于普通的隧道可能是合理的，但是对于跨越不同气候带的特长隧道，如泥巴山隧道，可能差别很大，这使得辅助机械通风有可能达不到实际运营要求或者造成浪费。因此，研究自然风的变化规律，一方面有利于采取措施保障通风系统的稳定性，另一方面也可以尽可能地利用自然风动能，降低运营隧道的通风电力成本。

1. 自然风风速计算方法

根据气象站采集的气象数据，对各个时刻气象数据所对应的隧道内各区段及斜井内的自然风风速进行计算。隧道内各段自然风风速可根据《公路隧道通风设计细则》（JTG/T D70/2-02—2014）进行计算。由于泥巴山隧道外气象因素和隧道内环境因素是实时变化的，为了反映泥巴山隧道内自然风变化的真实情况，必须借助统计分析方法，获得各区段风速的频率分布，从而使隧道的通风设计具有一定的可靠度。

在隧道运营期间，车辆通过隧道时的消耗功率所转变的热量、隧道中各种电力设备所散发的热量、隧道围岩通过衬砌传导的热量共同影响着洞内气温，同时考虑到洞内交通阻滞及其他极端情况，令洞内空气温度 T_0 依次取 15℃、20℃、25℃、30℃。在这四种可能的洞内气温情况下，分别结合洞外气象参数求出隧道内各区段的自然风风速，然后统计分析自然风风速频率分布。

2. 主隧道自然风风速确定

自然风随气象变化的规律

（1）主隧道自然风风速方向规定　由于泥巴山隧道长达 10km，采用分段纵向式通风方式，斜井将主隧道分为三个区段。对于右线，第一区段为隧道进口和雅安端排风井之间；第二区段为雅安端送风井和泸沽端排风井之间；第三区段为泸沽端送风井和隧道出口之间。右、左线区段如图 7-2 所示。由于各区段的长度和组成不同，它们同一时刻的自然风风速也将不同。当风流与交通流或送排风斜井机械通风风流的方向相同时，自然风对隧道通风有利；当风流与交通流或送排风斜井机械通风风流的方向相反时，自然风对隧道通风起阻碍作用。

令主隧道内自然风与行车方向同向为正，与行车方向反向为负；送风竖井内送风为正，排风为负；排风竖井内排风为正，送风为负。

（2）主隧道自然风风速全年概率　根据采集的全年气温、压力、风速等数据，计算得到全年的自然风风速，通过对全部计算数据进行统计分析，第一区段负向为主风向，均值在 2.4m/s 左右；第二区段正向为主风向，风速在 2.4m/s 左右；第三区段正向为主风向，风速在 1.2m/s 左右。

泥巴山隧道左线内自然风的主风向是由泸沽往雅安方向，各段的全年概率分别为第一区段 63.2%，第二区段 60.8%，第三区段 61.5%。竖井内自然风的主风向为雅安端竖井主风向为送风，全年概率 62.0%，泸沽端竖井主风向为送风，全年概率 53.9%，如图 7-3 所示。

（3）主隧道自然风保证率风速　为了计算自然风阻力，首先要计算出满足一定保证率的自然风风速。

利用泥巴山隧道观测一年的环境参数，根据自然风风速计算理论得出全年的自然风风速，然后依据自然风风速取得通风设计所需的保证率风速。保证率风速是所取的自然风风速作为阻力能满足一定概率情况下的风速取值，当自然风风速小于保证率风速时，通风系统可以满足运营要求；当自然风风速大于保证率风速时，通风系统失效，需要采取其他措施。

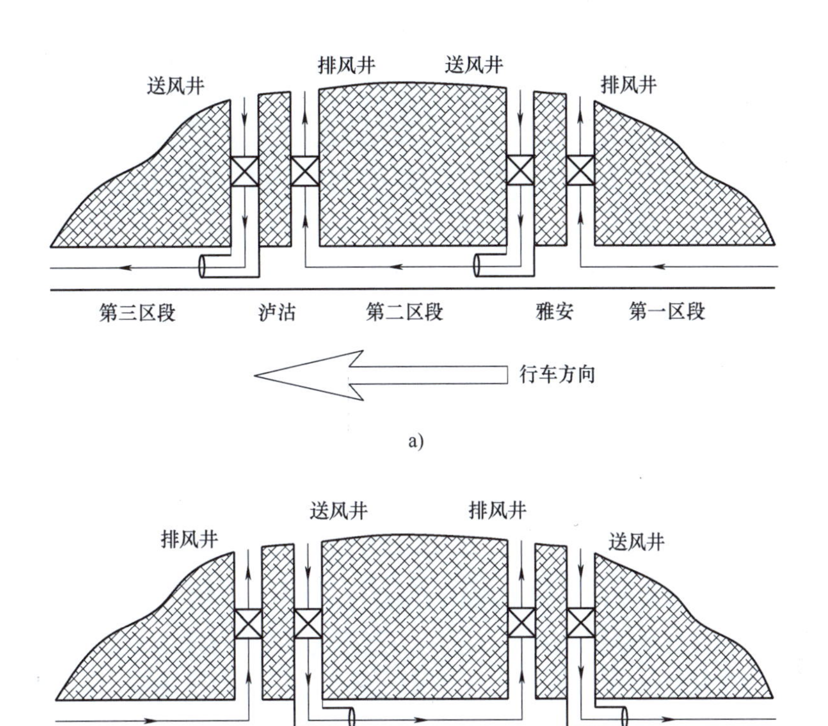

图 7-2　泥巴山隧道自然风风速计算网络图

a）右线　b）左线

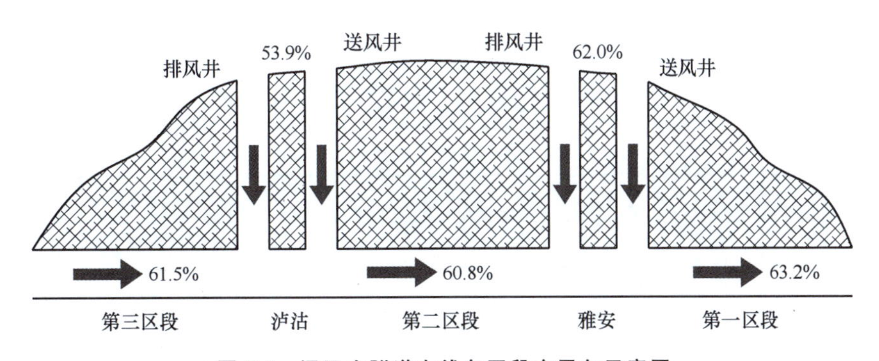

图 7-3　泥巴山隧道左线各区段主风向示意图

将泥巴山主隧道内计算得出的全年自然风风速进行排序，得到全年保证率为 98% 和 95% 的自然风风速，见表 7-1。

（4）传统自然风风速取值的保证率　传统计算中，通常将自然风风速取值 2.5~3.0m/s，分别将自然风风速取 2.5m/s 和 3.0m/s，它们对应的全年保证率见表 7-2。

表 7-1 各区段保证率 98%、95%时的自然风风速

区段	达到全年保证率 98%时的风速/(m/s)		达到全年保证率 95%时的风速/(m/s)	
	右线	左线	右线	左线
第一区段	2.29	3.57	2.06	3.22
第二区段	3.84	3.13	3.23	2.81
第三区段	3.15	2.67	2.70	2.33

表 7-2 自然风风速 2.5m/s、3.0m/s 对应的保证率

区段	自然风风速取 2.5m/s 时对应的保证率（%）		自然风风速取 3.0m/s 时对应的保证率（%）	
	右线	左线	右线	左线
第一区段	99%	85%	99%	88%
第二区段	88%	86%	93%	97%
第三区段	97%	98%	97%	99%

由此可见，《公路隧道照明设计细则》（JTG/T D70/2-01—2014）规定的，以 2~3m/s 的风速模拟隧道内外环境对隧道通风的作用，即自然风作用是不合适的，这并不能真实地反映出隧道内实际的自然风情况。泥巴山隧道各区段自然风的研究成果，既可以弥补规范以 2~3m/s 的风速模拟隧道内自然风的不足，也可以作为泥巴山隧道通风设计的参考。

7.1.3 隧道自然风利用模式及节能设计方法

1. 隧道利用自然风节能设计流程

在传统的隧道通风设计中，自然风风速的计算存在两个问题：一是，将自然风作为阻力，而现实中自然风有时是动力，有时是阻力；二是，自然风风速的计算在规范中一般取值为 2~3m/s。根据现场实测，在隧道内，特别是位于气象分隔带处的隧道，自然风风速常常会达到 4~7m/s。这种情况下，不设机械通风设备或启用少量风机就可以达到隧道通风的效果，而按照规范将自然风作为阻力来克服的话，需要启用大量的风机，不经济也不科学。通风方式的对比见表 7-3。

表 7-3 通风方式的对比

对比项	传统通风方式	自然通风
自然风风速的计算	2~3m/s	根据气象资料计算
自然风的利用	作为阻力考虑	作为动力考虑
通风方式的选择	不考虑自然风情况	根据自然风分布进行设计
通风手段	机械通风方式	自然利用为主、机械通风为辅
控制方式	火灾或正常运营控制	按照自然风控制
节能	不节能	节能
通风效果	较好	较好
应用对象	需要进行机械通风的隧道	位于气象分隔带或自然风较大的隧道

利用自然风进行通风的设计思想为：根据隧道所处位置的气象条件，或完全利用自然风，或利用少量通风机械设备进行辅助和补充，对自然风进行诱导、控制、调节，从而达到隧道通风的目的。通风系统最大限度地利用自然能和最小限度地人工干预。

隧道利用自然风进行节能设计的流程如图 7-4 所示。

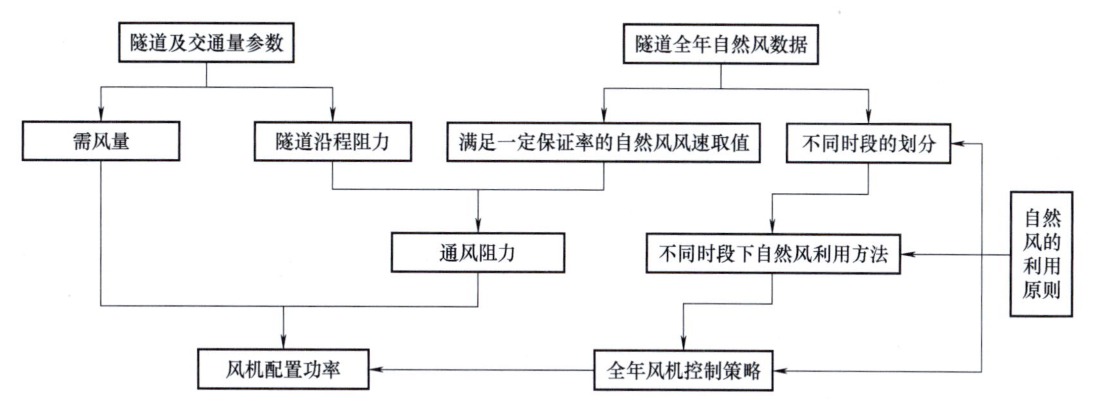

图 7-4 隧道利用自然风进行节能设计的流程

利用自然风进行节能设计与以往的通风设计相比，自然风风速的取值并不是根据规范规定的 2～3m/s 的最不利自然风风速进行取值，而是在对全年隧道内的自然风数据进行统计后按照一定的保证率来对自然风设计风速进行取值。并且除了需要通过需风量和通风阻力计算得到通风功率外，还需根据隧道内的自然风情况划分不同的时段，每个时段按照自然风利用原则进行设计和控制，若自然风有利则进行利用，若自然风不利则作为阻力进行克服。隧道内存在自然风是利用自然风进行节能设计的条件，并不是所有的隧道都可以利用自然风进行节能通风。只有当主隧道内常年存在风向恒定的自然风，且自然风风向与机械通风方向同向时，才可以利用自然风进行通风。一般处于气象分隔带或洞口两端压差大的隧道可以利用自然风进行通风设计。

得出隧道内的全年自然风风速、风向规律是利用自然风进行节能通风设计的基础。有了隧道内全年的自然风风速、风向数据，就可以由此得出满足一定保证率的设计风速，并根据不同的风速、风向进行节能设计。

2. 隧道机械通风方向确定

根据《公路隧道通风设计细则》规定，在通风计算中，一般可将自然通风力作为隧道通风阻力考虑；但当确定自然风作用引起的洞内风速常年与隧道通风方向一致时，宜作为隧道通风动力考虑。因此，机械通风方向应综合考虑自然风和交通风的作用。

3. 隧道自然风利用模式

（1）自然风利用原则　为了尽可能地利用自然风对隧道进行通风，将自然风作为动力而非阻力，确定利用自然风进行通风的控制原则：机械通风的风向应综合考虑自然风主风向与交通风方向；当自然风风向与通风方向一致，且大于设计风速时，完全利用自然风进行通风，不开启通风设备；当自然风风向与通风方向一致，且小于设计风速时，开启部分风机

（由自然风风阻为零计算出开启风机数目），部分利用自然风通风；当自然风风向与通风方向反向时，通风不利用自然风，自然风作为阻力考虑，通风功率为自然风风阻取保证率风速计算得出的功率。

对于纵向分段的通风也可以依据该原则进行优化节能设计。不过由于带有竖井的通风网络相对复杂，应将其分段看作若干独立的隧道组成，各个区段分别进行通风优化设计，见表 7-4。

表 7-4 利用自然风通风控制原则（分段通风）

	隧道自然风风速 v_n/(m/s)	自然风的利用情况	射流风机	送风竖井	排风竖井
策略 A	$v_n>v_0$	动力	不开启风机	开启风机	开启风机（或关闭风机，打开辅助风道）
策略 B	$0<v_n<v_0$	动力	开启部分风机	开启风机	开启风机
策略 C	$v_n<0$	阻力	开启全部风机	开启风机	开启风机

注：v_0 表示主风道风速。

（2）自然风利用模式　当自然风实际工况与通风方向反向时，自然风风速取保证率风速为计算风速；当自然风实际工况与通风方向同向，且小于设计风速时，自然风风速取零为设计风速。针对隧道内各个区段，分别计算自然风风速为保证率风速和零的情况下所需开启的风机。

对于斜井段轴流风机，采取类似的控制措施：

1）送风斜井由于出风口较小，出口损失严重，因此需开启风机，不能完全利用自然风；当自然风与送风斜井内风机提供风速同向时，开启部分风机；当自然风与送风斜井内风机提供风速反向时，开启全部风机。

2）对于排风斜井，当自然风与排风斜井内风机提供风速同向且大于设计风速时，关闭风机，开启辅助风道；当自然风与排风斜井内风机提供风速同向且小于设计风速时，开启部分风机；当自然风与排风斜井内风机提供风速反向时，开启全部风机。

其中，轴流风机全部开启时的功率按照自然风为反向时保证率风速下的风机效率计算得出；轴流风机部分开启时的功率按照自然风为零时的风机效率计算得出。

4. 隧道自然风节能设计

（1）节能风道设计　风机房风道内由于安装有轴流风机，如图 7-5 所示，在风机不开启的情况下，自然风无法通过。因此需要在土建上进行改建，或采取其他措施，以达到充分利用自然风的目的。

土建实现方法——节能风道

为了使自然风通过竖（斜）井，达到利用自然风的目的，可选用开启轴流风机和利用辅助风道两种方式。

1）开启轴流风机。当竖井内存在与通风方向同向的自然风，且自然风风速达不到设计风速时，可采取开启竖井内轴流风机的方式，部分利用自然风，开启功率由竖井内自然风风速决定。

图 7-5　风机房轴流风机位置

2）利用辅助风道。当竖井内存在与通风方向同向的自然风，且自然风风速大于设计风速时，可采用开启辅助风道的方式，通过控制风门调节风速的大小。

（2）地下风机房　进入 20 世纪 90 年代后，一些国家尤其是日本在采用竖井通风方式时，较多地将风机房设在地下，即竖井底部与正洞连接处的山体内。这种设置方式在工程费用方面一般高于洞外设置方式，但可节省土地，保护植被环境，并且由于风机房位于隧道内路侧边，便于设备的维护管理和工作人员的进出。

对于地下风机房，在风机房内由于安装有风机，在风机不开启的情况下风道是被风机阻隔的。因此需要在风机房风道位置处设置辅助风道，以保证在风机关闭的情况下，自然风可通过辅助风道进入隧道。其中辅助风道口设有风门，对自然风风速可以进行调节。风道设置示意图如图 7-6 所示。

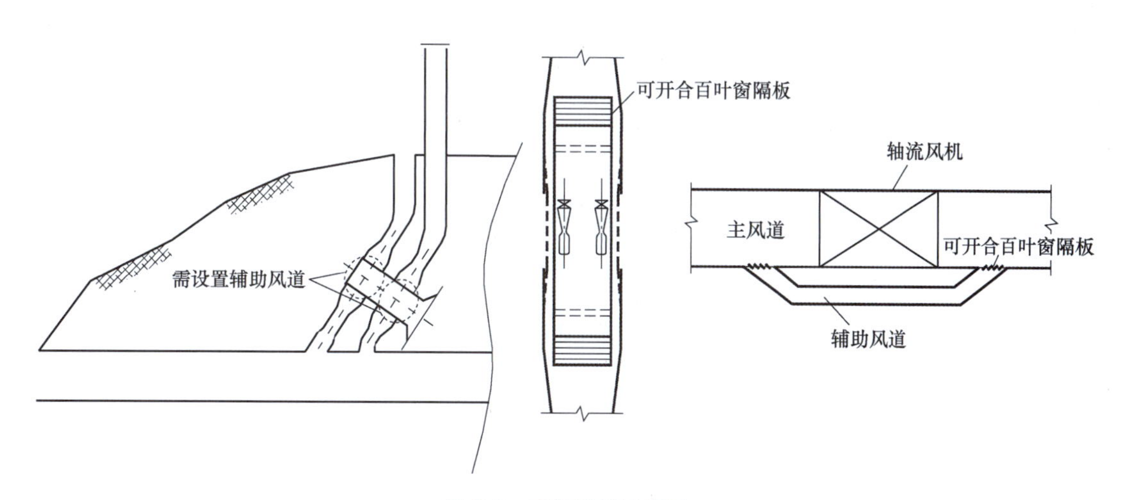

图 7-6　风道设置示意图

根据研究可知，风道内的自然风风速最大可达到 7m/s。根据主风道断面尺寸、主风道风速和风道内经济风速，可以利用式（7-1）计算得到辅助风道的经济断面。

$$A_0v_0 = A_1v_1 \tag{7-1}$$

式中 A_0——主风道断面面积（m^2）；

A_1——辅助风道的经济断面面积（m^2）；

v_0——主风道风速（m/s）；

v_1——风道内经济风速（m/s）。

设置辅助风道后，当依靠自然风就能达到通风效果时，即打开辅助风道，完全利用自然风进行通风；当自然风不能满足条件时，关闭辅助风道，打开风机进行机械通风。通风形式如图 7-7 所示。

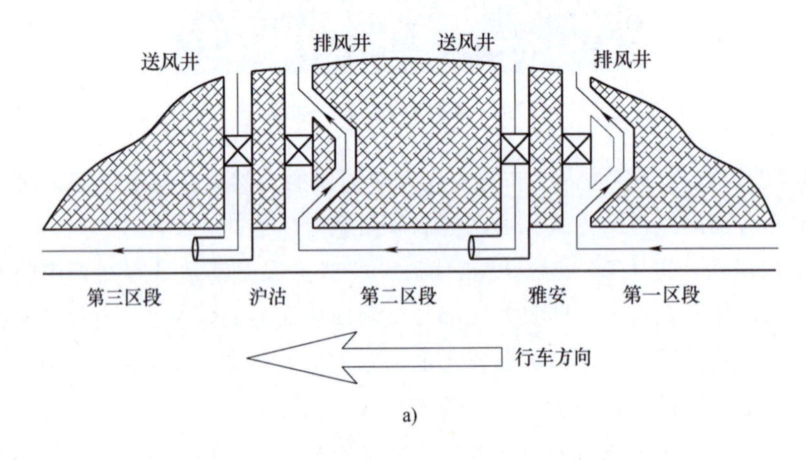

a)

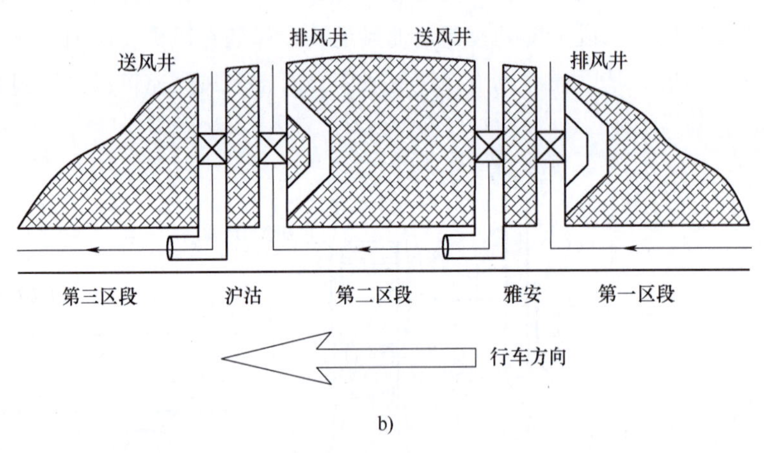

b)

图 7-7 通风形式

a）完全利用自然风情况 b）机械通风情况

（3）地面风机房 地面风机房较多设置在隧道洞口附近和竖井地表换风塔口附近。在进风口（出风口）处自然风被风机阻隔，在不开启风机的情况下，自然风不能进入竖井内。因此也需要设置辅助风道和风门，以保证在不开启风机的情况下，自然风可以进入隧道内，如图 7-8 所示。

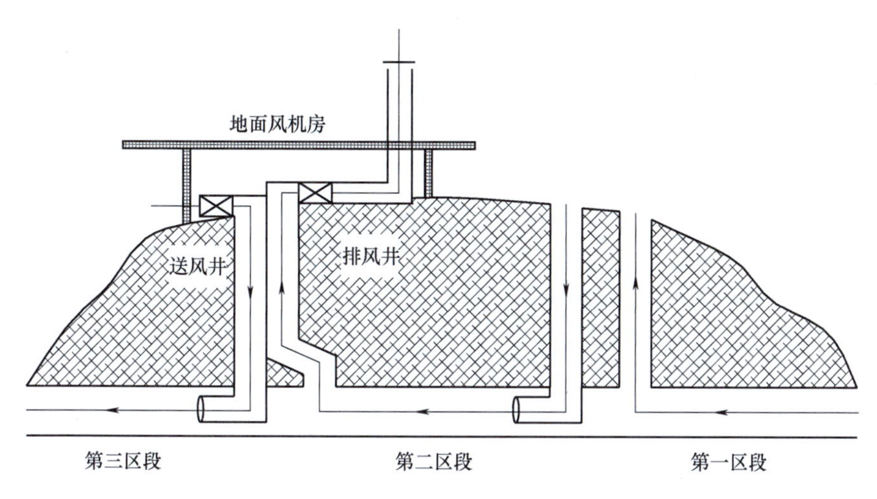

图 7-8　地面风机房机械通风情况

对于泥巴山隧道，通过设置气象站环境监测和计算，可知竖井内风速均小于设计风速。因此可以不设置辅助风道，依靠开启轴流风机即可利用自然风。

（4）控制时段划分　对于自然风的利用，可以分时段控制，也可以实时控制。

1）分时段控制。根据计算得到的自然风的规律，将全年划分成不同的控制时段，每个控制时段按该时段内的最不利工况进行控制。时段划分得越细，控制越精确，也越节能，但与此同时需要设备频繁开启关闭，对设备的影响也越大。

2）实时控制。根据隧道内实际自然风风速情况，对通风设备实时控制。按照该时刻实际的自然风风速，进行节能通风控制。实时控制与分时段控制相比，更加节能，更能符合实际，但对设备要求也更高。实时控制需要安置风速传感器，并通过风速传感器测得的风速值对通风设备进行控制。通风设备需要具有不同工况下快速转换的功能。

对于泥巴山隧道，可按照月份来控制。由于一天昼夜温差大，因此控制时段按照昼夜划分。根据自然风风速随时间的变化图，由设计风速、风速等于零两条线对时间进行分割，根据分割情况进行时段统计，根据统计结果制定出控制时段为白天（7:00~19:00）和夜间（19:00~7:00）。一月份左线自然风设计风速分布概率及风机控制如图 7-9 所示。图 7-9 中直线为自然风设计风速，曲线为自然风实时风速。

7.1.4　泥巴山隧道自然风利用的节能效益

自然风风速取值的不同对风机功率的影响很大，这主要是由于自然风阻力和自然风风速是二次方的关系，自然风风速每增大 1 倍，自然风阻力就变成原来的 4 倍，而随着自然风阻力的增大，克服自然风阻力所需的通风功率也增大。

以左线第一区段为例分别计算不同时期的自然风风速与射流风机功率的关系，具体如图 7-10 所示。左线第一区段区间长度为 2520m，隧道断面面积为 64.11m^2，断面当量直径为 8.2m。

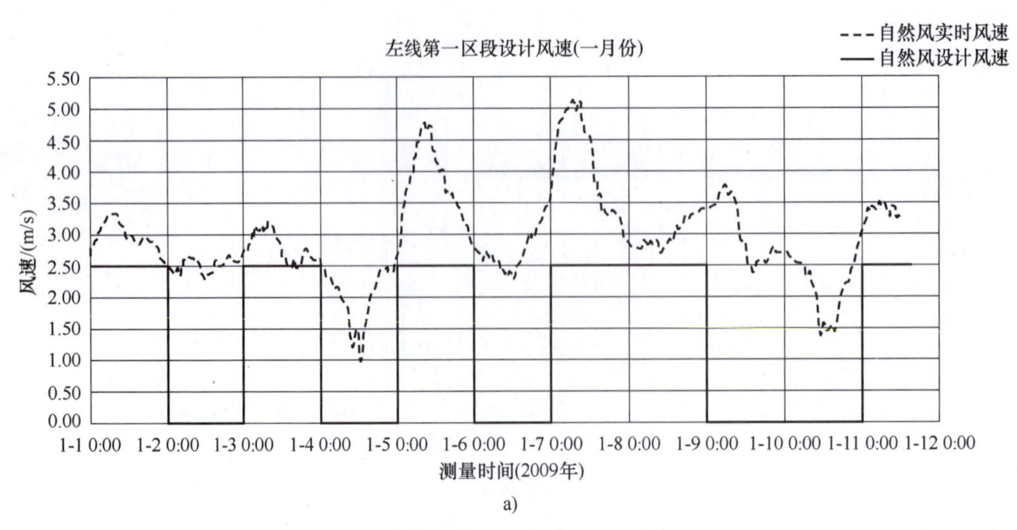

a)

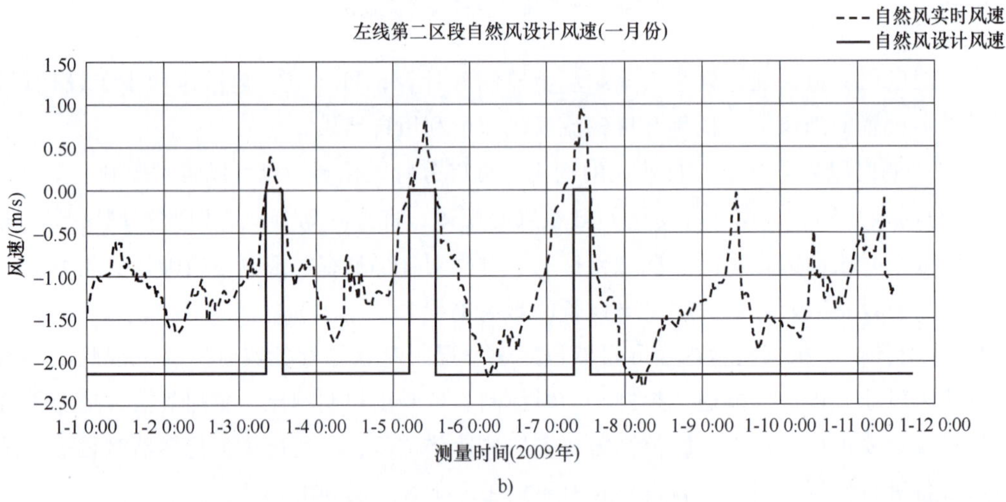

b)

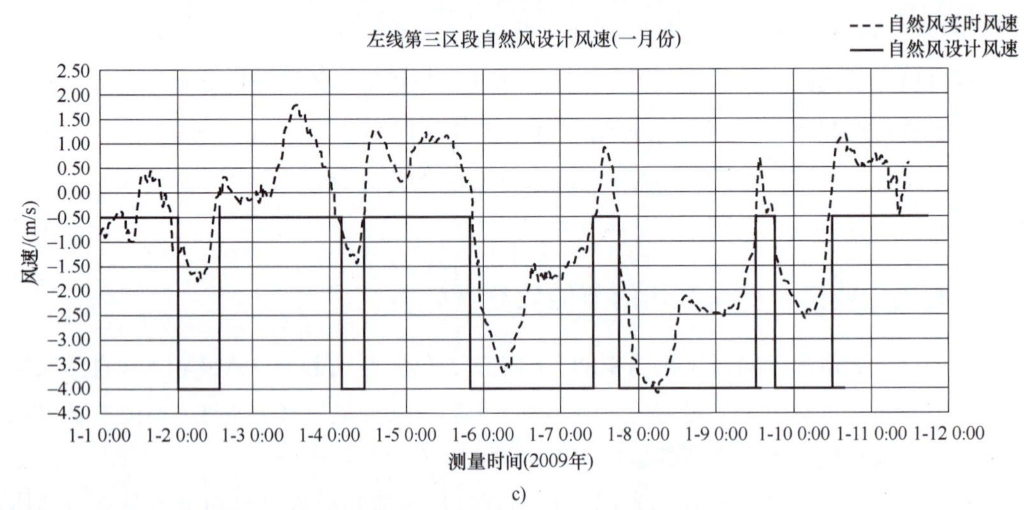

c)

图 7-9　一月份左线风机控制示意图

a）第一区段设计风速　b）第二区段设计风速　c）第三区段设计风速

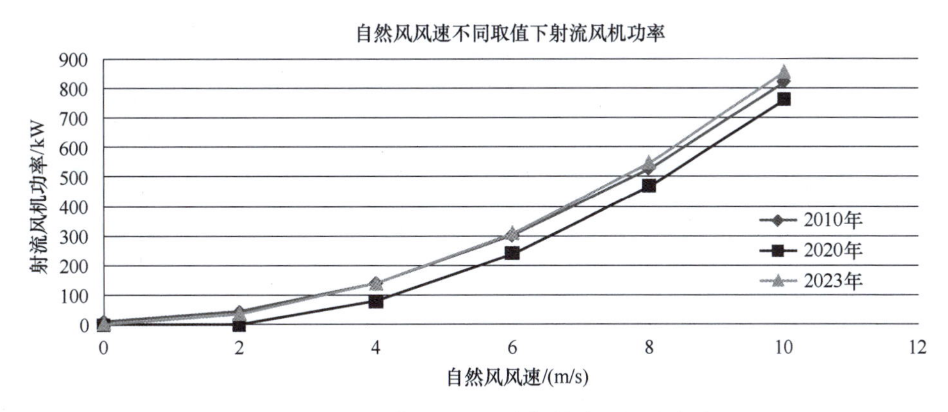

图 7-10　泥巴山隧道自然风风速与射流风机功率关系图

由图 7-10 可见，自然风风速对通风功率的影响很大，通常克服自然风所用功率占总功率的 20%～50%。规范中通常把自然风作为阻力考虑，而现实中由于自然风风速大小及方向的变化，有时为阻力，有时为动力。因此，将自然风分为有利和不利两种情况，适时地将自然风作为动力来利用，是具有很大的经济意义的。

对全年 24 个时段所需的风机功率及其节能效益进行计算与统计，如果电费按 1.5 元/度计（1 度＝1kW・h），计算原有通风一年耗电 21037140 元，按照时段控制优化后一年耗电 18231741 元，节省电费 280.54 万元，全年可节能 13.3%；按照实时精确控制后一年耗电 10624355 元，节省电费 1041.28 万元，全年可节能 49.5%。

通过计算可知，虽然按照保证率风速总装机数量大于规范取值 2～3m/s 计算出的风机数量，但采取通风优化设计后实际开启风机数量比传统开启的风机数量要少，并且效果更佳。原因如下：

1）保证通风效果。自然风风速的计算在规范中一般取值为 2～3m/s，而在位于气象分隔带处的隧道自然风风速常常会达到 4～7m/s，因此按照保证率风速更能符合实际，从而保证通风效果。

2）节能经济。采取通风节能设计，单洞隧道依据自然风风速的大小和风向，选取不同的通风模式，从而可以不同程度地利用自然风，和以往单纯地将自然风作为阻力更加节能经济。

3）合理通风工况。传统的通风设计，双线隧道均取最不利工况。采取通风节能设计后，当自然风风向不频繁变化时，一条线为不利工况，另一条线即为有利工况。

综上，采取自然风节能设计，会使得通风更有效、更节能。

7.2　地下工程通风机组优化配置技术

对于长大隧道，往往采用斜（竖）井进行分段通风，斜（竖）井内安装轴流风机，隧道内安装射流风机，整个隧道采用轴流风机加射流风机的组合通风方式。在正常通风模式下，斜（竖）井轴流风机起主要作用，配置的功率较大，射流风机起辅助调压作用，安装功率较小，射流风机台数也较少；在火灾通风模式下，为了有效控制烟流方向和速度，往往不得不在隧道内布置较多的射流风机。因此，为了获得既满足正常通风模式要求，又满足火灾通风模式要求，而且还要使整个隧道总风机装机容量最小，有必要对隧道的风机优化配置技术进行研究。

7.2.1 轴流风机效率提高方法

1. 轴流风机安装高度对效率的影响

本节给出了单台轴流风机在隧道中的不同安装高度对风机效率的影响。单台轴流风机的模型图如图 7-11 所示。

图 7-11 单台轴流风机的模型图

通过数值模拟计算，分别得到轴流风机在安装高度为 1.1m、1.2m、1.4m、1.6m、2m、2.8m 和风机的流量为 $106m^3/s$ 时风机进出口的风压，并根据理论全压结果，得到风机效率曲线图，如图 7-12 所示。

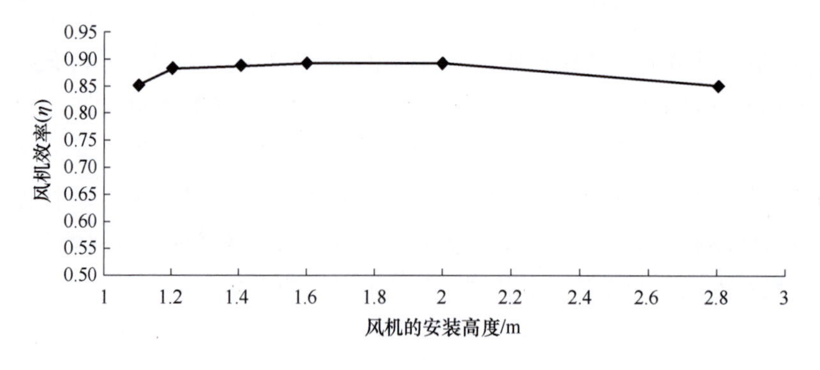

图 7-12 不同安装高度的风机效率曲线图

由图 7-12 可见，随着轴流风机安装高度的增加，风机的效率也是增加的；当安装高度为 2.8m 时，风机的效率有所减小，这是由于风机的上缘逐渐靠近隧道拱顶造成的。当风机的安装高度在 1.4~2m 时，其效率变化幅度不大。

2. 并联风机横向间距对效率的影响

本节给出了地下风机房并联风机组的不同横向间距对风机效率的影响。并联风机组的横向间距为 4m 时模型图如图 7-13 所示，横向间距为风机轴心之间的间距。

图 7-13　并联风机组的模型图（横向间距 4m）

通过数值模拟计算，分别得到两台 160kW 并联轴流风机在横向间距为 2.5m、3.0m、4.0m、5.0m、6.0m、8.0m 和 10m 工况下风机进出口压力，并由理论全压结果得到风机的效率曲线，如图 7-14 所示。

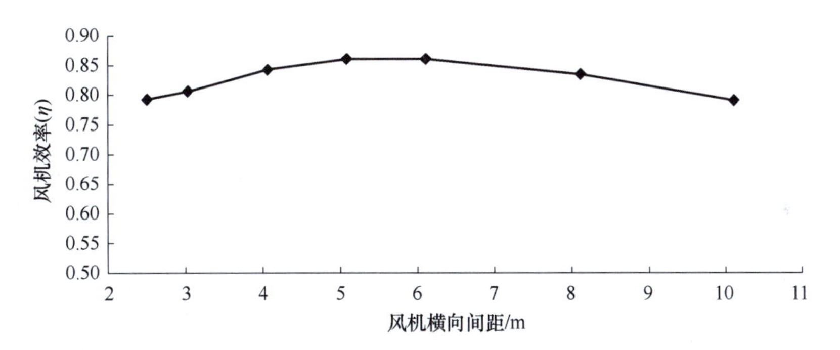

图 7-14　不同横向间距的风机效率曲线图

由图 7-14 可见，随着轴流风机横向间距的增大，风机的效率也是增加的。当并联风机组的横向间距小于 4m 时，随着间距的减小，风机的效率是逐渐减小的，这是由于在未设隔墙的情况下，风机运行时其出口气流会相互影响，从而降低了风机的效率。随着风机靠近隧道壁面，风机效率也下降较大。当并联风机组横向间距在 4~8m 之间变化时，风机的效率变化不是很大。

3. 轴流风机并联台数对效率的影响

通过对两台功率相同的并联风机和两台功率不同的并联风机分别进行数值模拟，得到在开启一台风机以及开启两台风机时，在不同风量下风机的实际全压，从而分析在不同工况下的并联风机组的相互影响。

（1）相同功率的风机　通过数值模拟计算，得到在开启一台风机和开启两台风机时，不同风机出口流量下轴流风机的效率，见表 7-5。

表 7-5　不同风机出口流量下轴流风机的效率

风机的流量/(m^3/s)		98.8	106.4	114.0	121.6	129.2
一台风机	η	0.918	0.920	0.926	0.929	0.932
两台风机		0.877	0.880	0.882	0.886	0.887

从表 7-5 可知，相同型号的轴流风机并联时，一台轴流风机运行时与两台轴流风机并联运行时，随着风机流量的增大，风机的效率变化不是很大。在相同的流量下，开启一台风机运行时的效率比开启两台时要大，这说明两台风机并联时，风机之间的运行是相互影响的，不过影响不是很大。

（2）不同功率的风机　这里主要研究不同功率大小的轴流风机在并联运行时的风机效率。测点布置在小功率轴流风机的进口、出口附近，测点布置示意图如图 7-15 所示。

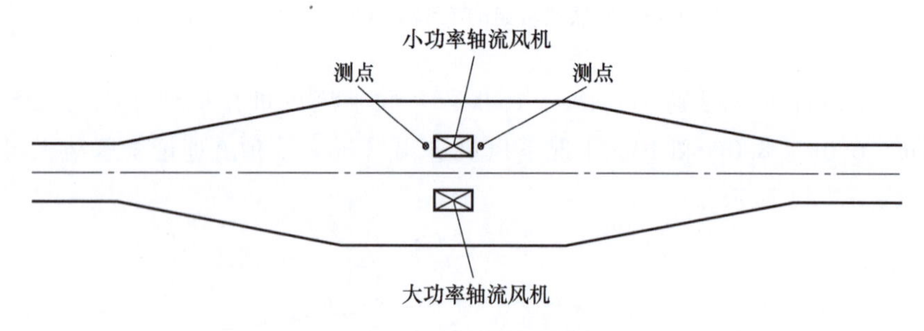

图 7-15　测点布置示意图

通过数值模拟计算，得到两台不同功率的轴流风机在并联运行时的风机全压，并由此得到并联风机组在不同功率差值比下的小功率轴流风机的效率，见表 7-6。风机效率曲线图如图 7-16 所示。

表 7-6　不同功率差值比下的风机效率

功率差值比（%）	0	20	32	33	45	47	63	73	75
风机效率（η）	0.886	0.827	0.772	0.774	0.722	0.712	0.573	0.464	0.455

注：功率差值比为（大功率风机的功率-小功率风机的功率）/大功率风机的功率。

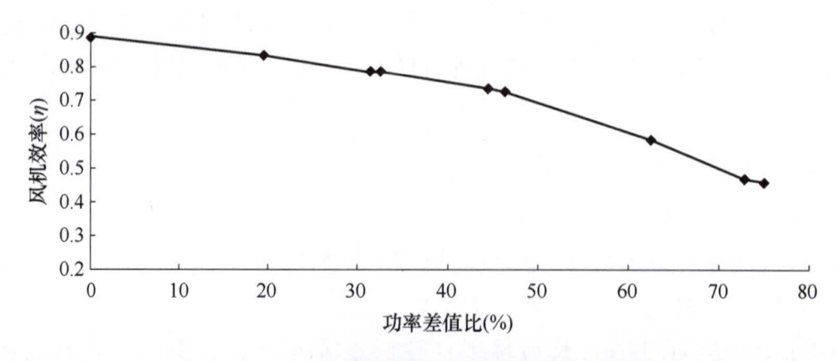

图 7-16　不同功率差值比下的风机效率曲线图

由图 7-16 可见，随着功率差值比的增大，风机效率下降得较大。当两台并联轴流风机的差值比大于一定值时，将导致小功率风机不能正常运行，这在风机的选型中应给予重视。

4. 自然风对并联风机效率的影响

轴流风机并联运行时，斜（竖）井内的自然风大小会影响到其运行效率。本部分针对隔墙为 30m，且风机布置在隔墙中间的情况下，分别对开启不同台数、不同自然风风速情况下的风机效率进行研究。

（1）开启一台风机　先仅开启中间的轴流风机，其余两台不工作。考虑自然风的作用，将自然风风速分别取值为 -6m/s、-4m/s、-2m/s、0m/s、2m/s、4m/s、6m/s 这七种情况（自然风方向与轴流风机气流方向一致时，自然风为正；与轴流风机气流方向相反时，自然风为负）。没有自然风的情况下地下风机房水平面速度标量图和风机出口附近的局部速度矢量图如图 7-17 所示。

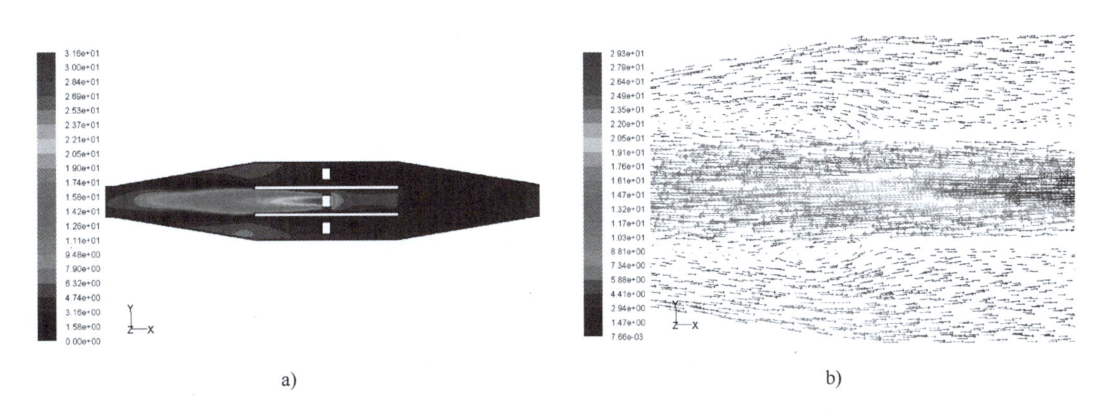

图 7-17　地下风机房水平面速度标量图和局部速度矢量图（开启一台风机）

a）水平面速度标量图　b）风机出口附近局部速度矢量图

开启一台时，未开启的两台风机风道内出现了较为强烈的回流现象，该现象降低了轴流风机的送风量或排风量，而且使两台未运行的风机产生了反转现象，对风机正常运行是非常不利的。地下风机房水平面压力分布图如图 7-18 所示。

由图 7-18 可见，在风机出口端压力逐渐增加，在渐缩段内压力达到最大；而在风机入口端渐扩段压力较小，在风机入口附近压力达到最小。因此，在未开启风机的风道内形成了明显压差，导致了回流现象的发生。

（2）开启两台风机　先仅关闭一台靠近地下风机房壁面的轴流风机，其余两台以原始的状态工作。此处也考虑自然风的作用，并且自然风风速取值同样分别为 -6m/s、-4m/s、-2m/s、0m/s、2m/s、4m/s、6m/s 这七种情况。

没有自然风的情况下地下风机房水平面速度标量图和风机出口附近的局部速度矢量图如图 7-19 所示。

由图 7-19 可见，在风机的入口处和渐扩段附近出现了较为强烈的涡流现象。与开启一台风机时的情况相同，开启两台时在未开启的风机风道内出现了非常强烈的回流现象。

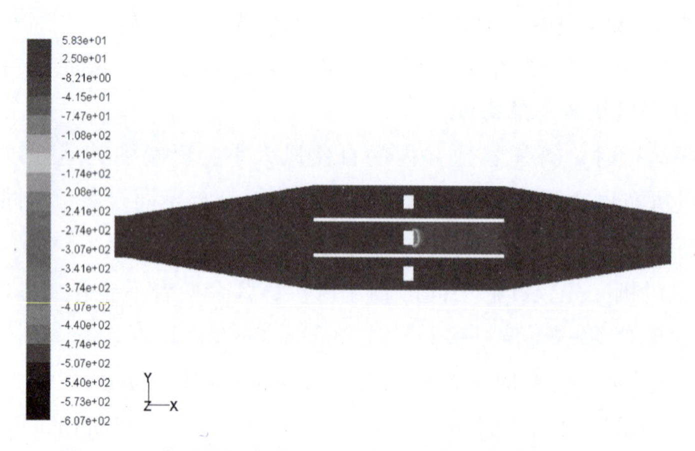

图 7-18　地下风机房水平面压力分布图（开启一台风机）

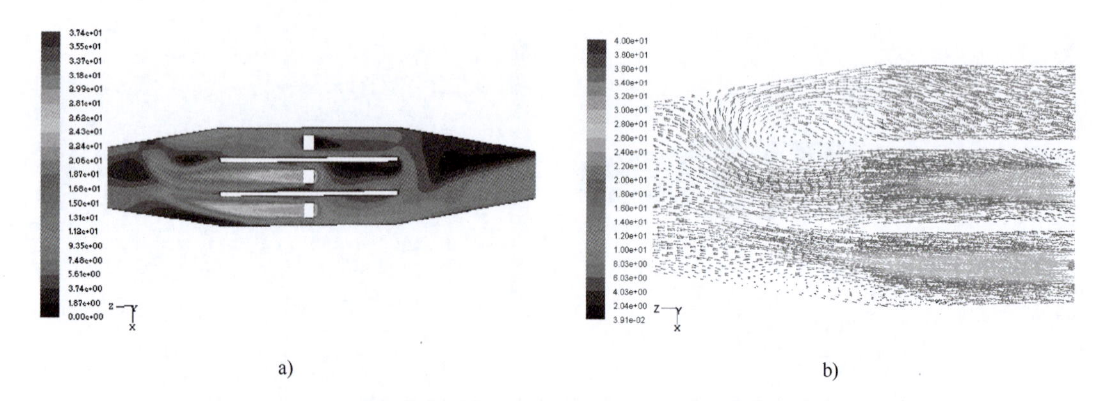

a)　　　　b)

图 7-19　地下风机房水平面速度标量图和局部速度矢量图（开启两台风机）

a）水平面速度标量图　b）风机出口附近局部速度矢量图

地下风机房水平面压力分布图如图 7-20 所示。

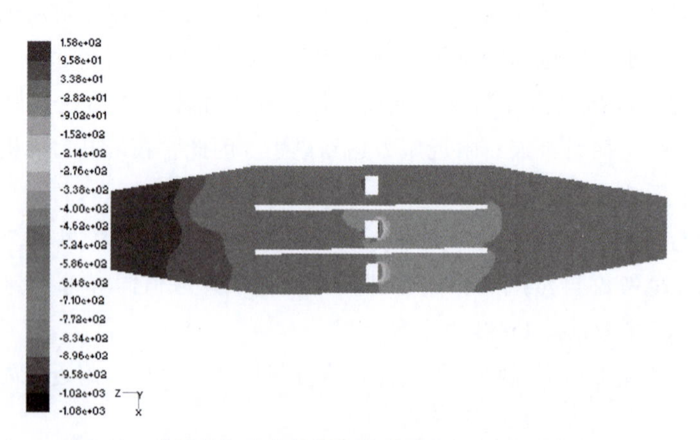

图 7-20　地下风机房水平面压力分布图（开启两台风机）

与一台风机运行工况下的压力分布规律基本一致，在风机出口端压力逐渐增加，在渐缩段内压力达到最大；而在风机入口端的渐扩段压力较低，在风机入口附近压力达到最小。因此，在未开启风机的风道内形成了明显的压差，导致了回流现象的发生。

（3）开启三台风机　当三台轴流风机同时工作时，考虑自然风的作用，并且自然风风速取值同样分别为-6m/s、-4m/s、-2m/s、0m/s、2m/s、4m/s、6m/s 这七种情况。在没有自然风的情况下地下风机房水平面速度标量图和风机出口附近的局部速度矢量图如图 7-21 所示。

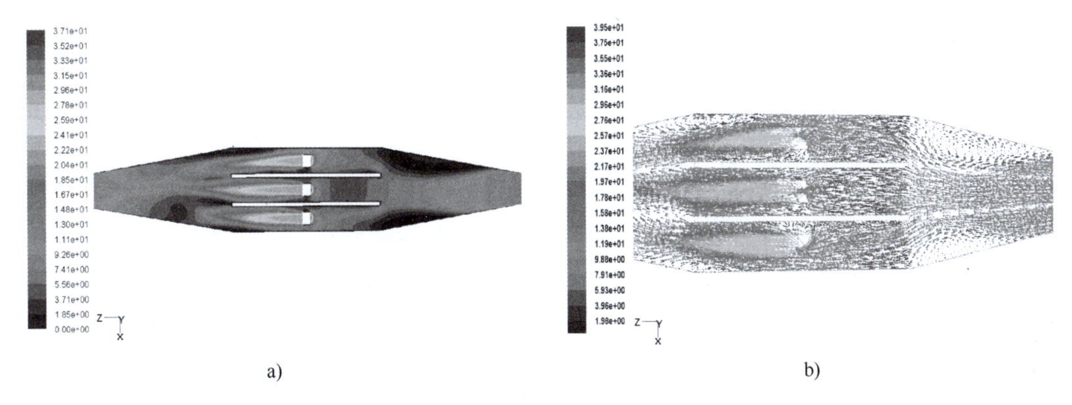

图 7-21　地下风机房水平面速度标量图和局部速度矢量图（开启三台风机）

a）水平面速度标量图　b）风机出口附近局部速度矢量图

由图 7-21 可见，风机的各气流发展比较充分。

地下风机房水平面压力分布图如图 7-22 所示。

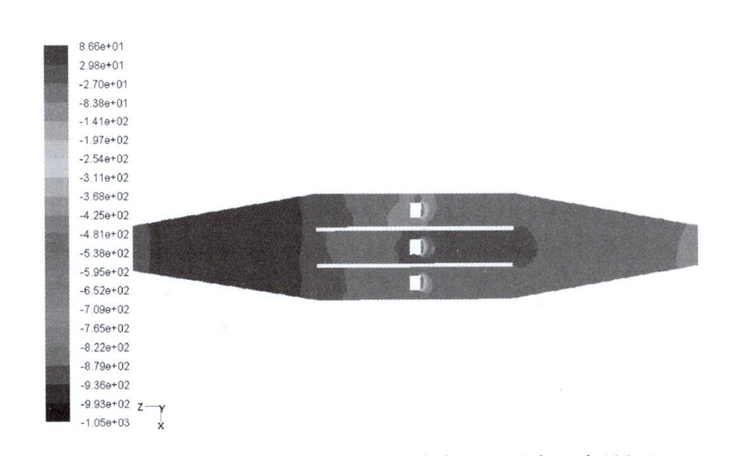

图 7-22　地下风机房水平面压力分布图（开启三台风机）

由图 7-22 可见，在风机出口前方处形成了较为均匀的压力分布，气流在进入渐缩段的入口附近达到最大值。与开启一台轴流风机和开启两台轴流风机相比，其压力分布比较均匀。

由以上的计算得到开启一台、两台及三台轴流风机时的风机效率曲线，如图 7-23 所示。

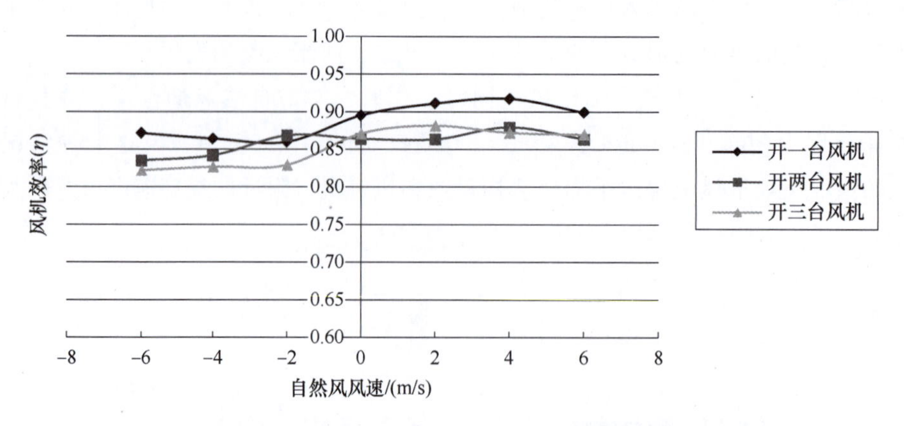

图 7-23　开启不同风机台数的风机效率曲线图

综上，并联轴流风机的台数影响其效率，随着并联轴流风机台数的增加，风机效率变低；在自然风与轴流风机气流方向一致时，轴流风机效率大于自然风与轴流风机气流反向时的效率。

7.2.2　斜（竖）井送排风对射流风机的影响

斜（竖）井送排轴流风机运行时，对主隧道提供一定的压力。因此，有必要对主隧道内射流风机的实际情况进行分析，并结合轴流风机的影响情况，对射流风机进行适当优化。

如图 7-24 所示，在送排风口附近布置两组四台射流风机，采用拱顶悬挂方式，其中送风口前最近的一组风机布置在距其 200m 处，排风口前最近的一组射流风机布置在距其 150m 处。

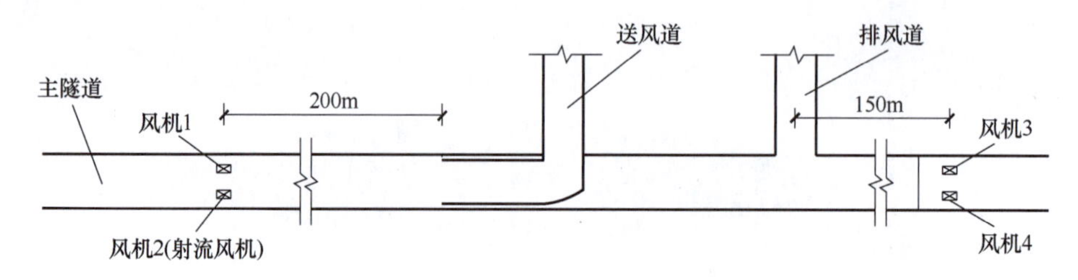

图 7-24　射流风机平面布置示意图

对送排风口附近建模并进行三维数值模拟计算，模型图如图 7-25 所示。

其中，送风道断面面积为 $14m^2$，送风道出口风速为 17m/s；排风道断面面积为 $60m^2$，排风道出口流量为 $285m^3/s$。

以下先分析送、排风道的送、排风口影响范围，在此基础上对射流风机的布置进行优化。

1. 送风口送风对主隧道的影响范围

为了考察送风口高速气流对隧道内气流的影响，在隧道不同高度处共设置三个检测点，如图 7-26 所示。

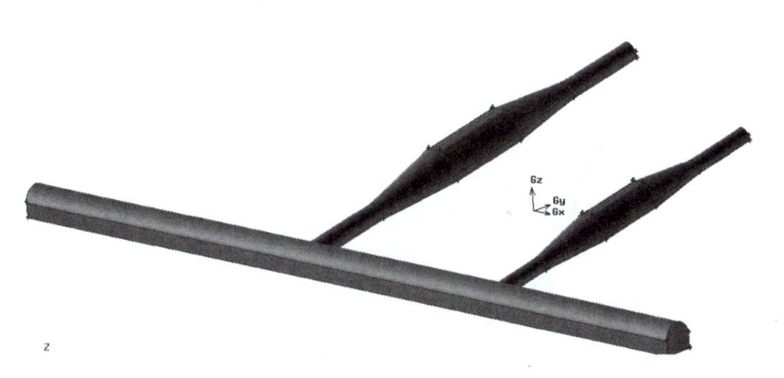

图 7-25　三维模型图

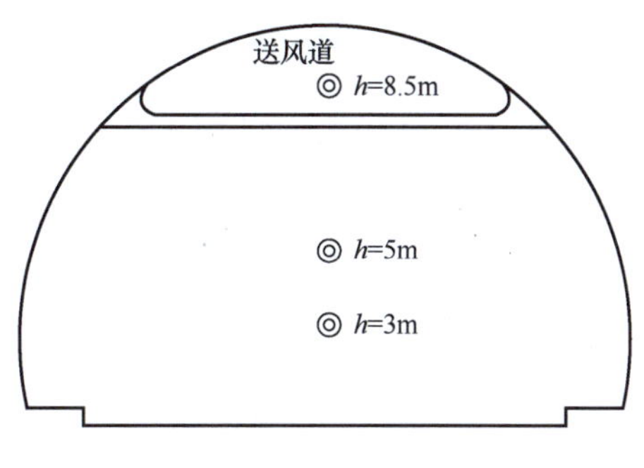

图 7-26　检测点位置

通过计算，在送风口的出口流量为 $285m^3/s$ 的情况下，隧道上部 8.5m 处的静压和动压沿纵向分布如图 7-27、图 7-28 所示。

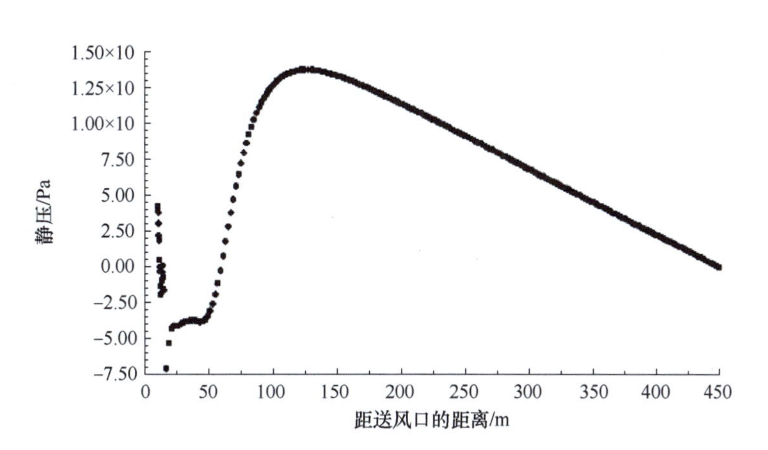

图 7-27　隧道静压分布图

由图 7-27、图 7-28 可见，在距风道出口 75m 后，动压变化逐渐变缓；与此同时，静压变化较大，在距离送风口 125m 处，静压达到最大值，随后由于沿程阻力的影响，静压逐渐降低直到隧道出口。

隧道中部 5m、3m 处的静压沿纵向分布如图 7-29 所示。

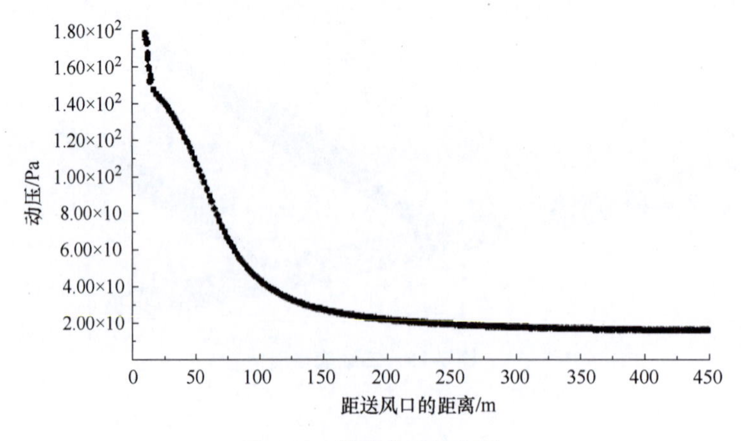

图 7-28　隧道动压分布图

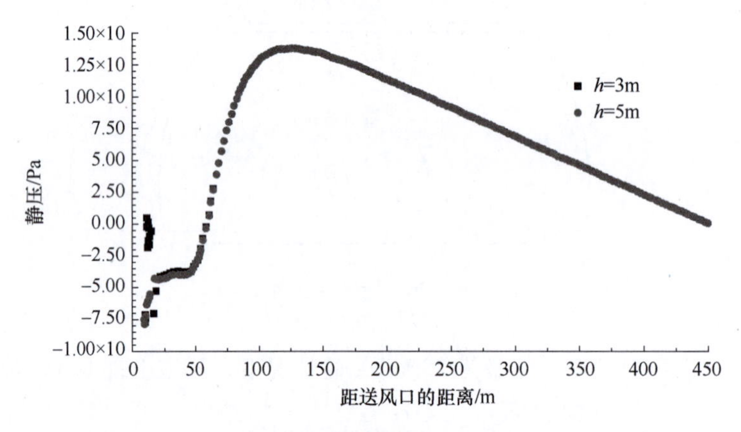

图 7-29　隧道内静压分布图 1

由图 7-29 可见，隧道内的静压同样在距离送风口 125m 左右处达到最大值，随后由于沿程阻力的影响逐渐降低直到隧道出口。送风风道完全发挥升压效果的纵向间距为 125m，所以对于隧道内安装的射流风机与送风道的纵向间距应大于 125m。

隧道内气流的湍流强度分布图和水平面速度标量图分别如图 7-30、图 7-31 所示。

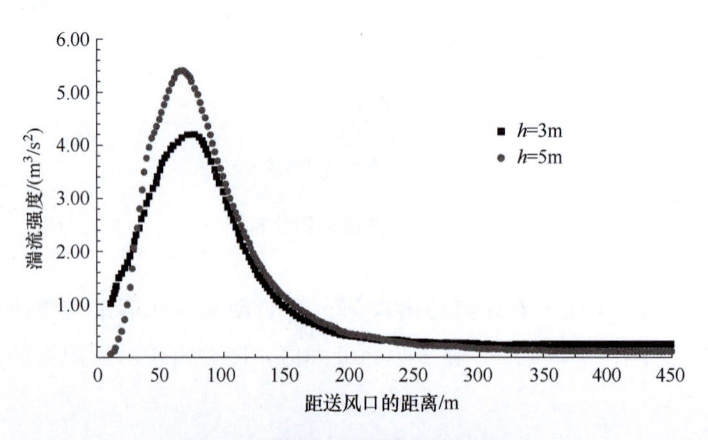

图 7-30　隧道内湍流强度分布图

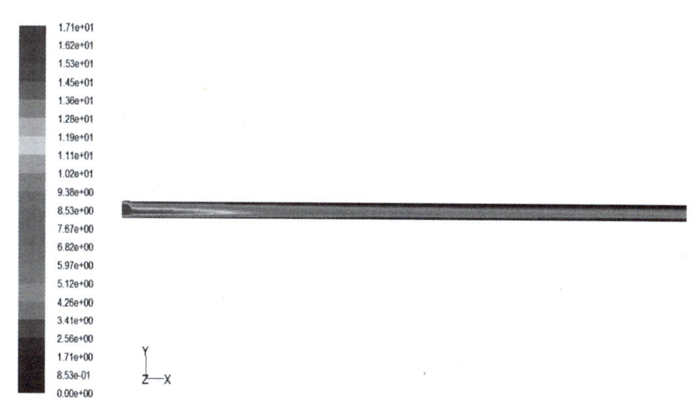

图 7-31 水平面速度标量图

从图 7-30 可见，从隧道送风口至前方 200m 的范围内，具有较大的湍流强度，因此从隧道内的湍流强度来看，送风道的影响范围为 200m。

综上，隧道送风口的影响范围为 200m，为避免送风口对射流风机的影响，应将隧道射流风机布置在离送风口 200m 以外的位置。

2. 排风口排风对主隧道的影响范围

为了考虑排风口排风对主隧道内纵向气流的影响，在主隧道断面上共设置三个检测点，均在主隧道断面的中线上，高度分别为 $h=5\text{m}$、$h=3\text{m}$ 及 $h=2\text{m}$。在排风量为 $285\text{m}^3/\text{s}$ 的情况下，计算得到的隧道内静压及风速分布如图 7-32、图 7-33 所示。

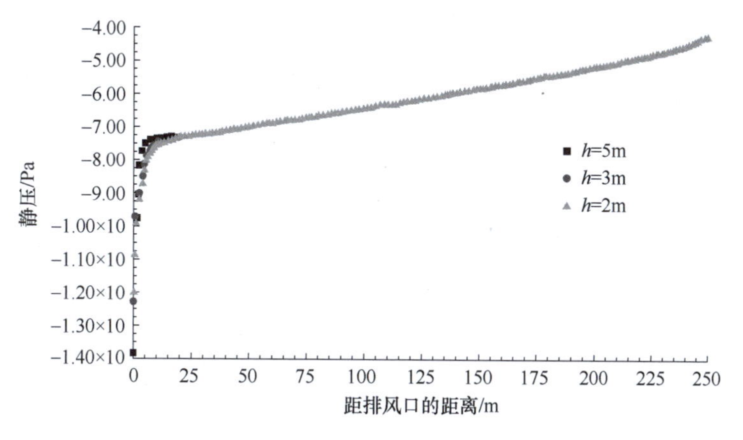

图 7-32 隧道内静压分布图 2

由图 7-32 和图 7-33 可见，在距离排风口 20m 以内，其静压的增加幅度较大，这是由于受到排风道的影响；随着远离排风道的入口，静压逐渐增大，随后由于沿程阻力的影响，静压逐渐增大直到隧道出口。在距离排风口 20m 以内，风速降低幅度较大。在距离排风口 20m 以后，隧道内的风速变化逐渐变缓。

综上，排风道的影响范围应在 20m 范围以内，因此在隧道内布置射流风机时，应将射流风机布置在离排风道 20m 以外的位置。

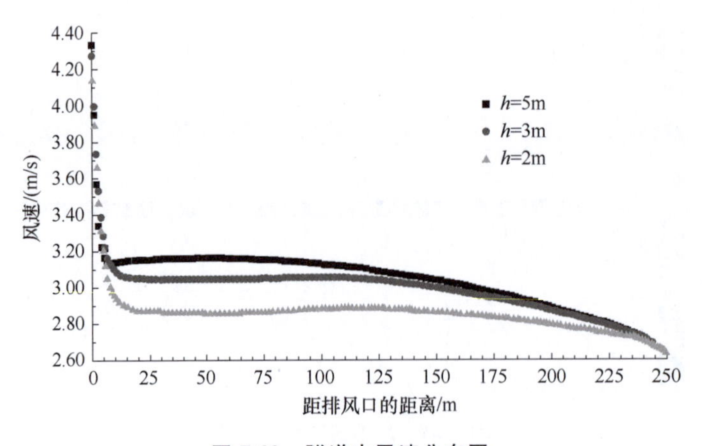

图 7-33　隧道内风速分布图

7.3　照明节能技术在隧道运营期的应用

7.3.1　隧道照明灯具的种类及性能

对隧道照明灯具的性能要求是高效节能。目前应用于公路隧道的灯具主要有白炽灯、紧凑型荧光灯、高压汞灯、低压钠灯和高压钠灯等，常用照明光源性能见表 7-7。

表 7-7　常用照明光源性能

光源种类	白炽灯	紧凑型荧光灯	高压钠灯	低压钠灯	金属卤化物灯	LED	荧光灯
额定功率/W	10~150	5~55	35~1000	18~180	35~3500	1	85~150
光效/(lm/W)	15	60	120	150	70	10	80
平均寿命/h	1000~2000	6000	18000~28000	5000	8000	100000	60000
显色指数	95~99	>80	25~85	—	60~90	75	80
色温/K	2400~2900	2500~6500	1900~2800	—	3000~6500	4500	3800
启动稳定时间	瞬时	快速	4~5min	—	4~10min	快速	瞬时
再启时间	瞬时	快速	3min	—	10~15min	快速	瞬时
闪烁	不明显	高频不明显	明显	—	明显	明显	不明显
耐振性能	较差	较好	较好	—	好	好	好

低压钠灯虽然光效高于其他光源，但是它的显色性差，使用寿命短；高压钠灯显色性好、寿命长、光效高，是隧道照明绿色产品。高压钠灯特性稳定，光通量维持率高，透雾性强，在隧道照明特别是高山区等城市外的隧道中大量使用。但高压钠灯输出光通量会随电压

波动变化最大，由于高速公路隧道所在地段偏远，电网经常不稳定，造成线路的电压波动大大超过国际标准，许多地区的波动甚至超过额定电压的±(4%~15%)，特别是在后半夜，由于用电负荷减少使得电网电压有时接近 245V，致使隧道内高压钠灯的实际使用寿命大幅下降。LED 照明灯具具有寿命长、启动快、显色性好、定向光、高节能性等优点。隧道照明的光源，除了应满足在隧道特定环境下的光效、光通量、显色性、寿命、工作特性和控制配光的难易程度等主要要求外，还要综合考虑隧道的节能、环保，并且在隧道内汽车排烟形成的烟雾中仍能保证有良好的能见度，以保障车辆通行安全。在隧道内采用高压钠灯与 LED 照明灯具组合式的照明方法，既能有效保障隧道运营安全，又能较好地实现节能。

7.3.2　新型照明节能灯具

国内隧道灯具多采用白炽灯、紧凑型荧光灯、高压钠灯、低压钠灯等，大多存在光带窄、配光质量不够、能耗高、质量稳定性差、寿命短、档次不高等问题。因此，在公路隧道中采用新型照明灯具对环保节能和保证隧道经济、安全运行有着十分重要的意义。

1）电磁感应无极灯（简称无极灯）。无极灯是近几年国内外电光源界着力研发的高新技术产品，它综合了功率电子学、等离子学、磁性材料学等领域最新科技成果，通过以高频感应磁场的方式将能量耦合到灯泡内，使灯泡的气体雪崩电离形成等离子体。从理论上说，它与传统光源最大的不同之处在于无电极、寿命长、光衰低、高效节能。用电磁感应无极灯代替传统的高压钠灯照明，在保证隧道内照明效果的前提下，可大幅度减少照明耗电量，而且无极灯是超长寿命光源，可大幅度减少灯具的更换和维修次数、降低管理费和维修人工费等，降低照明运行成本，具体如图 7-34 所示。

2）白光 LED 光源。白光 LED 光源是 21 世纪引人瞩目的绿色光源，是一种功耗低、寿命长（正常发光 $6\times10^4\sim10^5$h）、抗振动、无辐射的节能环保型光源。自 1998 年以来，全球半导体与照明领域掀起一股白光 LED“热潮”，使白光 LED 技术不断创新、飞速发展，LED 的发光强度和稳定性大幅度提高，具体如图 7-35 所示。

图 7-34　电磁感应无极灯

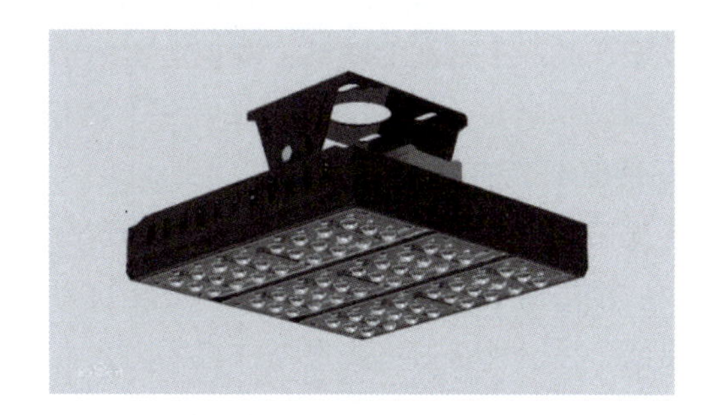

图 7-35　隧道白光 LED 灯

7.3.3　隧道照明灯具的布置

在隧道照明系统中，通过研究照明灯具的光源特性，以及空间环境对光线亮度的影响，在灯光亮度满足需求的前提下对灯具进行优化布置，经实验研究其节能效果也是非常显著的。

在整个隧道照明的设计规划中，都应该考虑节能问题，如入口段照明通常由基本照明和加强照明两部分组成，前者的灯具布置同中间段照明相类似，后者的加强照明采用功率较大的灯具，将洞外投射进来的日光作为入口段加强照明的补充，同时省去离洞口 10m 以内的加强照明灯具，以实现节能和合理利用自然光的目的。在单向交通隧道中，出口段照明的设计，其长度可与入口段有所不同，据相关资料证实，出口段长度取 60 m 比较合适，可省去几十米入口段高密度布置的灯具，由中间段布置比较稀疏的灯具取代；出口段亮度也可有别于入口段，其亮度取中间段亮度的 5 倍即可。在长隧道中，由于有充分的适应（过渡）时间，所以中间段亮度可适当降低。以往的灯具照明系统，由于灯具的布置密度比较大，使得灯光的照射区域相互叠加，在一定程度上造成了浪费。在满足照明强度要求的前提下，使灯具的布置密度最小，减少灯具数量，以达到节能的效果，也是隧道照明系统实现节能的一个方面。

7.3.4 隧道照明节能控制技术

在现有照明系统上加装节能控制设备，这种方案较为经济和实用。目前国内销售的照明节能设备很多，其中照明控制调控装置所占比例最大。

1. 晶闸管斩波型照明节能装置

利用晶闸管斩波原理，通过控制晶闸管的导通角，将电网输入的正弦波电压斩掉一部分，从而降低输出电压的平均值，达到控压节电的目的。其优点是对照明系统的电压调节速度快、精度高，可分时段实时调整，有稳压作用，因为主要是电子元件，相对来说体积小、设备轻、成本低。

2. 自耦降压式调控节能装置

通过一个自耦变压器机芯，根据输入电压高低情况，接连不同的固定变压器抽头，将电网电压降低至 5V、10V、15V、20V 等几个档，从而达到降压节电的目的。其优点是克服了晶闸管斩波型产品产生谐波的缺陷，实现电压的正弦波输出，结构和功能都很简单，可靠性也比较高。

3. 太阳能照明节能装置

目前，太阳能产品在国内的应用越来越广泛，其优点是可循环利用、无污染、无噪声、建设周期短、维护简单、寿命长等。太阳能转换为电能有两种基本途径：一种是把太阳辐射能转换为热能；另一种是通过光电器件将太阳光直接转换为电能。从隧道照明角度看，一般采用“太阳光发电”，即通过转换装置把太阳光转换成电能利用。因为光电转换装置通常利用半导体器件的光伏效应原理进行转换，所以又称为太阳能光伏技术。

4. 智能照明调控节能装置

采用 RISC（精简指令集计算机）的高速微处理器对各种信号进行自适应运算，动态调整电压、电流，进而形成对电能质量的有效控制和补偿。根据照明调控系统的反馈电压和电流动态调整输出，达到启动、软过渡、稳压、节能的目的。其优点是优化电力质量、有效保护电光源、延长使用寿命、智能照明调控、适应性好、可靠性高、配置灵活等。

7.3.5　基于智能控制的隧道照明节能研究

智能控制技术在隧道节能中的应用，主要体现在智能控制算法、智能通信方式等方面。

1. 隧道照明节能的智能控制算法

随着自动控制技术的快速发展及推广，国内外在隧道照明控制方面的研究也随之发展。传统的隧道照明大部分是手动控制，少量的半自动控制，而在日后大量的隧道照明控制研究中，许多研究者提出了智能化控制方案。例如，对隧道采用三级控制策略，并且测量隧道照度及车流信息，通过自适应调整方法来达到闭环控制效果。隧道照明智能控制系统，不仅需要采集隧道周围环境信息，而且需要与智能算法相结合。一种结合方式是通过灰色神经网络算法对隧道所需要的照明亮度进行预测，利用预测数据对隧道灯光配置进行调整，从而实现按需照明的节能效果；另一种结合方式是基于优化模糊神经网络的隧道照明节能系统，该控制算法在承秦高速公路秦皇岛段槐尖山隧道中应用，其节能效果达到 40%左右。PID 控制算法在隧道照明节能中也有广泛的应用，如以 PID 闭环反馈控制算法作为隧道照明控制策略，该控制系统通过该算法调节隧道内路面的实际亮度与所需的照明亮度保持一致，从而使得隧道处于最佳照明状态。或者应用模糊 PID 控制算法对隧道照明进行控制，该方法在陕西两条高速公路隧道进行试用，其节能分别为 34%与 45.8%。除此之外，PWM 调光技术、神经网络算法与多层阶梯式无极调光策略相结合等技术均在实际工程运用中取得了良好的节能效果。

2. 隧道照明节能的智能通信方式

在隧道建设中，隧道通信方式的选择不仅对隧道的建设成本具有一定的影响，同时还将影响隧道的智能化程度。由于不同的通信方式，其信息传输的有效性、快速性、稳定性等方面都不一样，因此，通信方式在隧道智能控制研究中显得尤为重要。目前国内外的隧道照明通信网络主要有简洁的 Lon Works 总线、传统的 RS485 总线、高效的 CAN 总线及无线或者物联网等。电力线不仅可以为照明系统提供电源，同时也可作为通信网络的传输介质，如此，照明控制系统就不需额外敷设通信线，从而减少了隧道照明系统建设成本。例如，利用 RS485 总线作为 LED 隧道照明控制系统的通信网络，将中央控制器、区域控制器及各种探测传感器连接，从而使得隧道系统能够快速传递信息。对于 RS485 而言，其通信网络支持最多的节点数是 32 个、最大通信距离为 1219m，但在长隧道（或特长隧道）中的应用存在严重的局限性。CAN 总线具有传输距离远、通信速度快及网络节点数多等特点，采用 CAN 总线对传统隧道照明系统进行改造可提高照明节能效果。随着 CAN 总线的应用及开发，CAN 总线目前尚未形成统一的高层协议，而对于不同的高层协议，其通信能力（如传输速度、节点数、通信距离等）各不一样。因此，随着 CAN 总线的发展，CAN 高层协议是未来隧道通信协议研究的重点方向。

由于无线网络具有通信稳定、速度快且敷线少等优点，能满足中短隧道的通信需求。例如，采用 Zig Bee 无线网络对隧道照明系统进行组网，无线网络不仅可以降低隧道建设成本，对其后续的维护还更加便捷。

7.4 发光节能涂料在隧道照明中的应用

7.4.1 隧道用发光节能涂料的技术指标

发光节能涂料的部分技术指标见表 7-8。

表 7-8 发光节能涂料的部分技术指标

序号	检验项目	标准要求	序号	检验项目		标准要求
1	容器中的状态	无硬块、搅拌后呈均匀状态	11	耐人工老化	老化时间	840h
2	施工性	涂刷 2 道无障碍			粉化	≤1 级
3	低温稳定性	3 次循环不变质			变色	≤2 级
4	干燥时间	表干≤2h			外观变化	无起泡、剥落、裂纹
5	涂膜外观	正常	12	耐燃烧时间		≥10min
6	耐水性	96h 无异常	13	火焰传播比值		≤75
7	耐碱性	48h 无异常	14	阻火性	阻火性损失	≤15.0g
8	涂层耐温变形	5 次循环无异常			碳比面积	≤75cm^2
9	耐洗刷性	>5000 次	15	材料反射率		≥0.85
10	耐污染性	<15%	16	亮度降至 0.005cd/m^2		≥2h

7.4.2 发光节能涂料在公路隧道增光照明中的应用

多功能蓄能发光材料为改性稀土铝酸盐，其吸收不可见光后转化成可见光，辅助隧道照明可增光增亮、节约能耗；同时，其转换的可见光光谱在 480~580nm 范围，能弥补人造光源的光谱不连续性，提升隧道内的视觉环境效果、增加视距；除此之外，其蓄能后延时发光，可提高隧道发生火灾等突发事故时的引导逃生效率。

多功能蓄能发光材料为漫反射材料，不会因镜面反射而产生眩光源，反射率≥0.8，壁面亮度与地面亮度比为 1.3~1.4。壁面材料反射率增大，会增加背景、路面与物体的亮度反差，有利于提高驾驶人的视觉功效、增加驾驶人的视反应能力。铺设多功能蓄能发光材料的隧道如图 7-36 所示。

图 7-36 铺设多功能蓄能发光材料的隧道

采用不同色温的 LED 灯具照明会给隧道内驾驶人的视觉带来不同感受。色温接近 2500K 时隧道内的光环境昏暗，色温接近 6500K 时隧道内的光环境则给人高冷的感觉，色温为 3500~5500K 时人眼感官最为舒适。

在多功能蓄能发光材料辅助 2500K、3500K、4500K、5500K 和 6500K 共五种色温 LED 光源照明的隧道光环境中，LED 光源色温为 3500K 时蓄能发光材料蓄能后的增光效果最佳，此时光源功率较多地分布在波长 480~580nm 区间且显色指数最高，隧道内小物体的可视距离最大；但相比同一亮度其他色温 LED 光源作用时小物体可视距离的提升幅度不大，最大增幅约为 8%。

涂料与 LED 灯具组合照明时，在保证隧道路面相同照度的情况下可节约 LED 灯的照明功率 20%~25%。发光节能涂料辅助照明的光色柔和，有利于驾驶人兴奋提神，且穿透烟雾能力较强，如图 7-37~图 7-39 所示。

图 7-37　应用发光节能涂料的隧道（白天）

图 7-38　未应用发光节能涂料的隧道（白天）

图 7-39　应用发光节能涂料的隧道（晚上）

7.4.3　内装材料与高压钠灯组合照明优化技术

1. 内壁采用深色防火涂料

在隧道两侧墙面 3m 高度范围内分别设置瓷砖、发光节能涂料后，与未设置内装材料时

(即内壁采用深色防火涂料)的情况相比，路面照明质量对比如图 7-40～图 7-42 所示。

由图 7-40 可得，计算平均照度为 143lx，实际能效值为 4.36W/(m^2·100lx)，最小照度与平均照度比值为 0.575。根据沥青路面亮度与照度的换算取值 16.5lx/(cd·m^2)，路面的平均亮度换算值为 8.7cd/m^2，满足规范中规定设计车速 60km/h、双向交通量>2400h^{-1}或单向交通量>1600h^{-1}时中间段平均路面亮度>2.5cd/m^2 的要求。

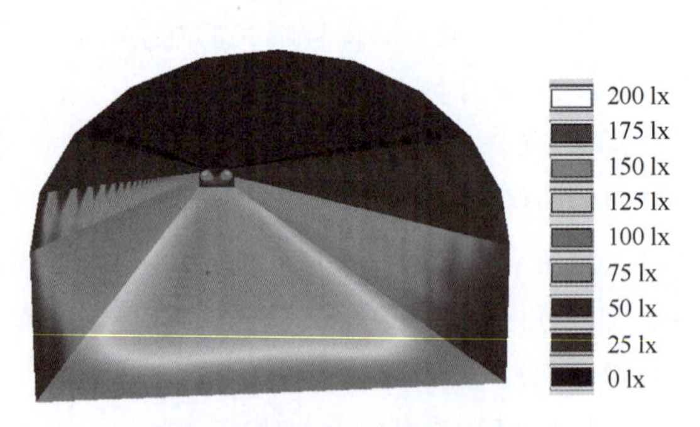

图 7-40　高压钠灯光源下内壁采用深色防火涂料时的路面照度

2. 内壁采用 58%反射率瓷砖

在相同光通量条件下，当对隧道内表面两侧 3m 高度范围内设置具有 58%反射率的瓷砖时，如图 7-41 所示，路面平均照度、照度均匀性与照明效率有明显提高，平均照度为 154lx，实际能效值为 4.05W/(m^2·100lx)，最小照度与平均照度比值为 0.639，换算成亮度值，则平均亮度为 9.3cd/m^2，如果在设置该瓷砖的情况下还是以路面亮度为 8.7cd/m^2 计，则节约光能量约为 6.9%。

3. 内壁采用 85%反射率发光节能涂料

在相同光通量条件下，当对隧道内表面两侧 3m 高度范围内涂设具有 85%反射率的发光节能涂料时，如图 7-42 所示，路面平均照度与照明效率有明显提高，平均照度为 161lux，实际能效值为 3.86W/(m^2·100lx)，最小照度与平均照度比值为 0.651，换算成亮度值，则平均亮度为 9.8cd/m^2，如果在涂设该发光节能涂料情况下还是以路面亮度为 8.7cd/m^2 计，则可以节约光能量约为 12.6%；而与设置瓷砖情况比较即路面亮度为 9.3cd/m^2，则可以节约光能量约为 5.4%，达到了降低能耗的作用。

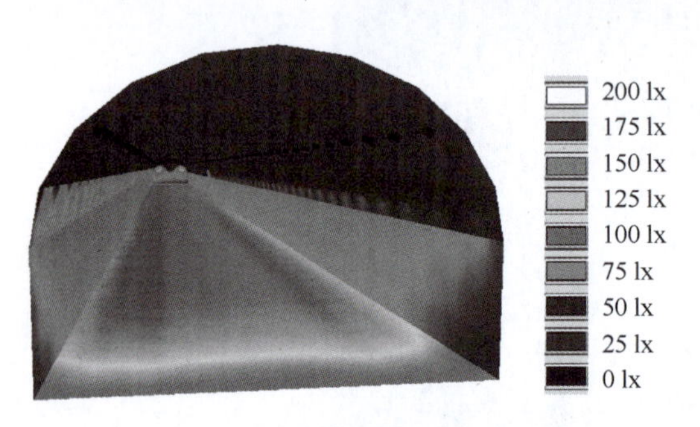

图 7-41　高压钠灯光源下内壁采用瓷砖时的路面照度

图 7-42　高压钠灯光源下内壁采用发光节能涂料时的路面照度

7.4.4　发光涂料最优涂设范围

在上节中已经模拟了发光节能涂料在隧道内表面两侧 3m 高墙壁上涂设时的效果。在此基础上将隧道顶部采用极坐标 10 等分，左右对称则有六种情况，见表 7-9。

表 7-9　发光节能涂料不同铺设范围时各项数据汇总

涂设范围/m	平均照度/lx	平均亮度/(cd/m²)	能效值	最小照度与平均照度比值	亮度提高率	铺设用料长度/m	单位长度效率比
不涂设	143	8.7	4.36	0.575	0	0	
3	161	9.8	3.86	0.651	12.64%	3	4.21%
4.54	168	10.2	3.7	0.661	17.24%	4.5	3.83%
5.71	174	10.5	3.57	0.665	20.69%	6	3.45%
6.5	181	11	3.44	0.67	26.44%	7.5	3.52%
7	189	11.5	3.29	0.664	32.18%	9	3.58%
墙壁全截面	200	12.1	3.11	0.665	39.08%	10.5	3.72%

通过表 7-9 计算汇总可知，在该隧道模型条件下，发光节能涂料在墙壁两侧 3m 高度范围内涂设时的性价比最高。

7.5　新能源技术在隧道运营期的节能应用

目前在公路交通行业运用的新能源技术主要是光伏应用技术、风电应用技术和风光互补应用技术。在太阳能与风能资源充足的地区，新能源技术的应用可以有效降低电能消耗。据我国气象局风能太阳能资源评估中心估算，我国太阳能资源十分丰富，总储量达 1.47×108 亿 kW·h/a，相当于 2.4 万亿 t 标准煤，太阳能丰富的区域主要集中在新疆、西藏、青海、宁夏、甘肃等西部省份。尤其是青藏高原平均海拔在 4000m 以上的地区，全年气候干旱，云量稀少，大气透明度好，其总辐射量［约 5850MJ/(m^2·a) 以上］和日照时数（约 3000h 以上）均为全国最高，属世界上太阳能资源丰富地区之一。另外，我国气象局在 20 世纪 90 年代，根据全国 900 多个气象台站的实测资料，作出了多年年平均风能密度分布图，首次完整细致地估算出我国各省及全国离地面 10m 高度层上的风能资源储量，给出我国陆地上 10m 高度风能资源总储量达 32.26 亿 kW，可开发量为 2.53 亿 kW。以上估算进一步证实我国东南沿海及附近岛屿、甘肃走廊、内蒙古、东北、西北、华北和青藏高原等部分地区风能开发利用价值很大。因此，在太阳能资源、风能资源丰富的区域，应该尽快完善太阳能应用技术、风能应用技术和风光互补应用技术的相关标准规范，提高太阳能和风能的转换效率，降低负载功耗，在保障公路隧道运营安全的前提下，扩大推广应用范围。

7.5.1　雷家坡 1#隧道太阳能棚热自然通风应用

雷家坡 1#隧道是咸旬高速公路的一部分，是陕西省规划建设的“2367”高速公路网中六条辐射线之一，隧道长 2100m，洞外自然能源丰富。雷家坡 1#隧道多种能量综合利用的自然通风系统主要利用太阳能、风能、地热能等其他能量实现隧道的通风换气，雷家坡 1#隧道通风系统洞外通风系统基础平面图如图 7-43 所示。

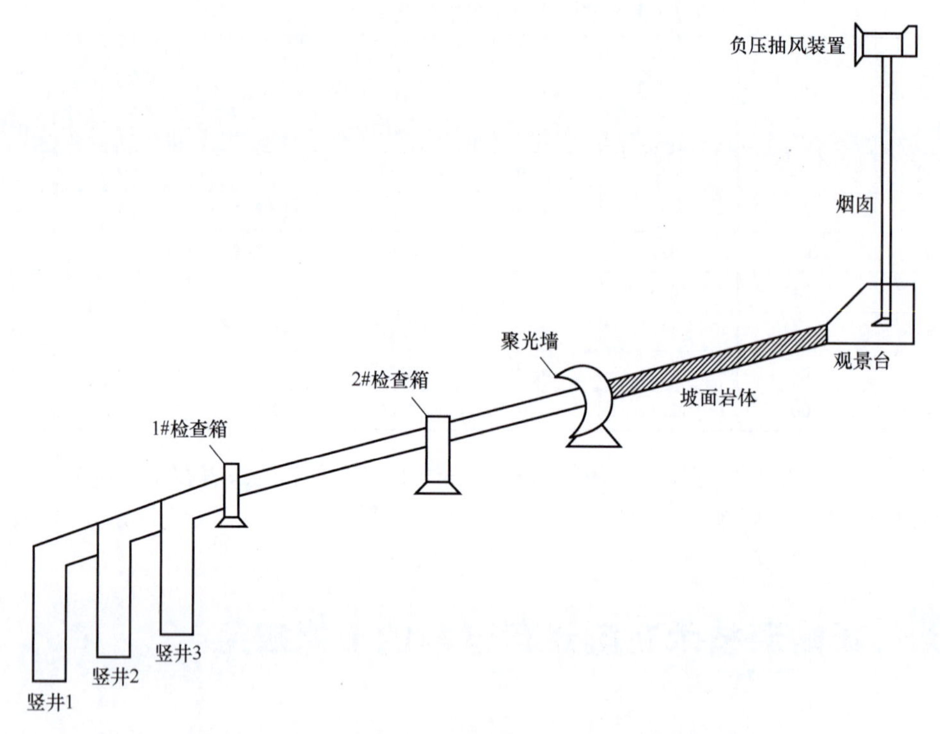

图 7-43　雷家坡 1#隧道通风系统洞外通风系统基础平面图

雷家坡 1#隧道多种能量综合利用的自然通风系统，通过设置 19 根长为 90m 的集热管，以及长为 10m、宽为 8m、厚为 30cm 的聚光墙利用“烟囱效应”的原理完成对太阳能的利用，该系统通过太阳辐射加热集热管内空气，将热能转化为动能，使集热管内空气产生浮升力，管道内的空气不断地从烟囱中排出，从而起到通风换气的作用。通过利用高度为 20m 的烟囱及负压抽风装置，根据流体的流动特性，当空气流过该装置时，会在烟囱出口位置形成风压负压，由于风压的压差作用，使烟囱内的气流更快地上升到烟囱顶部。在对其他能量的利用过程中，通过其他能量对热能的转换实现利用。

据统计，自 2014 年 12 月 3 日该隧道通车运营以来，该套通风系统使隧道在洞内不开启风机的情况下能够 24h 持续保持良好的通风状态，同时节约电费 260 多万元，有效减少了运营成本。

7.5.2　府村川隧道太阳能热水防冻系统

太阳能热水系统是利用一定规模的太阳能集热器组件，将太阳辐射能有效转化为热能并用于加热水的一种装置。太阳能热水系统是目前太阳能应用最为成熟、最具经济价值且技术最为可靠的一项应用产品。参考目前常用的太阳能热水系统，根据隧道消防防冻技术要求，用于隧道消防管道防冻的太阳能热水系统由太阳能集热装置、辅助加热装置、储热装置、管道循环装置、智能控制装置及附属装置六部分组成。太阳能热水防冻系统保温技术原理如图 7-44 所示。

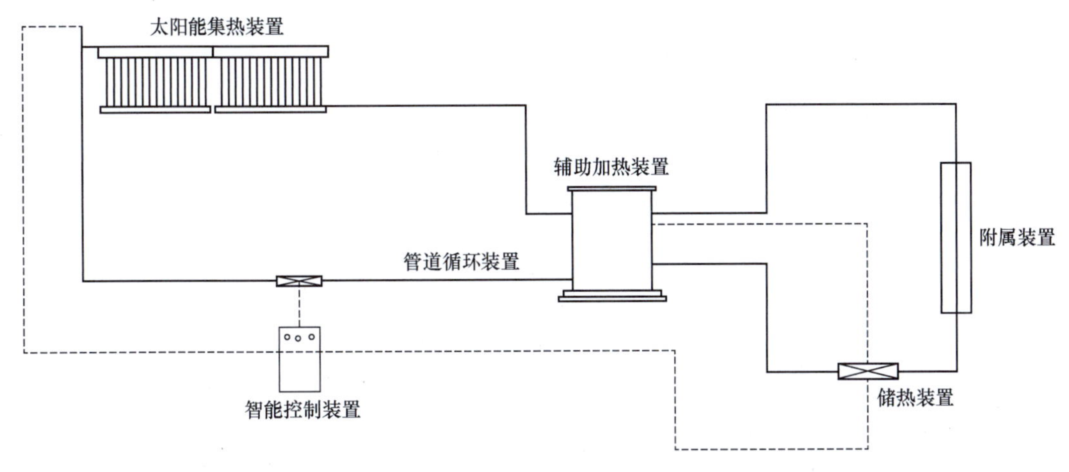

图 7-44　太阳能热水防冻系统保温技术原理

1）太阳能集热装置。太阳能集热装置主要由太阳能集热器组成，是把太阳辐射能转换为热能的主要组件。目前集热器的生产技术已较为成熟，产品工作性能及参数也较为稳定。目前可选用的太阳能集热器产品类型较多，在用于隧道消防防冻时，可根据实际情况进行选用，同时对产品参数进行严格把控。

2）辅助加热装置。辅助加热装置是指为保证太阳能系统在阴雨天或冬季光照强度弱等不利气候条件下能正常使用而设置的辅助热源，以弥补太阳能热源的不足，保证热水供应的稳定可靠。目前常用的辅助加热装置为电加热，可根据现场环境温度进行电加热装置设计。

3）储热装置。储热装置主要是指储热水箱，其作用是将通过集热器加热的热水进行储存备用。储热装置产品种类较多，技术成熟。储热装置的设计及使用需根据防冻要求进行。

4）管道循环装置。管道循环装置是用来连接整个太阳能热水防冻系统，使它们形成一个完整的加热循环系统。即借助循环泵将热水从集热器输送到保温水箱、将冷水从保温水箱输送到集热器的通道，使整套系统形成一个闭合的环路。设计合理、连接正确的循环管道系统对太阳能系统是否能达到最佳工作状态及设计年限至关重要。

5）智能控制装置。智能控制装置是整个系统自动化智能化运转的核心。通过智能控制装置能够保证整个系统正常工作并通过仪表显示各个组成部分的运行状态，主要包括储热水箱内的水位及温度状态、集热器内的水位及水温状态、循环泵状态及辅助加热装置的控制等。

6）附属装置。附属装置是指在太阳能热水防冻系统中为了保证其正常运行必需的辅助装置，其中太阳能热水防冻系统的附属装置主要包括消防装置和支撑装置。消防装置是为了保障太阳能设备运行过程和人员安全而设计的，一般包括灭火器、喷淋系统、感应器、警报系统等装置，可及时发现和扑灭火灾。特别是在易发生火灾的场所，如地下隧道等，必须加强防火措施，消防装置的作用尤其重要。支撑装置则主要为太阳能热水防冻系统的安装及支撑基础，包括混凝土基础和支撑钢架基础等，其作用在于确保集热系统的采光角度和牢固性，从而保证整个系统的正常运行。因此，在太阳能热水防冻系统中，附属装置的选择和安装非常重要，可以提高系统的安全性和可靠性，避免出现各种问题和事故。

据现场温度监测数据，太阳能热水防冻系统热水供应稳定可靠，其温度能够完全满足消防管道防冻设计要求。太阳能热水防冻系统的使用效果会受到外界环境的一定影响，在低温阶段（降雪、多云等不利气候条件）供水温度会有所波动，但整体运行转态良好，温度数据均处在设计范围内，太阳能热水防冻系统用于隧道消防防冻中具有一定的可行性。

7.5.3 太阳能组件在隧道诱导灯及广场照明中的节能应用

南小坪和武家庄隧道洞口诱导灯和主线治超站广场照明引入了太阳能工程。平阳高速公路南小坪隧道和武家庄隧道均为单洞单向三车道独立非光学长隧道。因未设洞外引导灯，夜间洞口线形轮廓不明显。为改善洞口夜间行车环境，在洞口设置太阳能 LED 诱导灯设施。主线治超站为晋冀省界治超站。由于治超广场开阔，所需照明范围广，且接收光照条件较好，因此在部分区域采用太阳能 LED 照明方案可行，有利于照明节能，可降低运营费用。

1）隧道外太阳能 LED 诱导灯系统。太阳能 LED 诱导灯为柱帽式灯，安装于南小坪隧道、武家庄隧道洞外道路两侧各 48m 范围内的波形护栏立柱或混凝土护栏上，每个 LED 诱导灯额定功率为 0.5W，安装间距为 4m，安装高度统一，作为道路行车边界的警示灯，能安全有效地为驾驶人指导行车方向，避免在隧道出入口发生交通事故。太阳能 LED 诱导灯系统主要包括 LED 柱帽式诱导灯、灯具底座、太阳能光伏组件、组件支架、立柱、控制器、免维护铅酸蓄电池、接线盒、电力电缆等，太阳能组件安装示意图如图 7-45 所示。

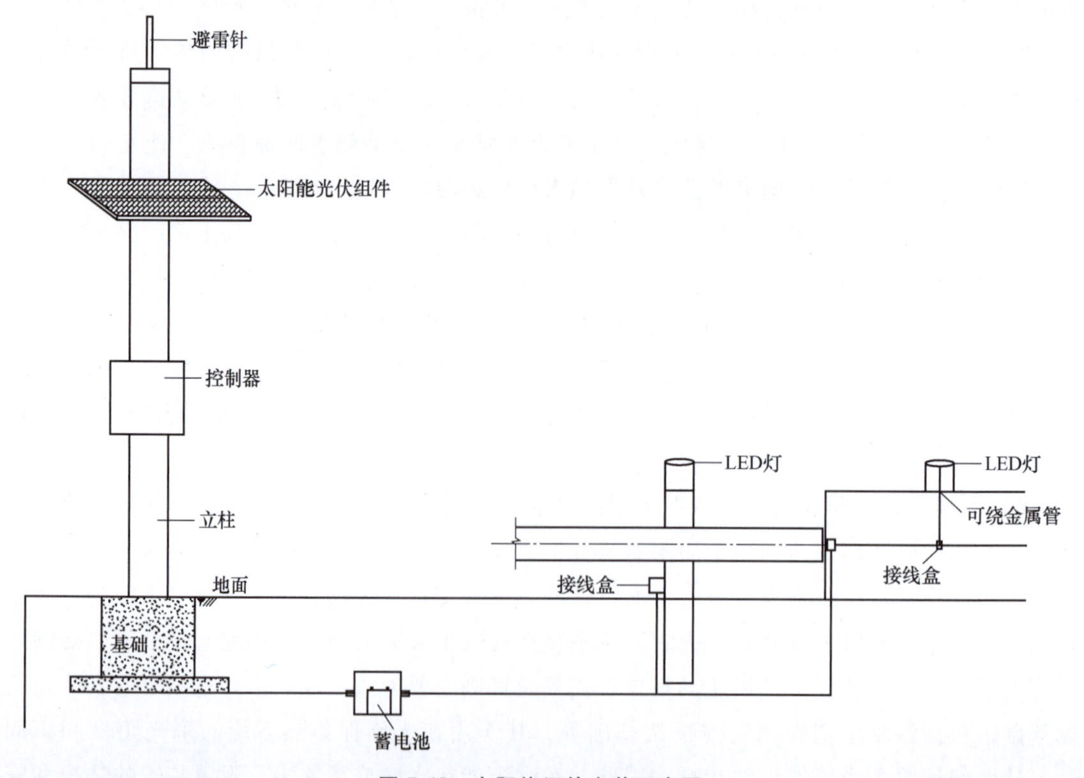

图 7-45 太阳能组件安装示意图

2）主线治超广场太阳能 LED 路灯。在主线治超站场区及进出口处路面均为沥青路面，需要照明道路宽度为 7~9m，根据灯具设置位置功能需求，设置太阳能 LED 路灯可按次干路照明标准选取，相应照明标准值见表 7-10。

表 7-10　太阳能 LED 灯照明标准值

道路类型	路面亮度			路面照度		眩光限制阈值增量 T_1 最大初始值（%）
	平均亮度 L_{av} 维持值/(cd/m^2)	总均匀度 U_0 最小值	纵向平均 U_1 最小值	平均照度 E_{av} 维持值/(lx)	均匀度 U_E 最小值	
次干路	0.75	0.4	0.5	10	0.35	10

7.5.4　十天高速朱家沟隧道太阳能供电工程

十天高速朱家沟隧道太阳能光伏发电采用切换型并网供电系统，即采用市电+太阳能光伏发电的供电方式，当白天日照充分时，光伏发电与公共市电网络分离，直接利用太阳能光伏供电系统供电；当日照不足、夜间及持续阴雨天气时，由电源切换器自动切换到公共市电电网向隧道内负载供电，该方案既能确保隧道用电可靠及持久性，又省去对蓄电池的需求，系统结构简单且降低工程造价。太阳能与市电复用电路框图如图 7-46 所示。

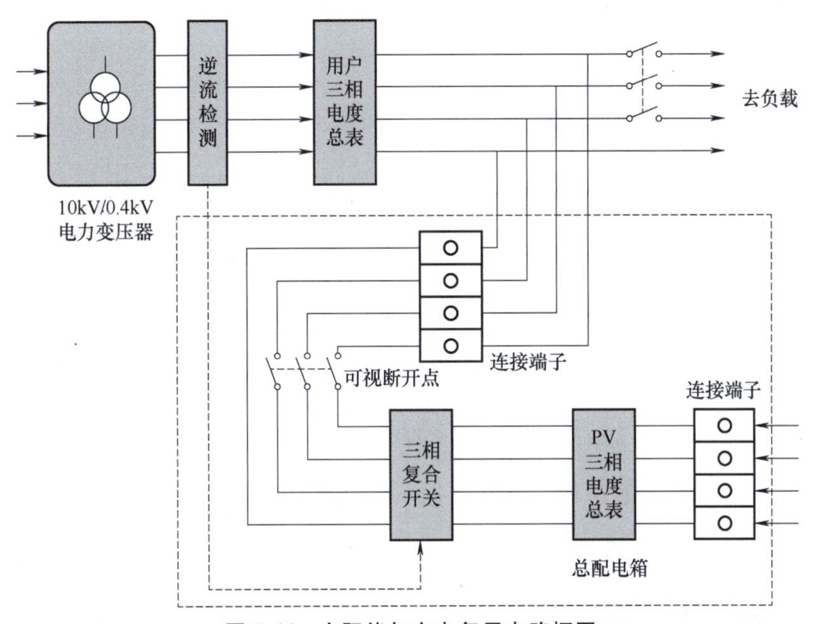

图 7-46　太阳能与市电复用电路框图

当太阳能供电回路接通时，应进行逆流检测，以防止由于器件故障而使太阳能电能反向进入市电系统，如故障产生，则由逆流检测器控制三相复合开关直接切断太阳能电供给。

并网光伏供电系统由太阳能电池组件（方阵）、防雷系统、带 MPPT 的并网逆变器、双电源切换器及负载等组成，系统框图如 7-47 所示。

十天高速公路朱家沟隧道已于 2010 年年底建成通车，太阳能光伏供电系统也已同期建成并投入使用，整个系统投运至今运行正常，2011 年实际总用电量为 145890kW · h，太阳能发电量为 42308kW · h，占总用电量 29%。初步达到了预期目标。

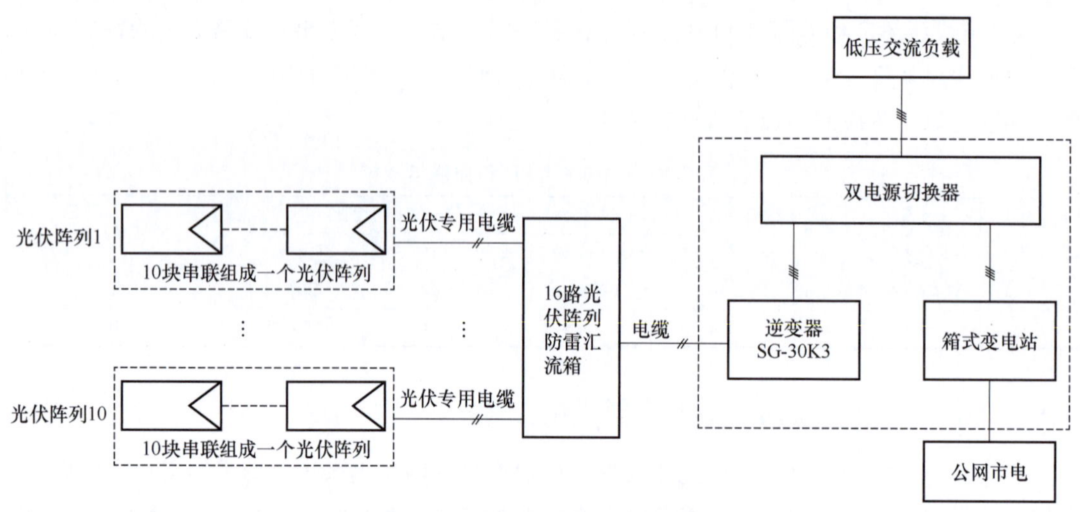

图 7-47　并网光伏供电系统框图

7.6　新材料在隧道运营期的节能应用

7.6.1　高反射率隧道侧壁内装材料的照明节能

在隧道拱壁上使用反射系数更高的内装材料替代隧道壁装饰的传统材料，使隧道拱墙在隧道光源和车灯的照射下具有一定的亮度，在降低照明功率的情况下，拱墙轮廓清晰可见，同时在不影响驾驶人视觉的情况下使驾驶人对小目标的识别能力得到提高，从而可使隧道照明设计标准适当降低，进而节能降耗。

在隧道两侧墙面 3m 高度范围内设置高反射率（反射率 50%）的内装材料后，与未设置内装材料时即内壁采用深色防火涂料的情况相比，如图 7-48、图 7-49 所示，在相同光通量条件下，路面平均照度和照度均匀性明显提高，平均照度为 53lx，换算成亮度值，则平均亮度为 3.21cd/m^2，如果在设置该内装材料情况下以路面亮度为 2.78cd/m^2 计，则可以节约约为 13.2%的光能量，起到降低能耗的作用。

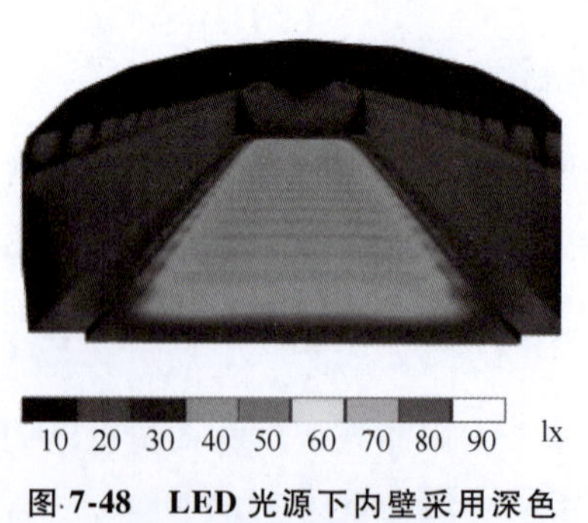

图 7-48　LED 光源下内壁采用深色防火涂料时的路面照度

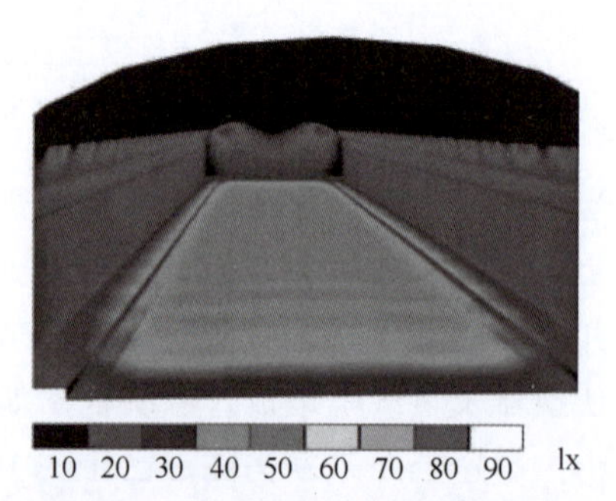

图 7-49　LED 光源下设置高反射率内装材料后的路面照度

当材料的反射率由 50%依次增加到 90%时，路面的平均照度、平均亮度关系如图 7-50、图 7-51 所示。

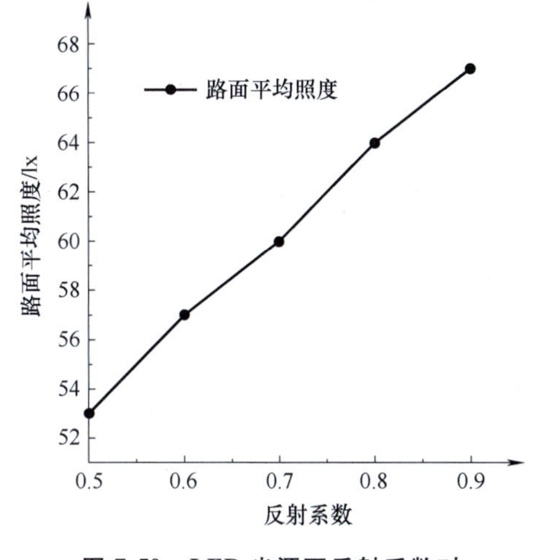

图 7-50　LED 光源下反射系数对路面平均照度的影响

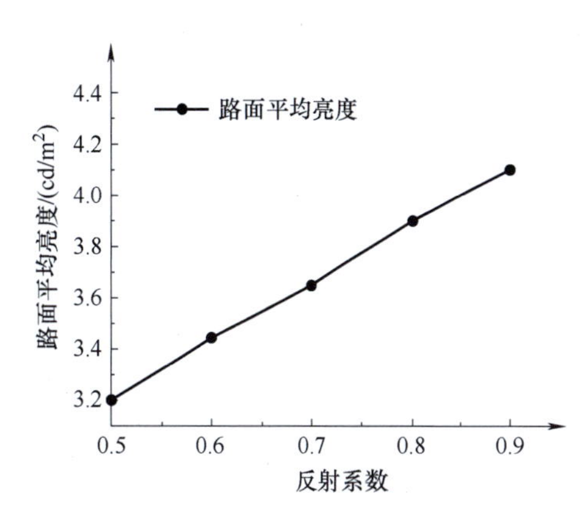

图 7-51　LED 光源下反射系数对路面平均亮度的影响

涂刷高反射率的内装材料后路面照度和亮度有明显提高，在保持原有照明设计标准的条件下，计算得到内装材料可节约的光能量如图 7-52 所示。可见，当内装材料反射率达到 90%时，相比原有的深色防火涂料可节约达 30%的光能量。

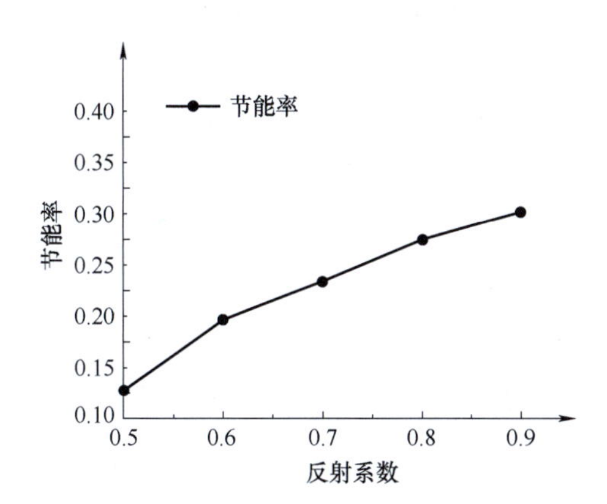

图 7-52　LED 光源下反射系数与节能率的关系

7.6.2　节能型隧道铺装材料的应用

路面作为行车过程中障碍物的主要背景，会对行车人员的视觉感知和危情预判产生重要影响，路面亮度越大，行车人员视觉灵敏度越高，所感知障碍物立体性越强，越有助于保证行车安全。近年来，我国大部分长大隧道采用复合式沥青路面，相比水泥混凝土路面其反射率较小，光效利用率较低，为达到相同路面亮度设计值就需要增大照明功率以提高亮度，造成能源浪费。经大量文献及工程调研发现，常用的明色化沥青路面方案主要有嵌入型铺装方案、混合式铺装方案和明色涂层功能层铺装方案。

嵌入型铺装方案的节能型隧道，在传统热拌沥青混合料摊铺后，于其表面撒布浅色石料或碎玻璃，在仍保持足够温度的条件下一并碾压成型，明色集料部分牢牢嵌挤在路面结构中，形成明色沥青铺装的方案。

建立 1∶10 的隧道照明模型，分以下工况进行试验测量测点亮度和照度：

1）路面材料为 SA2.36，浅色石料嵌入比例 4.72%（2.36~4.75mm）。

2）路面材料为 SA4.75，浅色石料嵌入比例 9.5%（4.75~9.5mm）。

3）路面材料为 SA9.5，浅色石料嵌入比例 19%（9.5~13.2mm）。

4）路面材料为 SD4.75，浅色石料嵌入比例 19%（4.75~9.5mm）。

5）路面材料为 SH4.75+9.5，浅色石料嵌入比例 9.5%（4.75~9.5mm）+19%（9.5~13.2mm）。

6）路面材料为 BA2.36，碎玻璃嵌入比例 4.72%（2.36~4.75mm）。

7）路面材料为 BA4.75，碎玻璃嵌入比例 9.5%（4.75~9.5mm）。

8）路面材料为 BA9.5，碎玻璃嵌入比例 19%（9.5~13.2mm）。

9）路面材料为 BD4.75，碎玻璃嵌入比例 19%（4.75~9.5mm）。

10）路面材料为 BH4.75+9.5，碎玻璃嵌入比例 9.5%（4.75~9.5mm）+19%（9.5~13.2mm）。

11）路面材料为 AC13，普通 SBS 改性沥青混凝土路面。

12）路面材料为 SN，模型内置浅灰色磨砂仿水泥混凝土路面。

试验结果表明，水泥混凝土路面对隧道内亮度的提高有显著作用，而明色沥青路面相比传统沥青路面平均亮度提高 7%~20%，其中浅色石料沥青路面平均亮度提高 7%~17%，碎玻璃沥青路面平均亮度提高 13%~20%。这是因为，亮度为驾驶人视觉感知到的光强，受到行车背景材料漫反射光影响较大，明色沥青混合料路面能有效提高路面漫反射光强，提高路面平均亮度。

对比相同嵌入比例的明色沥青路面，嵌入碎玻璃的沥青路面对亮度值的提高相比嵌入浅色石料的沥青路面效果好。明色沥青路面相比传统沥青路面对隧道内相同照明条件下平均亮度的提升效果显著。

课后习题

1. 简述利用自然风进行节能通风的设计流程。
2. 查阅相关资料，试阐述并联风机中间隔墙对效率的影响。
3. 试比较高压钠灯与 LED 照明灯在隧道照明节能应用中的优缺点。
4. 简述隧道照明控制调控装置的种类及其节能优势。
5. 查阅相关资料，试阐述新能源技术在隧道节能方面还有哪些其他应用。

第 8 章 地下工程新能源利用技术

本章提要

本章主要介绍地下工程新能源利用技术。主要内容包括新能源汽车影响下的交通节能技术，以及太阳能技术、风能技术、地热能技术在地下工程建设期及运营期的应用。本章学习重点是掌握新能源汽车对于地下工程施工运营期的影响及掌握各类新能源技术的应用场景及技术手段。

近年来，在全球经济发展面临前所未有的资源与环境压力的大背景下，绿色发展成为世界主要城市发展的核心战略。《住房和城乡建设部等部门关于推动智能建造与建筑工业化协同发展的指导意见》（建市〔2020〕60 号）提出了智能、绿色和装配式建造的指导意见；2021 年政府工作报告中将“做好碳达峰、碳中和各项工作”列为重点任务；“十四五”规划也将加快推动绿色低碳发展列入其中。

因此，绿色、高效、智能成为我国基础设施建设的重要发展趋势。在大规模进行的地下工程设施的建设中，率先实现绿色、高效、智能建造的目标将对全国的地下工程设施建设和地下空间开发产生重要的引领、示范意义；同时，其中所伴随的高端装备、新材料等技术的产业化应用对经济、社会发展将起到重要作用。在建设过程中有效利用电能、太阳能、风能、地热能等其他多种新能源可明显改善地下工程中耗电量巨大的问题，减轻地下工程沉重的经济负担。

8.1 新能源汽车影响下的交通节能技术

2021 年，全国机动车四项污染物排放总量为 1557.7 万 t。其中，一氧化碳（CO）、碳氢化合物（HC）、氮氧化物（NO_x）、颗粒物（PM）排放量分别为 768.3 万 t、200.4 万 t、582.1 万 t、6.9 万 t。汽车是污染物排放总量的主要贡献者，其排放的 CO、HC、NO_x 和 PM 超过 90%。柴油车 NO_x 排放量超过汽车排放总量的 80%，PM 超过 90%；汽油车 CO 超过汽车排放总量的80%，HC超过70%。

此外，非道路移动源排放对空气质量的影响也不容忽视。非道路移动源排放二氧化硫（SO_2）、HC、NO_x、PM分别为16.8万t、42.9万t、478.9万t、23.4万t；NO_x排放量接近于机动车。工程机械、农业机械、船舶、铁路内燃机车、飞机排放的HC分别占非道路移动源排放总量的26.5%、47.8%、22.6%、1.9%、1.2%，如图8-1所示；排放的NO_x分别占非道路移动源排放总量的30.0%、34.9%、30.9%、2.8%、1.4%，如图8-2所示；排放的PM分别占非道路移动源排放总量的32.1%、39.3%、25.6%、2.1%、0.9%，如图8-3所示。

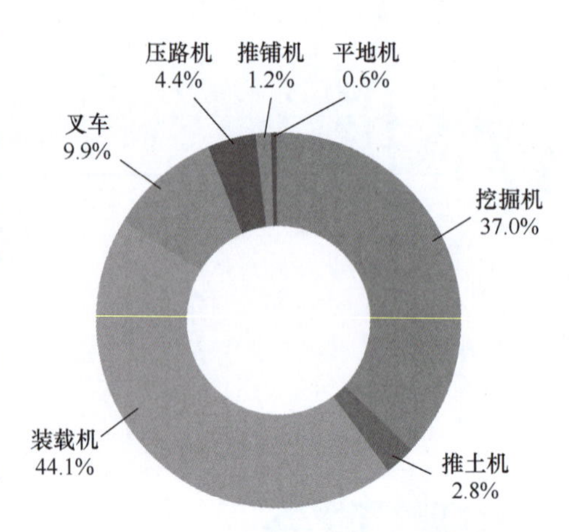

图8-1　工程机械HC排放量构成

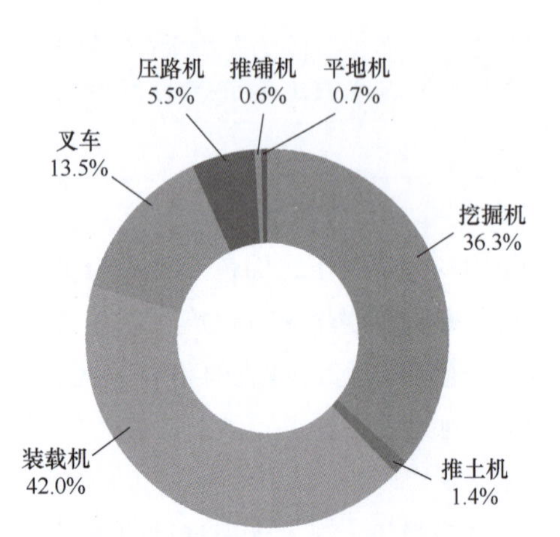

图8-2　工程机械NO_x排放量构成

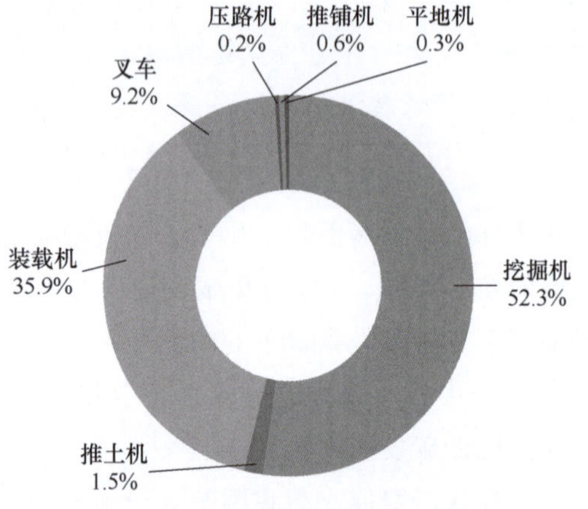

图8-3　工程机械PM排放量构成

动力性能实验

随着经济和技术水平的不断发展，加上国家的大力推行和相关配套政策的落地，汽车保有量也不断提高，其中越来越多的新能源汽车和机械装备陆续投入到生产运营中。

8.1.1　地下工程建设期新能源利用

工程建设期中最常见的工程机械排放量挖掘机排放HC、NO_x、PM分别为4.2万t、52.2万t、3.9万t；推土机排放HC、NO_x、PM分别为0.3万t、2.0万t、0.1万t；装载机排放HC、NO_x、PM分别为5.0万t、60.4万t、2.7万t；叉车排放HC、NO_x、PM分别为1.1万t、19.5万t、0.7万t；压路机排放HC、NO_x、PM分别为0.5万t、7.9万t、0.02万t；摊铺机排放HC、NO_x、PM分别为0.2万t、0.8万t、0.1万t；平地机排放HC、NO_x、PM分别为0.1万t、1.1万t、0.02万t。

针对这些新生产的工程机械的排放标准实施进度也在不断更新，如图8-4所示。

如今节能减排、绿色发展已经成为广泛共识，作为能源消耗和碳排放大户的工程机械行业更不例外。传统机械装备普遍采用大功率柴油发动机，油耗高、噪声大、尾气污染严重，“低碳、环保、智能”的新能源工程机械成为重要发展趋势。

新能源机械碳排放

机型＼年份	1999	2000	2001	2002	2003	2004	2005	2006	2007	2008	2009	2010	2011	2012	2013	2014	2015	2016	2017	2018	2019	2020	2021
非道路柴油移动机械					无控制要求						国Ⅰ				国Ⅱ					国Ⅲ			
非手持式小型汽油移动机械							无控制要求								国Ⅰ				国Ⅱ				
手持式小型汽油移动机械							无控制要求									国Ⅰ				国Ⅱ			
船舶											无控制要求											国Ⅰ	

图 8-4　全国新生产非道路移动源排放标准实施进度

近年来，我国发布多项与工程机械领域有关的环保方案及规划，如生态环境部等七部门印发的《减污降碳协同增效实施方案》、工信部的《推动公共领域车辆电动化行动计划》、交通运输部印发的《绿色交通“十四五”发展规划》等，都提出了构建市场导向的绿色技术创新体系，支持工程机械新能源装备和设施设备等应用研究。

以 2022 年生态环境部等七部门印发的《减污降碳协同增效实施方案》（简称《方案》）为例，《方案》提出，加快新能源车发展，逐步推动公共领域用车电动化，有序推动老旧车辆替换为新能源车辆和非道路移动机械使用新能源清洁能源动力，表明了工程机械新能源化、环保化、电动化、绿色节能发展将是行业未来发展的主流趋势。

不仅是我国，在全球范围内，环保法规也在不断完善，节能标准更是在不断提高，这也带动国际贸易壁垒和门槛不断提高，无论从减轻环境负担，还是打破贸易壁垒等方面考虑，新能源、环保化都是工程机械未来发展的重要方向。

当前，我国新能源工程机械技术正处于快速发展期，国内多个品牌加大力度研发、生产新能源工程机械设备，包括新能源起重机、挖掘机、电动装载机等产品，并取得了较大的成果。新能源工程机械产品在实现节能减排的同时，还因为电动机替代传统液压马达后获得更高的效率和控制精度，响应速度更快，也提供了更好的操作性和舒适性。

部分插电式起重机拥有双动力作业系统，插电模式 380V 直驱，使用便利，用户投入少，经济效益高，主要适用于包月和固定的作业场景。目前，插电机型已经覆盖 12t、25t、35t、50t，如图 8-5~图 8-11 所示。

图 8-5　插电起重机

图 8-6　电动自卸车

图 8-7　电动装载机 1

图 8-8　重卡

图 8-9　新能源叉车

图 8-10　电动装载机 2

图 8-11　纯电动搅拌车、自卸车

我国工程机械的数量在不断增长，其中电动工程机械不断推进着工程机械行业电气化的进程。

8.1.2　地下工程运营期新能源利用

汽车在隧道等地下工程内行驶过程中，由于空间较为封闭，燃料不充分燃烧，会排出一些有毒有害的化学物质，如一氧化碳（CO）、碳氢化合物（HC）、氮氧化物（NO_x）、颗粒物（PM）。因此，为保障隧道的运营安全和隧道内人员的健康，在整个运营期内需设置通风系统降低污染物的浓度。若按照传统的燃油机动车进行预测，随着机动车保有量的不断增加，其排放污染物浓度也会越来越高，极大危害了人员健康和交通安全。

随着能源革新和技术进步，尤其是新能源的广泛推广应用，以汽车为主体的移动源污染物排放量明显降低。目前，我国已经是全球汽车保有量和新能源汽车保有量最多的国家，新能源汽车销量占全球销量的 55%。如今的新能源汽车主要包括纯电动汽车、混合动力汽车、插电式混合动力汽车、增程式电动汽车、燃料电池电动汽车等。其中，纯电动汽车保有量占我国新能源汽车保有量的 75%~80%。不同类型的新能源汽车，行驶过程中污染物的排放量也不一样，例如混合动力汽车实际行驶过程中仍有 CO、NO_x 等污染物的排放。而纯电动汽车通过磷酸铁锂电池或者三元锂电池提供电能作为驱动，在正常行驶的过程中可以实现污染物零排放。目前，我国纯电动汽车的车型以客车和小微型货车为主，因为中型和重型纯电动货车还存在着行驶里程较短（平均里程大概为 300km 左右）、能源利用率低等问题。因此，在发展速度上，中型和重型货车不如客车和小微型货车。

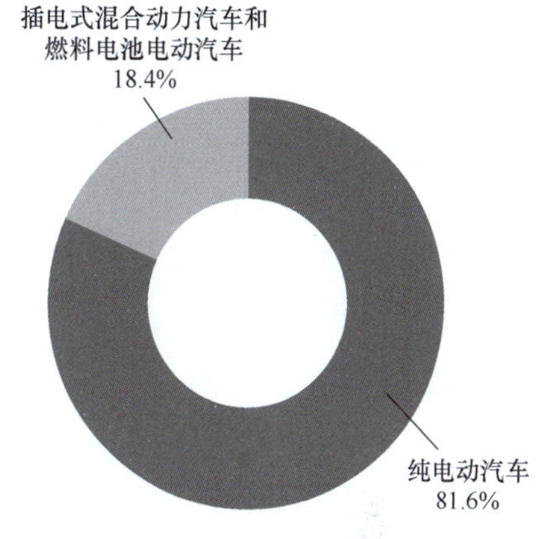

图 8-12　2021 年全国不同类别新能源汽车保有量占比

截至 2021 年年底，全国机动车保有量达 3.95 亿辆；汽车保有量达 3.02 亿辆，同比增长 7.5%；全国新能源汽车保有量达 784 万辆，占汽车总量的 2.6%，比 2020 年增加 292 万辆，增长 59.25%。其中，纯电动汽车保有量 640 万辆，占新能源汽车总量的 81.6%。新能源汽车销量首次超过 300 万辆，呈持续高速增长趋势，如图 8-12、图 8-13 所示。

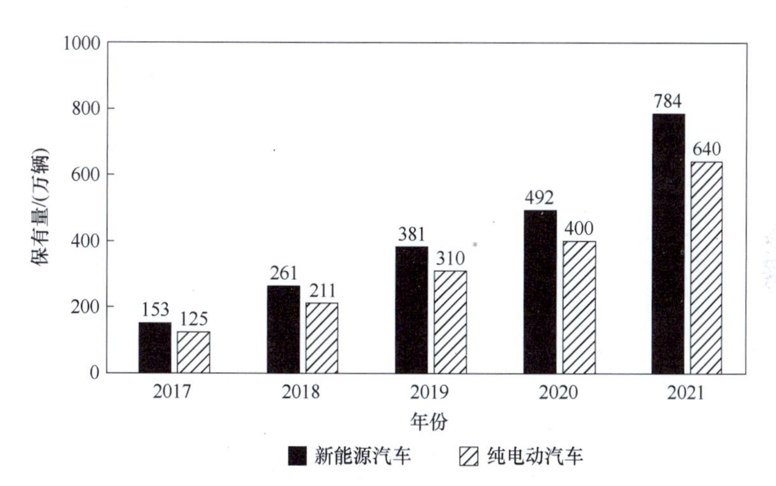

图 8-13　2017—2021 年新能源汽车及纯电动汽车保有量

2021 年，全国汽车 CO、HC、NO_x、PM 排放量分别为 693.5 万 t、182.0 万 t、568.5 万 t、6.4 万 t，如图 8-14~图 8-16 所示。

其中，柴油车排放的 NO_x 占汽车排放总量的 80%以上，PM 占 90%以上；而汽油车排放的 CO 占汽车排放总量的 80%以上，HC 占 70%以上，如图 8-17 所示。其中，汽油车 CO、HC、NO_x 排放量分别为 567.3 万 t、138.8 万 t、28.6 万 t，占汽车排放总量的 81.8%、76.2%、5.0%；柴油车 CO、HC、NO_x、PM 排放量分别为 118.7 万 t、18.3 万 t、502.1 万 t、6.4 万 t，占汽车排放总量的 17.1%、10.1%、88.3%、100%；燃气车 CO、HC、NO_x 排放量分别为 7.5 万 t、24.9 万 t、37.8 万 t，占汽车排放总量的 1.1%、13.7%、6.7%。

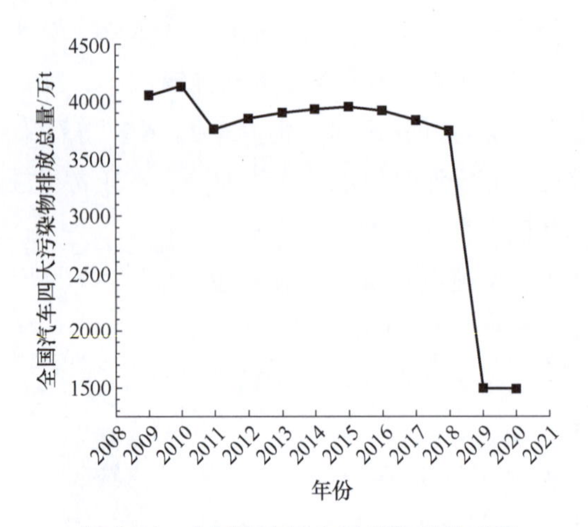

图 8-14　全国汽车四大污染物排放总量

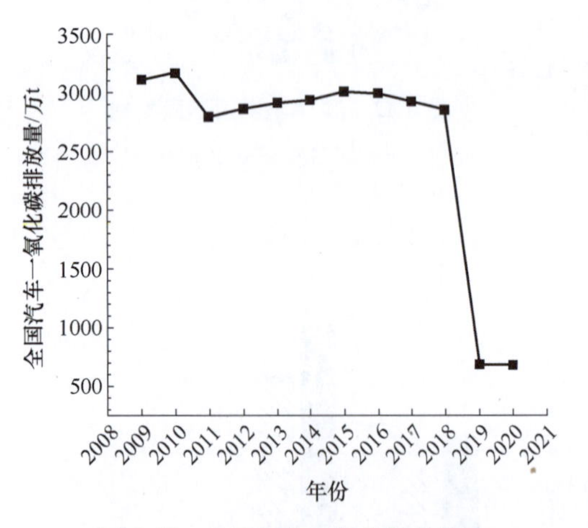

图 8-15　全国汽车一氧化碳排放量

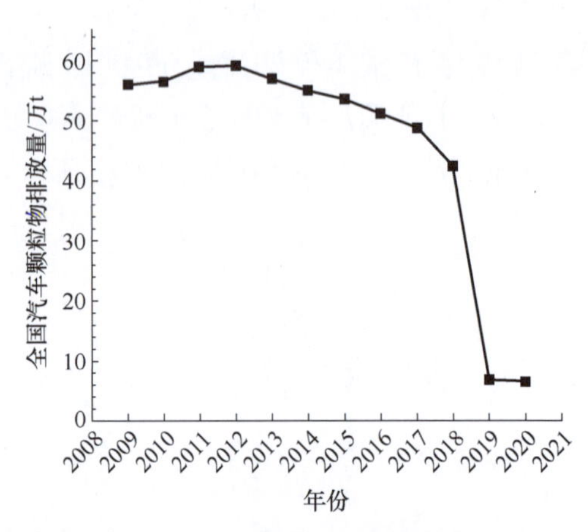

图 8-16　全国汽车颗粒物排放量

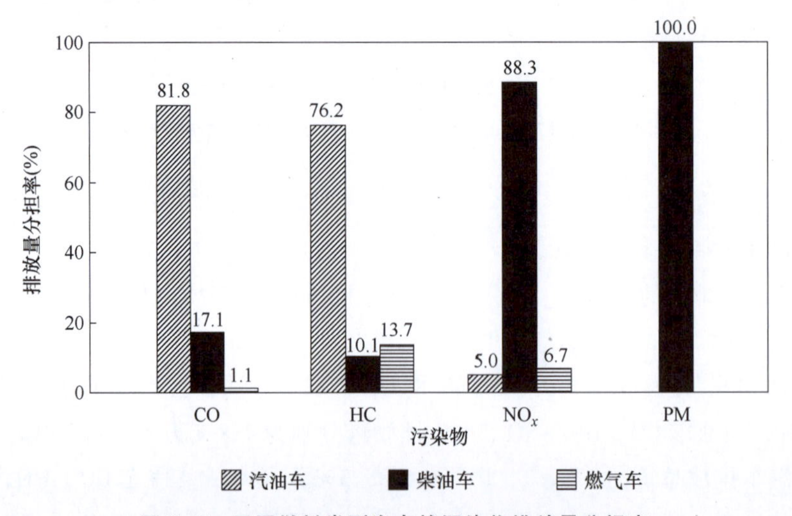

图 8-17　不同燃料类型汽车的污染物排放量分担率

我国新生产机动车环境管理范围包括轻型汽车（如轻型汽油车、轻型柴油车、轻型单一气体燃料车、轻型两用燃料车、轻型混合动力车、轻型甲醇单燃料汽车、轻型柴油或甲醇双燃料汽车等）、重型汽车（如重型汽油车、重型柴油车、重型气体燃料车、重型双燃料车、重型混合动力车、重型甲醇单燃料汽车、重型柴油或甲醇双燃料汽车等）、车用发动机（如重型汽油发动机、重型柴油发动机、重型气体燃料发动机、重型甲醇单燃料发动机、重型柴油或甲醇双燃料发动机等）、摩托车、三轮汽车、低速货车。其排放标准也在不断更新，如图8-18所示。

车型＼年份		1999	2000	2001	2002	2003	2004	2005	2006	2007	2008	2009	2010	2011	2012	2013	2014	2015	2016	2017	2018	2019	2020	2021
轻型汽车	柴油车	无控制要求	国Ⅰ					国Ⅱ			国Ⅲ					国Ⅳ					国Ⅴ		国Ⅵ	
	汽油车	无控制要求	国Ⅰ					国Ⅱ			国Ⅲ			国Ⅳ						国Ⅴ			国Ⅵ	
	气体燃料车	无控制要求	国Ⅰ					国Ⅱ			国Ⅲ			国Ⅳ						国Ⅴ			国Ⅵ	
重型汽车	柴油车	无控制要求		国Ⅰ			国Ⅱ				国Ⅲ					国Ⅳ				国Ⅴ				国Ⅵ
	汽油车	无控制要求				国Ⅰ	国Ⅱ						国Ⅲ			国Ⅳ								
	气体燃料车	无控制要求		国Ⅰ			国Ⅱ				国Ⅲ			国Ⅳ		国Ⅴ						国Ⅵ		
摩托车	两轮和轻便摩托车	无控制要求					国Ⅰ		国Ⅱ				国Ⅲ									国Ⅳ		
	三轮摩托车	无控制要求				国Ⅰ		国Ⅱ						国Ⅲ								国Ⅳ		
三轮汽车		无控制要求								国Ⅰ	国Ⅱ													
低速货车		无控制要求								国Ⅰ	国Ⅱ									无此类车				

图8-18　全国新生产机动车排放标准实时进度

同时，为降低污染物和温室气体排放，一系列减排技术均有了一定的进展：

1）机内技术。机内技术包括电控燃油喷射（EFI）、废气再循环（EGR）、增压中冷、缸内直喷（GDI）、曲轴箱强制通风（PCV）等技术。与2012年相比，2021年新销售轻型客车涡轮增压与机械增压技术使用比例由11%增加到62%，汽油GDI使用比例由8%增加到49%。

2）后处理技术。后处理技术包括三元催化转化（TWC）、汽油机颗粒捕集（GPF）、车载加油油气回收（ORVR）等技术。2021年新销售轻型客车使用TWC、ORVR技术达到100%，GPF技术达到60%。

8.2　其他能源技术利用

8.2.1　太阳能技术

为了缓解汽车驶入隧道时的黑洞效应和驶出隧道时的“白洞”效应，根据《公路隧道照明设计细则》的要求，长度在100~200m的光学长隧道及长度大于200m的高速公路和一级公路隧道中设置电光照明。隧道照明系统并非公路隧道中安装功率最大的系统，但由于照明系统通常处于全天候开启状态，因此，在隧道用电费用中占比最大。有欧洲学者对典型隧道的照明能耗做过统计，尽管其安装功率仅占隧道内所有机电设施安装功率的14%，但其能耗却占总能耗的53%。太阳能是取之不尽用之不竭的绿色能源，因此，基于太阳能光伏发电技术研究照明系统的节能技术对于推动公路隧道低碳、节能运营具有重要意义，也契合我国的“双碳”战略。

太阳能的利用方式主要分为直接照明和光伏发电。直接照明通过光学元件直接输送太阳光到需要照明的地方，如光纤传导技术和投射照明技术；光伏发电将太阳能转化为电能，为隧道照明系统进行供电。

除较为主流的照明和发电用途外还出现了一种太阳能薄膜光伏遮光棚的新型应用技术。目前常见的公路隧道洞口减光技术有遮阳棚、遮光棚、通透式棚洞及遮光板。公路隧道洞口减光技术是通过不同结构进行遮光，适当降低隧道洞口的亮度，以降低隧道洞内外的亮度差异，减少隧道洞口段落的照明，并通过太阳能光伏发电维持隧道设备运行，同时还可以作为隧道洞口的景观设施。

传统遮阳棚顶部封闭，可以遮挡阳光直接投射，其材料包括钢、钢筋混凝土及组合结构等。遮阳棚的优点在于封闭式的透光构造具有较好的遮阳减光效果，构筑物下道路路面的均匀度较好；同时顶部采用封闭式结构可对路面起到保护效果，延长路面的使用寿命，减少运维成本。遮阳棚作为重要的减光建筑在许多隧道中都得以应用。

遮光棚顶部不封闭，为了有效缓解“黑洞效应”带来的影响，从安全和节能的角度，遮光棚是很好的选择。太阳能薄膜光伏遮光棚利用太阳能供电，实现隧道节能降碳。隧道遮光棚面积大，加上野外有大量的光照资源，由此太阳能薄膜光伏遮光棚应运而生，其电池可以满足隧道内机电设备的运行需求。太阳能薄膜光伏遮光棚可以做成透明或者半透明的，虽然初期投入可能会比传统遮光棚更大，但从长远角度来看，太阳能薄膜光伏遮光棚运营期间的费用远小于传统遮光棚，白天日照时间充足的地区更是如此。同时，太阳能薄膜光伏遮光棚结构简单，容易搭建，对地形的要求低，只要在太阳能资源丰富的地区，就能充分利用其优点。这也是通透式棚洞难以广泛应用的原因之一。太阳能薄膜光伏遮光棚的适应性也极强，顶部的太阳能薄膜能抵御暴雨、冰雹、暴风雪等恶劣灾害的袭击，而普通遮光棚棚顶通常不具备此功能，当灾害来临时，会对司乘人员的安全造成危害。

1. 应用案例一

某隧道长 568m，根据隧道入口桥隧相连的情况，在靠近隧道洞口设置长度约 58m 的太阳能薄膜光伏遮光棚，棚宽为 15. 65m，高为 8. 8m。在靠近隧道洞口设置第一段长度约 4m 的柔性不透光光伏组件遮光棚，在第二段长度约 28m 范围设置透光率 15%的光伏组件遮光棚，在第三段长度约 26m 范围设置透光率 40%的光伏组件遮光棚。预计采用透光率 40%的非晶硅光伏组件 528 块，透光率 15%的非晶硅光伏组件 528 块，预计装机量约 47kW。建成后的遮光棚可相应减少入口段加强照明的长度，光伏发电可为隧道内入口加强段照明提供电能，效果图如图 8-19、图 8-20 所示。光伏发电采用并网形式，不设储能蓄电池。考虑到夜间行车安全，拟在遮光棚内设置基本照明灯具，相关照明用电与隧道内基本照明共用供电回路。

其应用效果非常明显，具体如下：

1）改善行车条件。隧道太阳能薄膜光伏遮光棚采用渐变式光照亮度遮光棚，其采用不同透光度材料，可以有效减少汽车驾驶过程中进出隧道时因忽明忽暗给视觉造成冲击，进而带来的行车安全隐患，改善行车条件。

2）节能降碳。首先，采用渐变式光照亮度与隧道过渡可以摆脱传统隧道洞口采用灯具进行光照加强的设计方案，从而节省大量的隧道照明用电。其次，该遮光棚具有光伏发电的功能，可进一步降低隧道照明的使用成本。

图 8-19　太阳能薄膜光伏遮光棚模拟

图 8-20　太阳能薄膜光伏遮光棚效果

3）降低运营成本。发电部分：按照预计装机量为 47kW，按每天平均 5h 的等效峰值受光时间，每年大约可发电 7.46 万 kW·h，按 1 元/(kW·h）的价格计算，每年电费大约 7.46 万元。降低隧道灯具安装功率：按照 1km 单洞隧道入口段 1 加强 22.68kW 计算，灯具安装费用约 45 万元。若采用遮光棚技术，遮光棚于入口段 1 加强，则可省去该部分灯具。入口段 1 加强运营电费：入口段 1 加强照明 22.68kW，每年耗电量约为 4.14 万 kW·h，按 1 元/(kW·h）的价格计算，每年需电费 4.14 万元。采用光伏遮光棚后，以上三项的费用就是降低的成本费用。以 20 年计，上述两项之和约为 232 万元，具有较好的经济效益。

4）延长路面使用寿命。路面上搭起遮光棚可以有效遮挡烈日暴晒，延长路面的使用寿命。

另外，隧道等地下空间设施通过利用太阳能设计并实现系统自然通风功能。太阳能自然通风系统，主要借助太阳能具有高的热效率，且具有绿色节能等优势，通过在公路隧道的通风口上方布设太阳能接收器，直接加热使得太阳能风泵系统内部因受热而形成空气的上升动能。在太阳光照缺乏时，通过启动以电力驱动的辅助通风系统来实现通风，从而实现节能环保的目的。太阳能烟囱的通风技术主要应用在隧道上方太阳能资源充足的环境下，有效提升了公路隧道的自然通风能力，达到公路隧道的高效节能、减排目的。

太阳能烟囱系统主要利用太阳能烟囱作为通风换气设备，借助太阳能加热系统内部的空气，使其上浮加速空气流动。该基本系统包含集热棚和烟囱两部分，其中集热棚主要用来加热空气，烟囱主要用来排出或收集空气。在基本系统的基础上，可结合设计需求适当增设相应的设备或部件，如风帽、导流锥、发电装置等，设计简图如图 8-21 所示。

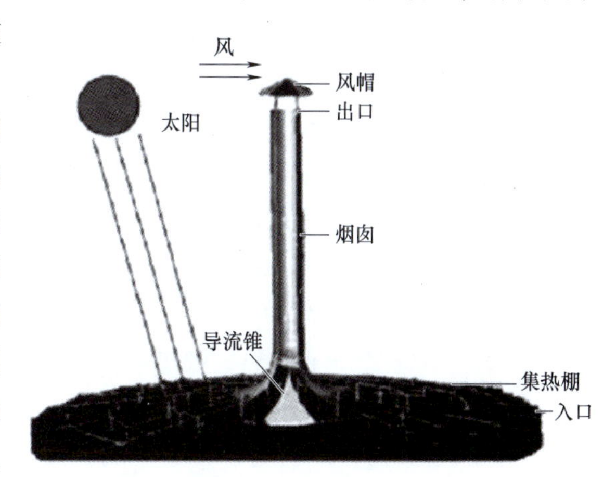

图 8-21　太阳能烟囱设计简图

基本系统中，集热棚建设材料有玻璃或树脂等透热或集热材料，针对结构大的集热棚，可在集热棚内部布设金属支撑框架。集热棚的空气入口和隧道通风系统相接，通过集热棚顶或棚内地面的吸热材料进一步吸收太阳辐射能，集热棚内的吸热材料在充分吸收热量后，随着温度的上升，和棚内空气形成热传递，进而加剧棚内温度的升高，使得棚内热空气不断上浮而从烟囱流出。同时，因棚内空气不断排出使得棚内气压降低，进而外部空气不断被吸进集热棚，再进行空气的加热，形成一个不断流动的空气循环结构。

我国的公路隧道多位于偏远的山区，在隧道较长时，通常会建设竖井来辅助通风。山坡斜面是建筑太阳能烟囱最有利的地势条件，故选用太阳能烟囱实现公路隧道的通风是一种因地制宜的方法，结合地理条件，选用倾斜式集热板的太阳能烟囱往往是最佳选择方案。此外，竖井底部可当作空气入口，将集热棚布设于山坡上，再加以烟囱，进而形成最简单的太阳能烟囱通风结构。

系统的底端是连接集热棚和隧道的竖井，中间结构是太阳能空气加热的集热棚，通过收集太阳辐射能来实现棚内空气的加热，使得棚内热空气不间断地流向太阳能烟囱，利用烟囱上下的温差和压差产生空气向上的浮动力，进而加速底端空气不断向上端流动，最终由烟囱上排出。由于气体排出使得上端棚内压力降低，进而加速隧道气体向集热棚内涌入，实现隧道内外的不间断通风换气。

太阳能自然通风系统由两部分构成，分别是上端的太阳能风泵系统，以及通风竖井入口端的电力驱动通风系统。其中，太阳能风泵系统包含了太阳能受热器和连通的烟囱；电力驱动通风系统主要用来辅助隧道的通风换气，由安设于竖井入口端的风流量传感器、控制器和风机构成，当风流量传感器感应到隧道通风量不够时，向控制器传输通风量不足的检测信号，控制器把控风机的开启、终止及调速，进而实现辅助隧道通风的目的。

公路隧道自然通风关键组成部分是太阳能风泵系统，该系统的完备性直接影响隧道的通风质量。为充分实现太阳能的利用，使其可以通过增加受热器内部温度来加大竖井负压，设计选用圆平面型受热器，同时为降低风阻可通过多根通风管道来实现竖井出口处空气的均匀输送，太阳能受热器安设在竖井出口端，受热器外部边缘和水平面的夹角是当地的纬度。

太阳能受热器包括透光层、吸热层和保温层三部分。透光层的材料为硬质钢化玻璃，其表层增设了一层增透膜，太阳光照穿过透光层深入受热器内部，实现空气的加热；吸热层位于透光层的下端，可对穿过透光层的太阳光照产生的热量进行吸收，并对经过其表面的空气进行加热，吸热层正上方需布设散热齿，其中散热齿方向需和空气流动方向相同；保温层主要位于烟囱的顶部，需要通过安设防雨罩来阻挡雨、雪等流入烟囱和竖井。

2. 应用案例二

陕西省咸旬高速雷家坡 1#隧道，位于黄土高原南缘，位置如图 8-22 所示。

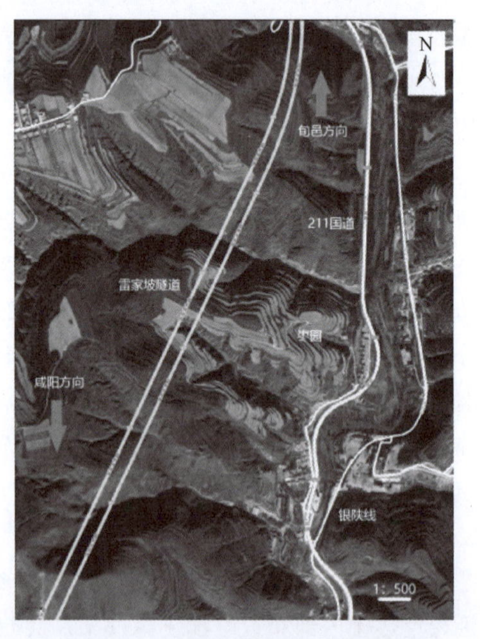

图 8-22　雷家坡 1#隧道地理位置

结合雷家坡 1#隧道的地理位置设计了如图 8-23 所示的太阳能烟囱模型。根据该模型的设计思想，在雷家坡 1#隧道建成了太阳能烟囱自然通风系统，并对该通风系统进行数据测量，验证了该模型的可行性。为了降低太阳能烟囱自然通风阻力的影响，竖井、烟囱和集热棚的形状均设置为圆柱体。依据山势，集热棚设置了 35°倾角。设计的模型尺寸如下：竖井长为 50m，半径为 0.6m；集热棚长为 225m，半径为 1m；烟囱长为 35m，半径为 0.5m。

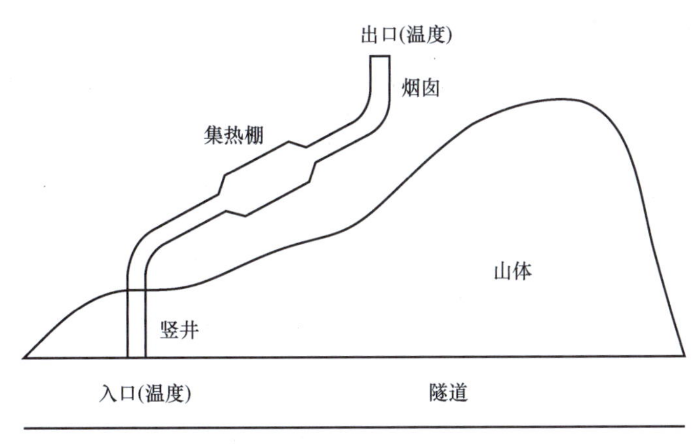

图 8-23　太阳能烟囱模型

该模型的通风原理为集热棚利用玻璃集热板吸收太阳辐射，增加集热棚内空气温度。由于集热棚内外空气的温差形成的密度差导致太阳能烟囱内空气的浮力和热压增加。模型内部进行热交换，通过热空气的上浮及冷空气的下沉，从而实现自然通风。

建成的太阳能烟囱自然通风系统如图 8-24 所示，自然通风系统包括三部分：竖井、集热棚和烟囱。设置 3 个竖井，实现定点通风，竖井孔径均为 60cm；设置 19 根长度为 90m 的集热管，以及长为 10m、宽为 8m、厚为 30cm 的聚光墙。设置高度为 20m 的烟囱及负压抽风装置，当时空气流过该装置时，会在烟囱出口位置形成风压负压，使烟囱内的气流更快地上升到烟囱顶部。

图 8-24　雷家坡 1#隧道太阳能烟囱自然通风系统

在已建成的太阳能烟囱自然通风系统的竖井口处安装气象自动检测装置，根据监测结果，自然通风系统可以在竖井口处产生风速，全年竖井口处的风速在 0.5~2m/s 范围，可以提供 5~10m^3/s 的风量，说明自然通风系统可以补充隧道机械通风。

设计的三段式太阳能烟囱可以增强公路隧道自然通风效果，太阳能烟囱的通风量与集热棚和烟囱的温差呈线性关系，集热棚和烟囱的温差越大，自然风增强效果越明显。在环境温度低于15℃时，竖井口的自然风向在太阳能烟囱的作用始终保持向上，可以长时间起到抽吸的作用，并且与未设置三段式太阳能烟囱相比，可以在很大程度上实现自然风量增强。

8.2.2 风能技术

为了减少化石能源消耗，绿化环境，人们迫切需求可持续发展的绿色能源，而风能就是一种绿色能源，目前被广泛地应用在风力资源丰富的野外。在公路建设中有大量隧道会在车辆经过时产生活塞风。可利用隧道风能发电以节约隧道照明的用电量。

应用案例：年嘉湖隧道位于湖南省长沙市开福区境内，全长约为1400m，高为4.5m，车道宽为7.25m，单洞宽度为10.35m，车流量一直较大，车辆大多以家庭小轿车为主。平均车速60km/h的车辆在隧道内产生明显的活塞风。为了衡量隧道中可利用风能资源的多少，以及是否可以利用这些风能进行发电，通过了解隧道中风速的大小及车流量的多少，分析二者是否存在线性相关关系。选取年嘉湖隧道入口、出口和中间为调查地点。当日天气情况：温度为14~24℃，风向为东南风，小于等于2级（1.6~3.3m/s）。在年嘉湖隧道的入口、出口和隧道内距隧道口约700m处三个位置进行数据采集；在测量高度为距地面2m高处进行试验，统计1min内经过测量点的车流量和记录1min内测风仪上的最大和最小风速（每次采集数据均间隔3min），建立车流量与风速的线性相关系，见表8-1。

表8-1 试验各点风速统计表

描述性统计：平均风速/(m/s)							
变量	位置	总计数	均值	均值标准误差	标准差	最小值	最大值
平均风速	隧道出口	30	3.3972	0.0759	0.4155	2.8100	4.3000
	隧道入口	30	3.8955	0.0767	0.4202	2.9750	4.6500
	隧道中间	30	2.1315	0.0861	0.4716	1.2900	3.2400

由试验结果可知，隧道出口和隧道中间风速与车流量相关性较大，随车流量增大而增大；隧道入口风速与车流量相关性较小，与车流量大小基本无关。通过加权平均值计算可知，隧道入口平均风速为3.8955m/s，隧道中间平均风速为2.1315m/s，隧道出口平均风速为3.3972m/s，隧道入口、出口风速较大。

由于公路隧道中要安装照明灯、温控设备及其他基础设施，所以要是安装风力发电机，选择隧道两边的空间作为安装地点较为合适。安装风力发电机一般的公路隧道也有足够的空间，且不影响车辆的运行和隧道的通风。

以图8-25所示隧道断面为例，拟定风力发电机布局方案。考虑台阶的宽度大约为0.8m，为了不影响车辆的正常通行要保证风轮外缘不超出台阶边界，所以选取风轮的回转半径为0.4m。与此同时为了充分利用隧道中的风能，采用梅花布局，每个断面可布设4~6个回转半径为0.4m的风扇，每个风扇的受风面积为0.5024m^2。

隧道风机布局如图8-26所示。

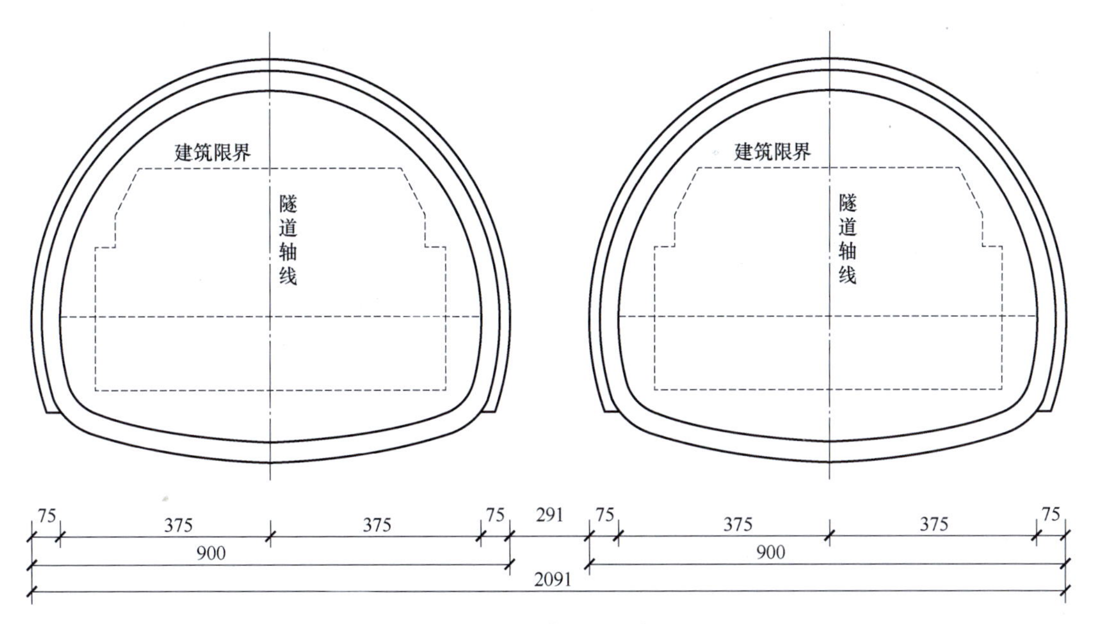

图 8-25　隧道断面示意图

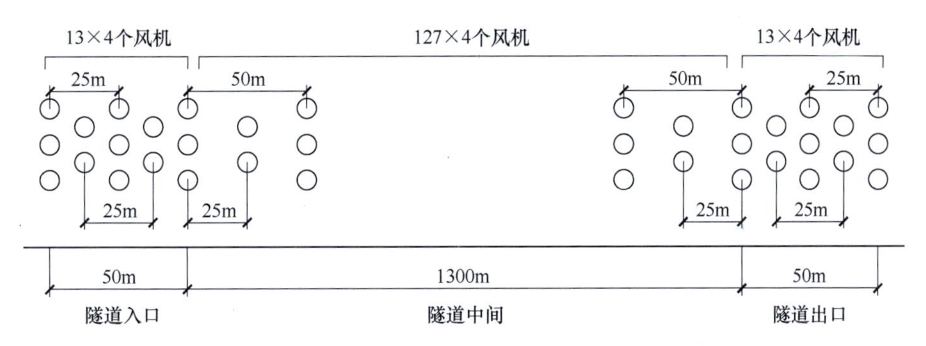

图 8-26　隧道风机布局示意图

风能计算公式见式（8-1）。

$$P=\frac{1}{2}\rho sv^{3} \tag{8-1}$$

式中　ρ——空气密度（kg/m^3）；

v——风速（m/s）；

s——截面面积（m^2）。

因目前有关小风扇的发电功率计算，还没引起普遍关注，缺少相关资料，所以计算是按中大型风机的理论计算的，存在计算误差；小型风机的发电功率还需以试验数据为准，这也是下一步研究的重点方向。根据上述风扇回转半径及布局方案，得到不同位置的平均功率。隧道入口、出口和中间不同位置的面积为

$$S=0.5024\text{m}^2$$

隧道出口、入口长度都以 50m 计算，其余都算隧道中间。考虑风扇安装位置安全性和

风经风扇后的能量衰减的问题，以及尽可能最大限度地利用风能，风扇安装方式采用梅花布局。

由图 8-26 可得隧道入口、中间、出口能安装的风力发电机个数 n_1、n_2、n_3 分别为 42、508、42。计算隧道内单位时间产生的总功率为

$$P=n_1P_{入}+n_2P_{中}+n_3P_{出}=(42\times5.9238+508\times1.0812+42\times3.9712)\mathrm{W}=964.8396\mathrm{W}$$

式中，n_1、n_2、n_3 分别代表隧道入口、中间、出口处所安装风力发电机的数目。一天内隧道风力发电机能产生的总能量：

$$Q=PT=964.8396\mathrm{W}\times(60\times60\times24)\mathrm{s}=83362141.4\mathrm{J}$$

额定功率为 10W 的 LED 灯在额定工作环境下一天所消耗的电能为

$$Q_a=10\mathrm{W}\times(24\times60\times60)\mathrm{s}=864000\mathrm{J}$$

$$N=\frac{Q}{Q_a}\approx96$$

所产生的电能能驱动额定功率为 10W 的 LED 灯在额定工作环境下 24h 照明的数量为 96 盏，综合分析可知隧道风能有一定的利用价值。

8.2.3 地热能技术

截至 2020 年，全世界地热直接利用的总装机容量为 107.7GW，是地热能发电装机量的 6.8 倍，比 2015 年增加了 52.0%，年增长率为 8.7%，如图 8-27 所示；年利用量为 1020887TJ（283580GW·h），比 2015 年增加 72.3%，这 5 年间，地热能年利用量已翻倍发展，充分说明了地热能在可再生能源利用中的重要地位。

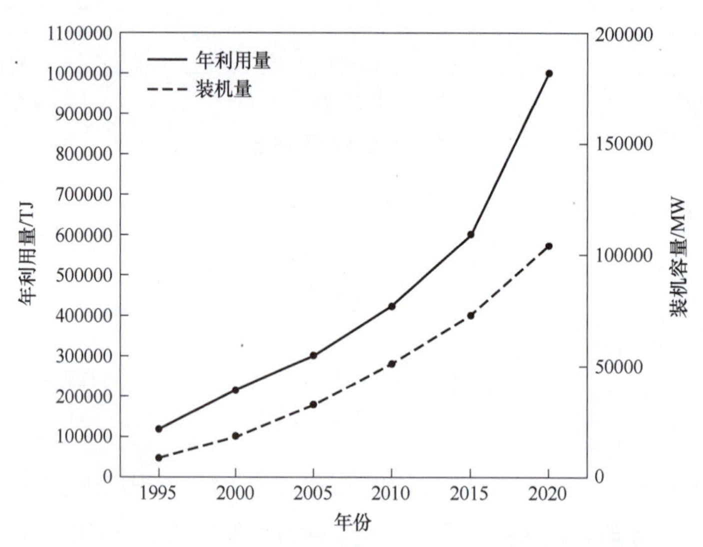

图 8-27 1995—2020 年地热直接利用的装机容量和年利用量

世界已开发利用的地热田主要分布在高温地热带。高温地热带的发电产业发展迅猛，2020 年世界地热发电达 15.95GW，较 2015 年增长了 3.70GW，5 年间增速为 27.7%，超过了 2011—2015 年 25.7%的增速。

我国是世界上地热资源储量较大的国家之一，地热资源类型包括浅层地热资源、水热型地热资源和干热岩三类，以水热型地热资源开发利用为主。早期的地热资源开发主要集中在西藏、云南等山区，市场开发难度大，利用率较低。《地热能开发利用“十三五”规划》提出后，我国地热产业进入飞速发展期。在政策引导和市场需求推动下，我国地热能资源开发利用得到较快发展，直接利用规模多年位居世界第一，地热能直接利用以供暖为主，是最重要的地热能利用方式。

我国浅层地热利用遍布中东部地区，重点分布于华北和长江中下游地区。根据国家地热能中心报道，截至 2019 年年底，我国重点城市浅层地热能供暖（制冷）建筑面积约 5.32 亿 m^2，如图 8-28 所示，装机容量达 26.45GW，年利用总量为 24×10^4TJ，持续处于世界领先地位。北京世界园艺博览会、北京城市副中心办公区、北京大兴国际机场、江苏南京江北新区等重大浅层地热能开发利用项目的建立，充分说明了浅层地热供暖/制冷技术的成熟性和可靠性。

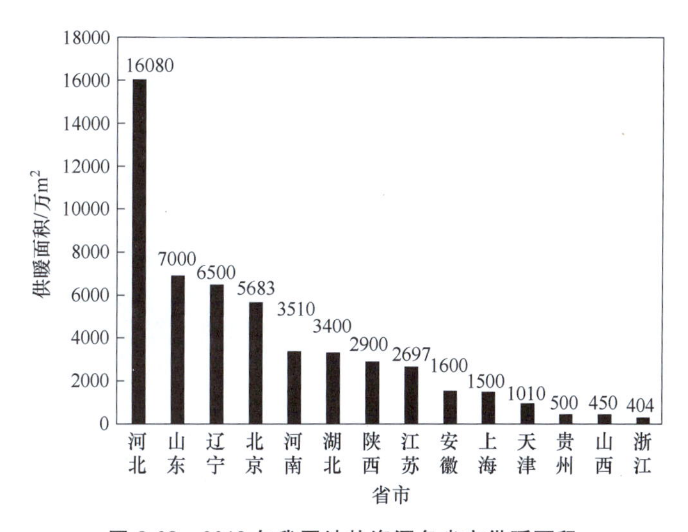

图 8-28　2019 年我国地热资源各省市供暖面积

我国中低温水热型地热资源主要分布在中东部的大型沉积盆地，包括华北、松辽、鄂尔多斯、关中盆地、苏北、江汉等盆地及东南沿海、胶辽半岛等山地丘陵地区。地理位置主要包括在京津冀大气污染传输通道的“2+26”城市及汾渭原，同时该地区人口密集，城镇众多，也是实施北方地区清洁取暖的主要区域，适合采取地热供暖、地热种植养殖和旅游疗养梯级综合利用模式，大力发展地热产业，从而提高地热能在供暖用能中的比例，调整能源结构，起到绿色替代能源的作用。

水热型地热资源总量折合标准煤 1.23 万亿 t，其中沉积盆地型地热资源为 1.11 万亿 t 标煤，隆起山地型地热资源为 0.12 万亿 t 标煤。中低温水热型地热资源年可开采热量折合标准煤 18.5 亿 t，其中，华北、东北地区地下热水资源总量折合标准煤 2760 亿 t，地下热水资源年可开采热量折合标准煤 4.86 亿 t，占全国中低温地热资源年可开采热量的 26%。“十三五”期间，10 个重点城市水热型总供暖面积增至 3.82 亿 m^2。2019 年我国中深层地热资源重点省市供暖面积如图 8-29 所示。根据国家地热能中心统计，截至 2020 年年底我国水热型供暖面积累计达 5.80 亿 m^2，远超过“十三五”设立的目标。河北雄县作为我国首个“无烟城”，地热供暖面积达 700 万 m^2，造福约 7 万户居民，成功打造了以政府主导、政企合作、技术先进、环境友好、造福百姓为特点的“雄安模式”，引领全国地热资源的开发利用。

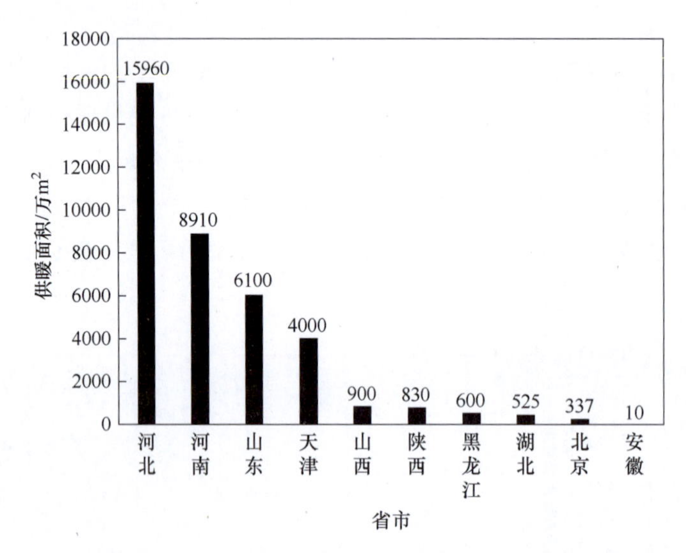

图 8-29　2019 年我国中深层地热资源重点省市供暖面积

我国干热岩资源规模大、分布广，绿色低碳。其规模化经济开发，对优化我国能源结构、保障国家能源安全、减碳降碳具有重要意义。我国 3～10km 地热资源基数约 856 万亿 t 标煤（中国地质调查局，2011 年），是 2016 年我国一次能源消费总量的 19.3 万倍。我国干热岩研究处于起步阶段，“十三五”规划中对推进干热岩技术研发和示范工程建设进行了规划，重点开展关键工程的技术研发和试验。目前，我国已开展的示范区主要位于贵德县扎仓沟地热田、共和盆地干热岩、福建漳州、海南陵水县南平地区、湖南汝城热水圩、广东阳江新洲地热田及广东惠州矮陂黄沙洞地热田。

目前，我国在隧道及地下工程方面的技术水平与建设成就均已走在世界前列。而随着挖掘深度的增加，地层内储存的地热资源愈加稳定和丰富，高效开发利用这部分地热能对于提高资源利用率、开展可再生能源开发利用具有重要意义。地下工程的类型有很多种，根据其结构及用途，交通隧道、矿井及地下停车场等城市地下空间是可以最大限度开发利用地热能的地下工程，而矿井及地铁交通隧道是目前进行地热能开发利用尝试较多的两种。

现役矿井中的地热能回收技术多与深井热害控制系统相结合，深井热害的产生原因包括井下岩层散热、井下各类设备、空气压缩及矿物氧化等的直接产热等，其中岩层高温即深井地热是井下高温的主要原因。早在 20 世纪初，国际上已有学者对矿井热害问题进行了研究，我国对矿井热环境的研究始于 1964 年淮南九龙岗矿的局部降温试验。

经过半个多世纪的发展，现阶段矿井热害防治方式主要分为机械式和非机械式制冷技术两种，而根据矿井降温的现场经验来看，传统的非机械式制冷技术和单一的机械式制冷技术均无法解决问题，同时投资与降温效果的不平衡也是矿井热害解决方案所面临的主要问题。因此，国内外学者将目光投向了热泵技术，将余热利用技术与井下降温相结合，通过热泵将其低品位热量提升后用于地面建筑的室温调节、井口防冻及洗浴等。目前的热泵技术多以巷道乏风或井下涌水中的余热为热源，利用热管系统与热泵系统相结合的复合深井热害控制系统正在试验研究阶段。

(1) 矿井乏风余热利用　现役矿井中乏风余热资源丰富且温度稳定、流量大、含湿量大，乏风焓值较高。矿井乏风余热利用技术主要有三种：

1) “喷淋式取热+水源热泵”技术，利用冷水对矿井乏风喷淋，被加热后的喷淋水流经水源热泵蒸发器放热供给热用户，该技术对回风温度要求较高且取热效率较低，并未大范围推广。

2) “取热与分体热泵”技术，该技术将热泵机组内的蒸发器放置于矿井回风井的上方直接吸收乏风热量，机组的热利用率有显著提高且对回风温度的要求有所降低，但总体取热量并不十分理想。

3) “深焓取热”与“高温及大温差供热”技术，取热箱吸收乏风中的热量并供给乏风热泵，热泵机组再将这部分低品位热能转换为高品位热能输出。该技术采用独特的模块化多功能乏风取热机组，可以根据负荷调整取热焓差，热泵供热温度可达 70℃，具有可靠、高效、可无人值守的特点。

(2) 井下涌水余热利用　煤矿在生产开采过程中会有大量的矿井涌水排出，矿井涌水水量稳定且温度普遍在 15~20℃之间，是水源热泵机组的理想低温热源。利用矿井涌水的水源热泵，其工作原理与乏风热泵基本相同，只是热泵机组蒸发器侧的热源由矿井乏风变为矿井涌水提供。该技术可以用于冬季井筒防冻、建筑供暖、提供洗浴热水，由于涌水水温低于夏季空气的温度也可用于夏季供冷，同时水源热泵系统仅利用矿井水中的热量或冷量，对矿井水的水质没有影响，使用过的矿井水仍可用作生产、生活用水。

废弃矿井的地热能开发利用形式更加多样化，包括矿井回风、地下土壤源、矿井水、污水源、热蒸汽等多源热泵技术，回收的地热能可用于调节室内温度（供暖或供冷）或用于发电。

(3) 利用地源热泵技术调节室内温度　利用地热能进行室内温度调节主要分为两种方式：一种是直接利用地热水，将矿井下温度较高的地热水通过供暖管道为建筑物供暖；另一种是利用地源热泵，在浅层地表内利用地热交换器提取热量，再将热量通过热泵送入室内温度调控系统中，可起到冬季供暖、夏季制冷的作用。以徐州市卧牛矿矿区为例，卧牛矿位于徐州市西南方向，是典型的城区型废弃矿区。借助矿区内地下遗留的 3 条总长约 57.84km 主巷道，进行矿井井下加固，融合地源热泵、涡轮机等技术，提取地热能为周边居民住宅供暖，使得退役矿区成为新的能源基地。

(4) 利用地热发电　利用地热发电也有两种方式：一种是借助中间介质提取热能形成

双循环发电系统，矿井地热水温度一般较低，不容易直接生成蒸汽，因此需要以低沸点工质作为工作介质，利用地热水加热工作介质产生低沸点工质蒸气后送入汽轮机机组；另一种是将矿井进一步钻探至4000~6000m深的干热岩层，将废弃矿井开发为干热岩发电系统，将冷水或其他介质注入地下，冷介质在流经人工压裂形成的干热岩缝隙的过程中产生高温蒸气推动汽轮机机组发电，做功后的蒸气经冷凝器冷却后再次注入地下进行闭合环路循环。荷兰海尔伦市对废弃矿井的改造，就是利用地热能发电并通过热泵与循环系统为建筑物供暖与降温的经典案例，该地热发电站于2008年建成并投入使用，据悉新型地热发电站建成后，二氧化碳排放量可减少55%，极大地降低了对环境的污染。

地铁、公路交通隧道中除围岩结构本身所储存的地热能外还有列车或机动车等运行产生的热量、相关设备及照明产热等，这些热量的大量堆积会导致隧道热环境的恶化。近年来，国内外研究人员提出了多种隧道废热的回收方法，主要集中在土壤源热泵、空气源热泵及复合式热泵系统三种，取热主要用于为周围建筑供暖或供冷、提供热水或用于寒区隧道洞口段的保温。

1）土壤源热泵。隧道土壤源热泵机组通过埋于地下或岩体中的前端换热器提取周围的土壤或岩体中的热量。常用的前端换热器包括能源土工布、竖直地埋管换热器、水平U形管换热器、交联聚乙烯管换热器、PE热交换管换热器、毛细管前端换热器和TES系统前端吸收器。竖直地埋管和水平U形管是最常用的两种土壤源热泵地下换热器的形式，具有换热量大、效率高等特点，但其占地面积较大、初期投资比较高。同时，地埋管的垂直或水平埋放形式无法贴合隧道岩壁，对于堆积在隧道围岩内的热量无法高效回收，能源土工布、毛细管则可有效利用隧道围岩内的热量，热效率及稳定性也更高。TES系统是将以蜿蜒方式布置的吸收管放置于隧道节段中以使吸热潜力最大化，该系统不仅可以吸收围岩内的热量，还可以直接利用隧道内的空气废热。

2）空气源热泵。地铁或其他机动车在隧道内运行时产生的热量首先释放到隧道内空气中，然后再传递到周围的围岩及土壤中，因此使用空气源热泵是利用隧道废热的一种普遍方式，但是由于隧道内的空气温度受季节变化影响较大，其热量并不稳定，单纯依靠空气中的废热作为低品位热源无法实现热量的稳定提取，因此空气源热泵多与电加热系统或土壤源热泵复合使用以提高其运行稳定性，但这也相应地会增加系统的初期投资成本。

3）复合式热泵系统。由于我国气候分区的不同，不同城市冬夏季冷热负荷存在差异。针对夏热冬冷地区，夏季冷负荷远大于冬季热负荷，单一的地源热泵系统极有可能满足不了建筑物的全年冷热负荷需求，造成夏季向隧道围岩排热量远大于冬季从围岩取热量，长此以往将导致地源热泵无法正常运行，所以需要采取相应的复合式热泵系统进行协同。采用何种复合式热泵系统需要依据工程背景确定，例如，对于全年冷负荷占优的建筑来说（如我国上海地区），大多采用冷却塔辅助供冷的复合系统。同理，对于全年热负荷占主导的严寒地区建筑而言（如我国哈尔滨地区），可以采用可再生能源太阳能辅助供暖的复合系统。

课后习题

1. 地下工程中可以利用的新能源类型主要有哪些？
2. 传统燃油汽车及机械设备排放污染物的类型主要有哪些？
3. 列举地下工程中利用太阳能的几种形式及效益。
4. 现役矿井中热泵技术热源类型及技术手段有哪些？
5. 地铁、交通隧道热泵系统类型及用途主要有哪些？

第 9 章 地下工程碳排放计算软件

本章提要

本章介绍了地下工程碳排放计算软件技术。主要内容包括软件开发背景与环境、软件设计逻辑及原则、软件开发关键技术，以及其在地下工程碳排放领域的计算及维护。本章学习重点是了解地下工程碳排放计算软件开发相关知识及其应用。

随着计算机、计算机网络和数据库技术的飞速发展，计算机技术和信息处理日益渗透到各个技术领域，在改造传统产业、实现管理自动化等方面起着重要作用，这为建立地下工程碳排放评价技术系统，对地下工程建设施工的合理规划进行优化评价，实现低碳地下工程现代化管理及全社会信息资源共享的数字化提供了技术支持。

9.1 软件开发的背景与环境

9.1.1 评价技术系统开发背景

为应对气候变化带来的危机，我国正不断制定低碳目标和碳排放控制政策，准确的温室气体核算量化将是一切应对气候变化行动的基础工作之一。地下工程是一个涉及面广、涉及技术领域多的系统工程。在低碳建设的大趋势下，抓住地下工程的发展机遇期，建立准确的碳排放计算和评价体系，指导规划、设计人员用新技术与新材料来降低使用能耗，开展地下工程的节能减排研究与工程建设，是我国实现温室气体减排目标、建设碳排放交易市场的重要基础。

地下工程碳排放计算与评价是对地下空间工程环境影响的一种预评估，通过对地下工程各项单元过程中产生的碳排放进行分析研究，将地下工程建设和运营期间的碳排放尽可能准确地统计，旨在项目规划设计阶段对地下工程建设过程将会带来的环境影响（温室气体排放）进行定量估算。碳排放计算方法繁多，以 LCA 方法论为理论依据对隧道建设和运营期间各项单元过程中产生的碳排放进行分析，LCA 法的主要分析内容包含四个方面：确定研究目标和范围、清单分析、影响评估和解释，其核心在于确定研究目标和范围，以及清单分析。我国经过几十年的地下工程开发利用和生产实践，积累了大量信息和宝贵经验。然而，由于缺乏先进的信息利用手段，地下工程建设中产生的大量信息资源无法共享，导致技术交流延迟，影响着地下空间的开发利用过程。并且，地下工程的碳排放核算标准仍不够完善，缺少专门针对施工、运营阶段的核算标准，也缺乏对地下工程碳排放计算的配套软件。因此，开发出一款地下工程碳排放计算软件有助于通过标准化的地下工程建设碳排放量化方法，基于地下工程设计规范和工程案例，针对不同工程特点，建立工程量计算模型，明确不同设计参数下地下工程施工碳排放差异，探索设计参数变化对地下工程碳排放的影响规律，结合情景分析，给出了地下工程施工减排的对策建议，为我国地下工程低碳设计和科学减排提供理论支持和便捷方法。

9.1.2 系统目标及功能

系统将采用先进的软件开发技术和数据仓库技术建立我国地下工程（地下房屋和地下构筑物、地下铁道、公路隧道、水下隧道、地下共同沟和过街地下通道等）数据库和碳排放优化评价体系。该数据库主要是针对建筑类型、设计方案、建筑材料、施工机械等建立建设、运营、拆除等重要环节碳排放指标方面的数据库，具备信息数据的采集、处理、录入、维护、浏览、使用等功能。系统在数据库的支持下，可实现地下工程碳排放计算的优化评价，并基于网络服务器端（Windows 2000 Sever、Web 服务器、MySQL）环境中数据库访问的先进技术，可在单机或网络下运行，以实现大范围的信息共享。

9.1.3 系统开发运行环境

服务器端采用 Windows 2000 Server、XP Professional 及以上操作系统，Web 服务器（Microsoft Internet Information Server），数据库（MySQL），开发语言（PHP4.0 以上）。

客户端采用 Windows 95、98、2000、XP 浏览器（IE5.0 以上）。

9.1.4 系统开发设计原则

系统开发设计原则如下：

1）统一规划、统一设计思想、统一信息交换标准、统一技术规范。

2）采用开放式系统，最大限度地保护原始资源，并有利于系统升级。

3）应用系统工程的方法，根据实际业务需要，最优化地重组业务处理流程。

4）应用成熟的先进技术实施系统。

5）统一组织，分层建设，注重实效。

在系统支持（开发）环境方案中选择数据库设计时应考虑数据的完整性、冗余少、安全性。具体如下：

(1) 数据库管理系统（DBMS）选择原则　包括支持大规模数据库、支持数据库的集中与分布方式、数据库安全性。

系统采用 MySQL，因为 MySQL 除了满足以上要求外，其事务处理能力和误差还符合重要事务的要求，其职能服务器技术增强了服务器的数据整体性，减小了开支和维护成本。它支持高性能的、多用户的快速响应，允许同时存取多个客户信息，具有分布式数据库管理功能，支持缩放式、多服务器应用程序。MySQL 是一种关系型数据库管理系统，关系数据库将数据保存在不同的表中，而不是将所有数据放在一个大仓库内，增加了速度并提高了灵活性。MySQL 所使用的 SQL 语言是用于访问数据库最常用的标准化语言。MySQL 软件采用了双授权政策，分为社区版和商业版，由于其体积小、速度快、总体拥有成本低，尤其是开放源码这一特点，一般中小型和大型网站的开发都选择 MySQL 作为网站数据库。

在 Web 应用方面，MySQL 是 RDBMS（Relational Database Management System，关系数据库管理系统）应用软件之一。

（2）MySQL 数据库特点

1）功能强大：MySQL 中提供了多种数据库存储引擎，各个引擎各有所长，适用于不同的应用场合，用户可以选择最合适的引擎以得到最高性能，这些引擎升值可以用于处理每天访问量数亿的高强度 Web 搜索站点，MySQL 支持事务、视图、存储过程和触发器等。

2）支持跨平台：MySQL 支持至少 20 种以上的开发平台，包括 Linux、Windows、IBMAIX、AIX 和 FreeBSD 等，这使得在任何平台下编写的程序都可以进行移植，而不需要对程序进行任何修改。

3）运行速度快：高速是 MySQL 的显著特性，在 MySQL 中，使用了极快的 B 树磁盘表（MyISAM）和索引压缩；通过使用优化的单扫描多连接，能够极快地实现连接；SQL 函数使用高度优化的类库实现，运行速度极快。

（3）支持面向对象　PHP 支持混合编程方式。编程方式可分为纯粹面向对象、纯粹面向过程、面向对象与面向过程混合三种方式。

（4）安全性高　灵活安全的权限和密码系统允许主机的基本验证。连接到服务器时，所有的密码传输均采用加密形式，从而保证了密码的安全。

（5）成本低　MySQL 数据库是一种完全免费的产品，用户可以直接从网上下载。

（6）支持各种开发语言　MySQL 为各种流行的程序设计语言提供支持，为它们提供了很多 API 函数。

（7）数据库存储容量大　MySQL 数据库的最大有效容量通常是由操作系统对文件大小的限制决定的，而不是由 MySQL 内部限制决定的。InnoDB 存储引擎将 InnoDB 表保存在一个表空间内，该表空间可由数个文件创建，表空间的最大容量为 64TB，可以轻松处理拥有上万条记录的大型数据库。

（8）支持强大的内置函数　PHP 中提供了大量内置函数，几乎涵盖了 Web 应用开发中的所有功能。它内置了数据连接、文件上传等功能，MySQL 支持大量的扩展库，如 MySQLi 等，为快速开发 Web 应用提供方便。

9.2 软件设计逻辑及原则

9.2.1 评价技术系统的设计

地下工程碳排放评价技术系统是由地下工程建设模块碳排放数据库、地下工程碳排放多目标优化模型、规则库和推理机构核心部分组成的，如图 9-1 所示，共同完成对地下工程碳排放的优化评价过程。系统以几十年来各地区不同类型的地下工程生产数据积累的经验和形成的标准及不同工法所遵循的一些基本原则构成系统的数据库和规则库，再把地下工程碳排放多目标优化模型与规划设计、建筑材料生产、混凝土施工、工程开挖、排水工程、运输作业、锚杆工程等步骤判别的基本思想综合起来构成评价优化决策系统（推理机构），通过树状搜索、调用有关规则形成对碳排放量多目标优化综合评价，得出低碳地下工程建设与各个建设施工工法及材料选择的合理关系。整个系统由进入评价决策模型的路径方式、信息输出、评价决策分析、规则库、数据库管理、系统管理模块等构成。通过推理机构与规则库的规则信息互相调用进行推理评判，评价地下工程碳排放是否符合行业减排标准或要求，经过优化处理后地下工程的整体效益是否最佳化，最后通过综合推理和模型优化给出系统的初步评价。

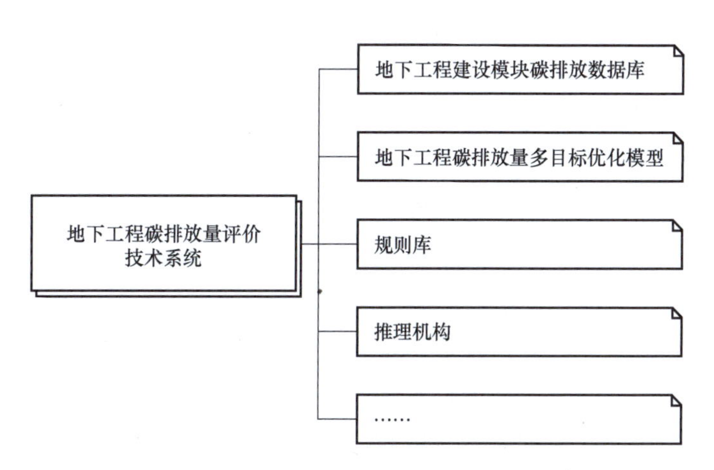

图 9-1　地下工程碳排放评价技术系统示意图

9.2.2 规则库

规则是指可以分为前提（条件）和结论两部分，用来表达因果关系的知识，它的一般形式为：如果 A 则 B，其中，A 表示前提条件，B 表示结论或应采取的动作。

由于一条规则的结论可能是另一条规则的前提条件，使用这类知识根据三段论推理形成一条推理链，在人工智能技术中获得了广泛的应用。因此，规则库是地下工程碳排放评价技术系统逻辑结构图的核心之一，规则的提取是开发评价系统过程中重要的一步。规则库中的规则是基于几十年来人们从事地下工程过程中积累的丰富经验知识、制定的相关标准，形成了一套较为完善的方法，这些知识结合评价过程所需考虑的因素，将地下工程建筑物所处的生命周期阶段按照工程类别、设计规划方案、施工工法、材料选择分类的基本思路，构造出最初的系统规则库和调用这些规则的搜索树，试着进行地下工程碳排放的优化评价，并以工程类别、区域位置、施工工法、材料选择等为重点进行系统的运算，找出差别，进而对规则库不断加以修改、完善，最后形成可用的规则库。

9.3 软件开发关键技术及应用

深度学习是利用人工神经网络，通过数据输入、权重、偏差来模仿人脑，在训练过程中从数据中学习特征信息，自适应地构建出基本规则，并用其进行各方面的预测或者分类。深度学习网络有正向传播和反向传播两个过程，两者结合使神经网络作出预测且纠正错误，随着训练次数的增加，网络就会越来越精确。

深度学习到目前为止有了很多突破性的发展成果，技术正在逐渐走向成熟，理论逐渐丰富。

人工神经网络无须事先确定输入输出之间映射关系的数学方程，仅通过自身的训练，学习某种规则，在给定输入值时得到最接近期望输出值的结果。作为一种智能信息处理系统，人工神经网络实现其功能的核心是算法。BP神经网络是一种按误差反向传播（简称，误差反传）训练的多层前馈网络（见图9-2)，其算法称为BP算法。其基本思想是梯度下降法，利用梯度搜索技术，以期使网络的实际输出值和期望输出值的误差均方差为最小。

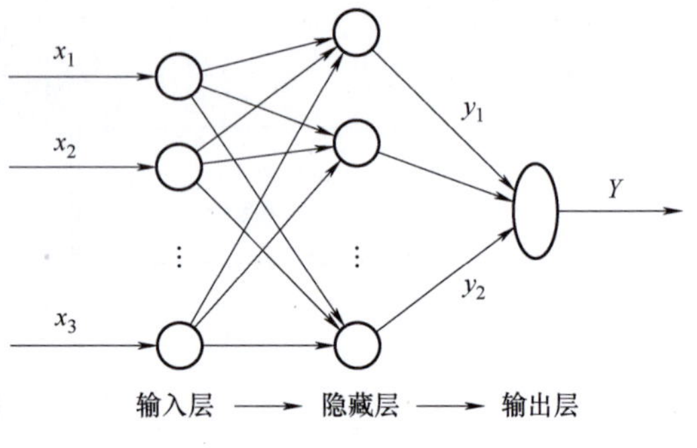

图9-2　三层BP神经网络结构图

基本BP算法包括信号的前向传播和误差的反向传播两个过程。即计算误差输出时按从输入到输出的方向进行，而调整权值和阈值则从输出到输入的方向进行。正向传播时，输入信号通过隐藏层作用于输出节点，经过非线性变换，产生输出信号，若实际输出与期望输出不相符，则转入误差的反向传播过程。误差反传是将输出误差通过隐藏层向输入层逐层反传，并将误差分摊给各层所有单元，以从各层获得的误差信号作为调整各单元权值的依据。通过调整输入节点与隐层节点的联接强度和隐层节点与输出节点的联接强度及阈值，使误差沿梯度方向下降，经过反复学习训练，确定与最小误差相对应的网络参数（权值和阈值），训练即告停止。此时经过训练的神经网络即能对类似样本的输入信息，自行处理输出误差最小的经过非线性转换的信息。

9.4 地下工程碳排放计算方法应用

地下工程的施工难度大，工艺复杂，工期长，投资大，目前已有的建筑领域碳排放计算模型难以有效适用于地下工程，因此，需要针对各地下工程的特点建立新的计算模型。不同类型的地下工程选取的碳排放计算方式也不相同，地下工程种类繁多，如地下房屋和地下构筑物、隧道、地下共同沟和过街地下通道等，软件可根据需求对不同类型的地下工程进行计算，本章主要以隧道和地下车站为例进行分析研究，可供其他类型地下工程参考借鉴。

软件将地下工程碳排放分为两阶段计算：一是建设阶段；二是运营阶段。目前地下工程碳排放计算一般用到排放系数法、物料平衡法、实测法三种方法，其中，排放系数法因其简单便捷应用最广。学者们主要采用排放系数法（也称为过程分析法）对地下工程生命周期碳排放进行量化分析。该方法的计算结果也可用于低碳地下工程多方案的比选设计。排放系数法是通过构建地下工程施工过程中各类建筑材料和能源的投入清单，将各类建材和能源的使用量分别乘上对应的碳排放因子并进行累加，即可得到隧道整个施工期产生碳排放的总体水平。

在隧道建设阶段，软件根据设计方案输入隧道的基本信息，如隧道的直径、埋深、区域位置等，进而选择合理的施工方法（如钻爆法、盾构法、TBM 等），不同的施工方法均对应若干相匹配的支护方式，软件碳排放计算通过分析汇总所有分部分项工程中所有施工建材消耗量、施工机械台班使用量及施工人员工日量，形成建材、机械和人工使用清单，再结合不同建材、机械及人工的碳排放系数，得到建设期碳排放。隧道运营阶段产生的碳排放在隧道生命周期内碳排放总量中占据了绝大部分比例，是对隧道整个生命周期碳排放影响时间最长、排放占比最大的阶段。软件将运营期碳排放区分为移动源碳排放及固定碳源排放。移动碳源排放主要由隧道内机动车辆燃烧汽油、柴油等化石能源排放出汽车尾气产生，固定源碳排放主要由隧道内照明、通风系统，灾害预警和监测系统等附属机电设施设备启停运转所需电能消耗产生。软件将主要针对固定源碳排放进行碳排放计算，将隧道运营期内碳排放主要分为隧道照明系统碳排放、隧道通风系统碳排放、隧道监控系统碳排放、隧道消防系统碳排放等。并基于国际通用的《IPCC 国家温室气体清单指南》、PAS2050 准则及相关理论等测算方式，结合针对我国发电方式结构进行修正的排放系数可对其进行碳排放测算。数据库对于材料和能源碳排放因子的取值，同一种建材或能源在不同地区的生产加工方式存在差异，不同研究机构和学者对碳排放因子的测算方法可能也有较大区别。尤其是针对电能这种二次能源来说，电能碳排放因子的大小深受当地发电方式的影响。在发电能源结构中风能、水能、太阳能等清洁能源的发电占比越高，电能的碳排放因子越小。而以煤炭为原料的火力发电相对于风力发电、核能发电等方式则会产生更多的二氧化碳，电能的碳排放因子数值也会更大。软件将根据工程所在地区结合项目实际情况优先选用项目所在地研究机构公布的数据库，并且着重考虑研究机构的权威性、期刊水平、被引用频次和公布年份等因素更新相关数据。

计算软件将地下车站及地下房屋等地下工程的碳排放仍分为两个阶段，即建设阶段和运营阶段。

地下车站建设的物质系统边界包含建设过程中所需要的各类建筑材料及由各类建材预制的建筑构件，如预制梁、柱等。建材生产过程中所需要的生产设备、水暖管道、空调设备、施工过程中采用的施工机械等生产带来的物质损耗和环境影响采用排放系数法，将当地能源结构进行综合考虑得出相对合理的碳排放因子，最终汇总得出相应的碳排放。根据主体结构施工顺序的不同，地下车站施工常见的方法有明挖法、盖挖法、暗挖法。软件将地下车站分解为多个分部分项工程和单元工序，各单元工序、分部分项工程的碳排放集成汇总后即为整个地铁车站碳排放总量，如图 9-3 所示。

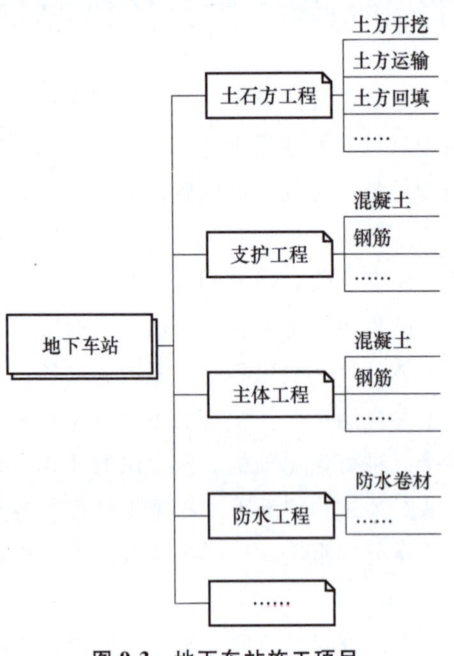

图 9-3　地下车站施工项目

软件根据设计方案输入地下车站的埋深、区域位置等，进而选择合理的施工方法（如明挖法、盖挖法、暗挖法等），不同的施工方法均对应若干相匹配的支护方式，软件碳排放计算通过分析汇总所有分部分项工程中所有施工建材消耗量、施工机械台班使用量及施工人员工日量，形成建材、机械和人工使用清单，再结合不同建材、机械及人工的碳排放系数，得到建设期碳排放。地下车站运营期间主要为固定源碳排放，由车站内照明、通风系统，灾害预警和监测系统等附属机电设施设备启停运转所需电能消耗产生。软件将主要针对固定源碳排放进行碳排放计算，将车站运营期内碳排放主要分为车站照明系统碳排放、车站通风系统碳排放、车站监控系统碳排放、车站消防系统碳排放等进行计算。

传统的碳排放计算方式清单分析工作量大，尤其是在项目前期，往往无法获得完整的建材、机械和人工使用清单，仅能获得针对分部分项工程的简略清单，若要在项目前期估算项目可能造成的碳排放几乎无法操作，随着软件数据库同类别工程项目的生产数据不断积累，结合深度学习算法，以历史数据作为主要训练样本，通过提取历史数据中的时间和空间特征，在兼顾优化性和可靠性的前提下，构建不同隧道建设期、运营期各模块和碳排放的映射关系，进一步增强在项目前期估算项目可能造成的碳排放的准确性。

9.5　地下工程碳排放软件计算及评价子模块的维护

《信息技术　软件工程术语》（GB/T 11457—2006）对软件维护定义为在软件产品交付使用后对其进行修改，以纠正故障、改进其性能和其他属性，或使产品适应改变了的环境。

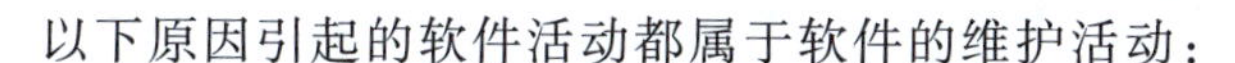
以下原因引起的软件活动都属于软件的维护活动：

1）改正在运行中新发现的错误和设计上的缺陷，这些错误和缺陷是在开发后期测试阶段未能发现的问题。

2）改进设计，以便增强软件的功能、性能，并提高软件的可靠性。

3）要求已运行的软件能适应特定的硬件、操作系统、外部设备、通信设施的工作环境要求，或是要求适应已变动的数据或文件。

4）为使投入运行的软件与其他相关的软件有良好的接口，以利于协同作业。

5）为使运行的软件应用范围得到必要的扩充。

软件维护指根据需求变化或硬件环境的变化对应用程序进行部分或全部的修改，可分为四种类型：纠错性维护（校正性维护）、适应性维护、完善性维护或增强、预防性维护或再工程。

为了及时地发现软件中的隐患，提高软件质量，我们需要对软件进行变更预测及缺陷预测。软件的变更预测与缺陷预测作为软件维护过程中的两个关键问题，能及时地发现问题之所在，从而大大降低维护过程中的人力、物力。

软件变更预测是指预测软件下一个版本中将会被改变的类，其中变更包括缺陷修复、功能增减和代码重构等。软件缺陷预测是指预测可能包含缺陷的模块和类。预测软件缺陷能及时地发现项目中的潜在缺陷，从而有针对性地进行软件维护。预测软件变更能让软件开发者和维护者更高效地利用同行评审、测试和检验等资源，其一般思路是利用相关度量元进行静态预测。由于这两个预测问题均是为了发现软件维护过程中的薄弱环节，预测技术存在着一定的共通性。静态预测技术是最早使用的缺陷预测技术，它可以从历史数据中获取有用的关联关系，从而对分布情况进行预测。常用的静态预测技术有基于度量元的预测技术、基于缺陷分布的预测技术和基于模型的预测技术。软件缺陷动态预测技术是区别于静态预测技术的另外一种预测手段。这种技术是在维护过程中对软件进行动态预测，其复杂度较之静态预测更高，所用到的度量元也比静态预测多。它通过在时间分布上对软件缺陷的情况进行统计分析和挖掘，找到软件缺陷在开发生命周期上的引入及移除规律。

课后习题

1. 什么是深度学习？
2. 地下工程碳排放计算可分为哪两个阶段？

第 10 章 地下工程固碳技术

本章提要

本章主要介绍固碳技术，包括 CO_2 的捕集技术、封存技术、生物固碳技术、工业固碳技术和建筑固碳技术。本章学习重点是了解我国固碳技术的发展现状，CO_2 捕集、封存及资源化利用的方法。

气候变化引起的各种灾害逐渐增加，尽管各国都在积极开发太阳能、核能、生物质能等新能源，但这些新能源仍没有占到主体地位。以煤、石油、天然气为主的化石能源，仍将在21世纪人类能源消耗结构中占主体地位，这就意味着21世纪直接消耗化石燃料所产生的温室气体排放量将持续增加，环境恶化的状况也将会持续加剧。为了减缓环境恶化的速度，必须采取一定的措施。而越来越多的研究强调 CO_2 本身是一种资源，特定情况下也是一种能源，CO_2 减排研究不仅是解决问题，还是一种资源（能源）开发与利用问题，需要多专业协调配合推进实施，故应将减碳研究作为体系开展研究工作，以期实现环境和资源（能源）双赢。因此，CO_2 捕集技术、封存技术及资源化利用等成为 CO_2 减排研究的重点。例如对高选择性和高活性催化剂的开发、清洁能源利用率、碳捕集和运输过程的经济性、低成本电解体系、设备材质及结构的研究等。但就目前来看，多数技术成果转化为工业应用仍任重而道远。

10.1 CO_2 捕集技术

二氧化碳的捕集是指通过各种气体分离技术，将大型工业端 CO_2 排放源，例如发电站、钢铁厂和水泥厂等排放的 CO_2 气体捕集、浓缩并收集，之后进行压缩储存，达到避免其排放到大气中的一种技术手段。根据 CO_2 分离和回收方法不同，捕集技术存在不同的技术路线，主要包括了燃烧前捕集技术、富氧燃烧技术和燃烧后捕集技术。

10.1.1　燃烧前捕集技术

燃烧前捕集技术主要应用于整体煤气化联合循环（IGCC）中，其典型系统构成如图 10-1 所示。

主要操作是将煤高压富氧气化变成煤气，再经过水煤气的变化产生二氧化碳和氢气。反应方程式如下：

$$C+H_2O = CO+H_2$$

$$CO+H_2O = CO_2+H_2$$

IGCC 过程中气体压力和 CO_2 的浓度都很高，很容易对 CO_2 进行捕集，剩下的 H_2 可以被当作燃料。IGCC 的装置主要包括煤预处理系统、气化炉、空分装置、低热值燃气轮机和蒸汽轮机。主要运行流程是煤经预处理，空分装置分离氧气和氮气，随后预处理后的煤进入高温高压的气化炉进行煤气化反应，之后混合气进入净化系统（如脱硫和二氧化碳捕集），最后气体进入燃气轮机——蒸汽轮机——余热锅炉发电。

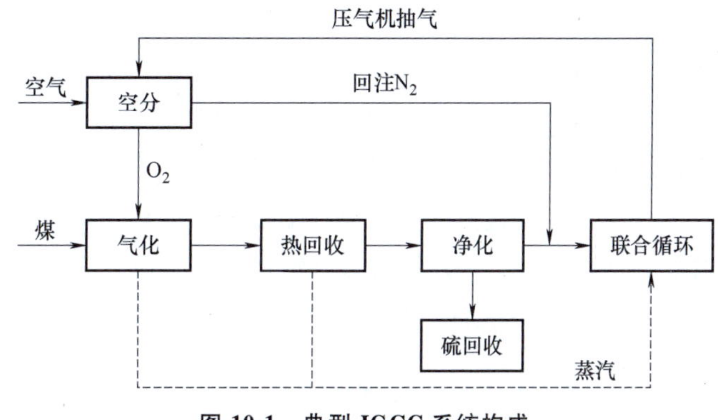

图 10-1　典型 IGCC 系统构成

气化炉的主要作用是将煤转化为水煤气，气化炉主要包括喷流床气化炉、流化床气化炉、固定床气化炉与熔融床气化炉四类。空分装置是 IGCC 的耗能大户，故空分装置对 IGCC 整个系统的影响最大，在 IGCC 中一般采用深度冷冻法来制取氧气。空分装置可分为高压完全整体化系统和低压独立空分系统。低热值燃气轮机应用于 IGCC 时，唯一不同的就是燃料由天然气变为了煤气，其热值约为天然气的 1/4~1/3。燃气轮机采用的主要是稀释扩散燃烧的方式。煤气进入燃气轮机，加热气体工质以驱动燃气透平做功，燃气轮机排气进入余热锅炉加热给水，产生过热蒸汽驱动蒸汽轮机做功。

IGCC 的捕集系统小，能耗低，在效率及对污染物的控制方面有很大的潜力，另外气化炉产出的合成气中 CO_2 浓度高，便于捕集和利用。但是此技术尚未完全成熟，仍面临着比投资成本太高，发电成本高，难以实现盈利，世界上多处 IGCC 电厂都处于亏损状态。另外，IGCC 技术由于空分系统耗能大，发电效率也比普通燃煤电厂低。总之，IGCC 是一项清洁的燃煤技术，对环境影响较小，但技术总体有待于进一步提高。

10.1.2　富氧燃烧技术

富氧燃烧技术采用传统燃煤电站的技术流程，但通过制氧技术将空气中大比例的氮气脱除，直接用高浓度的氧气与烟气的混合气体来替代空气，这样得到的烟气中会有高浓度的二氧化碳气体，便于收集和储存。NO、O_2、H_2O 共存时会发生如下反应：

$$2NO+O_2 = 2NO_2$$

$$2NO_2+H_2O = HNO_2+HNO_3$$

$$2NO_2 = N_2O_4$$

$$3HNO_2 = HNO_3+2NO+H_2O$$

在常压且无催化剂的条件下，烟气中极低浓度的 NO 氧化为 NO_2 的速率慢，常规空气燃烧锅炉烟气中 NO、O_2、H_2O 共存而不能转换为硝酸。根据 NO 氧化反应动力学机理，在高压低温下 NO 的氧化速率会大幅提高，最终 NO_2 会在吸收中完成吸收和转化。因此，这种回收工艺不需要其他化学药剂参与。利用该技术既可省去 NO_x 低燃烧器以降低投资，还可以资源化回收利用 NO 产生可观的经济效益，从而降低富氧燃烧的发电成本。

这个技术的优点是降低燃点温度和减少燃尽的时间，提高了燃烧速率、燃尽率，降低了燃烧后的烟气量，NO_x 的排放量减少。发达国家目前使用较多。总的来说，富氧燃烧技术是一项高效节能的燃烧技术，但该技术面临的最大问题是制氧技术的投资和能耗太高。

10.1.3 燃烧后捕集技术

燃烧后捕集技术是指对燃料燃烧后产生的烟气进行 CO_2 的分离回收。由于目前燃煤电厂锅炉都是采用空气作为助燃剂，锅炉烟气的 CO_2 浓度通常都低于 15%，相应的 CO_2 捕集能耗通常较高。但即使有能耗相关的问题，燃烧后捕集技术仍然是目前最成熟、最有希望直接大规模应用的技术，同时可基于现有的电站系统进行技术改造。燃烧后 CO_2 捕集还可按照不同的分离方法具体分为吸收法、吸附法、低温分离法、膜分离法、矿物碳封存法。

1. 吸收法

吸收法是通过液态吸收剂来分离含有 CO_2 的多组分混合气，以吸收过程中是否有化学反应发生分为化学吸收和物理吸收。

1）化学吸收法。化学吸收法是指利用吸收剂与 CO_2 发生化学变化来吸收 CO_2，改变条件后再将 CO_2 从吸收液中分离出来的方法。常见的吸收剂有碱液（氨水、氢氧化钠、氢氧化钾溶液等）、碳酸钾、有机胺（MEA、DEA、MDEA 等）。化学吸收法虽捕集效果良好，但其能耗大、对设备腐蚀严重，在选择时需要特殊问题特殊分析。

2）物理吸收法。在一定条件下（一般为低温高压），采用有机溶剂来吸收 CO_2，通过改变压力和温度来释放溶剂中的 CO_2 并实现溶剂再生。常见的溶剂有甲醇、碳酸丙烯酯、聚乙二醇二甲醚等。物理吸收法的能耗低，溶剂可闪蒸再生，但是其选择性弱，更适用于煤气化联合循环发电系统等 CO_2 含量相对较高的烟气。

目前应用最普遍的是以乙醇胺为吸收剂进行 CO_2 吸收，这种方法效率高、稳定性好、选择性强、产品纯度高，但吸收、分离过程能耗高达 4GJ/t，属于高能耗过程。

2. 吸附法

吸附法是基于气体或液体与固体吸附剂表面上的活性位点之间分子之间的引力来实现的，具体可分为物理吸附法、化学吸附法两类。

1）物理吸附法。物理吸附法包括变温吸附、变压吸附、变温变压吸附。物理吸附法主要是利用了吸附剂的选择性，当吸附剂处于低温（或高压）状态下，对气体中二氧化碳进

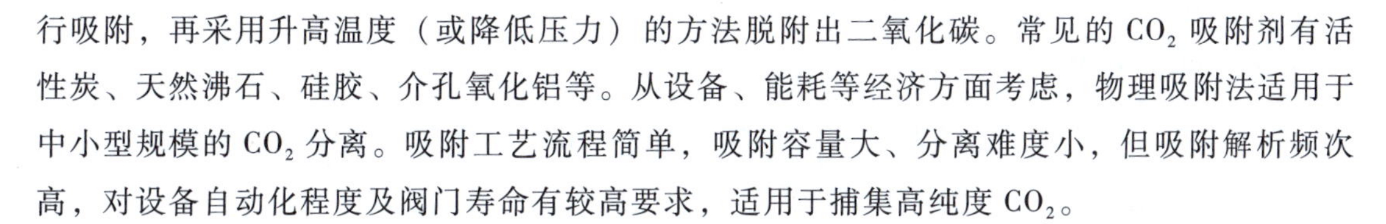

行吸附，再采用升高温度（或降低压力）的方法脱附出二氧化碳。常见的 CO_2 吸附剂有活性炭、天然沸石、硅胶、介孔氧化铝等。从设备、能耗等经济方面考虑，物理吸附法适用于中小型规模的 CO_2 分离。吸附工艺流程简单，吸附容量大、分离难度小，但吸附解析频次高，对设备自动化程度及阀门寿命有较高要求，适用于捕集高纯度 CO_2。

2）化学吸附法。化学吸附法是指混合气体中的 CO_2 与固体材料产生化学变化继而达到分离目的的一种方法。化学吸附法与物理吸附法相比，吸附量更大，但是成本更高，更加适合应用于中小型规模的 CO_2 分离。

3. 低温分离法

低温分离法利用不同气体在低温溶剂中溶解度不同进行气体分离，在煤化工行业应用广泛，如低温甲醇洗技术，该方法存在捕集过程能耗和成本高的问题。

4. 膜分离法

膜分离法是指利用某些高分子的聚合材料制成薄膜，利用薄膜的吸附选择性和膜内溶解、扩散的浓度的差异进行分离。常用的高分子聚合材料有聚酰亚胺、醋酸纤维等。膜分离法具有无相变、低耗能等诸多优点，但其耐热性能较差。膜分离法具有装置简单、操作方便、成本低、技术成熟的优势，但单独应用难以得到高纯度 CO_2，在工业应用中一般将膜分离法（粗分离）与吸附法（精分离）结合起来进行混合气中二氧化碳的分离，这样可得到纯度比较高的 CO_2。

5. 矿物碳封存法

矿物碳封存法属于目前更具应用性的方法。矿物碳封存法是利用矿物浆料来吸收 CO_2，使其以稳定的碳酸盐形式存在。自然界中存在的很多含 Ca、Mg、Cu 等的矿物存在量可观且来源广，所以原料的采用会相当方便并且成本也相对来说可控制。用于二氧化碳封存的矿石来源丰富、含量多、储存量大、价格低廉，而其生产出的碳酸盐产品在生活、工业生产中却有相当大的用途，所以可带来可观的经济效益。矿物碳封存法可分为直接碳化法和间接碳化法两类。

1）直接碳化法。直接碳化法是指矿物粉溶于水中形成矿物粉料浆，矿物粉料浆直接吸收二氧化碳生成碳酸盐沉淀。

2）间接碳化法。间接碳化法是指利用酸或碱溶解矿物质，从中提取 Ca^{2+}、Mg^{2+} 等离子，再进行碳酸化反应。

10.2　CO_2 封存技术

CO_2 封存技术是指通过工程技术手段将气态、液态或超临界 CO_2 运输、封存到指定的地点，使之进一步与岩层中的碱性氧化物反应生成碳酸盐矿物质的过程。目前主要的 CO_2 封存技术有地质封存和海洋封存等。

10.2.1 地质封存

地质封存一般是将超临界状态的 CO_2 注入地质结构。地质封存主要包括物理封存和化学封存两种基本机制。其中物理封存是指通过底层构造压力、地下水动力、流体密度差、盖层岩石孔隙毛细压力及矿物吸附等共同作用下，将超临界 CO_2 捕获于储层（储集层）顶部孔隙中。被捕获于储层中的一部分 CO_2 以溶解态分布于地下水中并随地下水以极低的速度运移，另一部分可能会被吸附于特殊岩层表面。化学封存是指储层中岩石矿物、地下水溶液与注入的超临界 CO_2 流体在一定的温度和压力条件下发生缓慢的化学反应，生成碳酸盐矿物或者碳酸氢根离子，从而把二氧化碳转化为新的物质固定下来。

物理封存很容易受到地质构造、地应力状态、地下水动力特征及工程活动扰动等因素的制约，物理捕获 CO_2 只是将 CO_2 暂时储存在地下岩层中。化学方式适用于长期封存 CO_2。但是，这种地球化学反应生成碳酸盐通常需要几百年甚至上千年，并且超临界 CO_2 会破坏用于筑造限制井的混凝土材料进而发生泄漏。超临界 CO_2 也可以移动，因此应在限制井与地下含水层之间建立格栅以防止其污染饮用水含水层。

另外，也可将 CO_2 储存在废弃的油井和气井中，多年来人类已成功将气态 CO_2 注入油气田以实现再度开采油。但是，将气态 CO_2 储存在地层中会降低地层的储存能力，并且化石燃料的储备量也只够维持几十年的使用。

10.2.2 海洋封存

海洋封存主要是利用海底地质构造封存 CO_2，工业生产过程产生的大量含有 CO_2 的废气，经分离捕捉系统后，使之浓缩液化，运输到指定地点，再通过管道将其注入特定深度的海洋中，利用海水将其与地球大气层隔离，从而达到封存的目的。当前，美国、加拿大等国家开展海洋封存 CO_2 的项目研究与实践，初步研究表明该技术具有很好的可行性及经济性。

CO_2 在深海中的浓度小于 0.1kg/m^3，远远小于其饱和溶解度 40kg/m^3，利用海洋封存 CO_2 同样具有很大潜力，初步估计可容纳量约为 40000Gt CO_2，在 10℃ 和 5MPa 时，CO_2 在 500m 的深海洋中呈液态，当深度达到 3000m 时，CO_2 密度将大于水而沉入海底。

由于 CO_2 气体的性质和输送管道技术的限制，主要研究重点为将 CO_2 注入海水，再将其送到深海约 400m 处，随着时间延长，它将沉入海底，形成 $CO_2\cdot 6H_2O$、$CO_2\cdot 8H_2O$ 笼状物，在海洋底部形成一种“CO_2 湖”。在海洋中，CO_2 与海水之间可能存在的反应如下：

$$CO_2+H_2O \rightleftharpoons H_2CO_3 \rightleftharpoons HCO_3^-+H^+ \rightleftharpoons CO_3^{2+}+2H^+$$

海洋封存有液态封存和固态封存两种方式。液态封存是指将 CO_2 以液态形式通过管道送至海洋某个深度，以确保该形态长期不发生变化；固态封存是指将 CO_2 以固体水合物形态输送并封存于海洋底部的方式。对于液态封存的关键点在于，尽可能降低 CO_2 溶解于海水中，以避免对海洋生态环境产生不利影响，而固态封存主要存在的问题是 CO_2 固态水合物的迅速形成及输送技术等。

当前，海洋封存存在的主要问题是 CO_2 封存所引起的海洋酸化，以及由酸化引发的对海洋生态的影响，有关这方面的问题还有待于进一步深入研究。

不同封存方法的优势与不足，见表 10-1。

表 10-1　不同封存方法的优势与不足

封存方法	优势	不足
含水层	储存容量最大，地下保存时间长，环境友好	成本较高
地下油层	增加石油产量	CO_2 保存时间较短
地下煤层	增加甲烷产量，封存 CO_2 气体时间持久	需慎重对待温室气体甲烷逃逸到大气中的量
废弃的油井和气井	由废弃的油井、气井的生产量获知 CO_2 的储存量，减少风险因素；基础设施存在较少投资成本	废弃的油井中总有残留的石油，依赖技术改进和经济条件，未来可再生，气井不存在该问题
海洋封存	覆盖面积广，储存空间广阔	需考虑对环境的影响，海洋封存的 CO_2 可能重返大气层，在未来解封和释放时，可能会产生爆炸等潜在的安全危险

10.2.3　捕集封存与利用技术

大规模捕集 CO_2 后进行地质埋存，被称为 CO_2 捕集和封存技术，即 Carbon Capture and Storage（简称 CCS）。由于 CO_2 捕集与封存技术成本高、生态环境风险高，且短期内并不能从根本上解决 CO_2 存在的问题，所以科研人员更看好 CO_2 捕集、利用与封存技术，即 Carbon Capture，Utilization and Storage（简称 CCUS），把工业生产过程中排放的 CO_2 捕集后提纯，继而投入到新的工业生产过程中，进行循环再利用，而不是简单进行长期封存。与 CCS 相比，这一技术可实现 CO_2 资源化，在再利用过程中产生经济效益，具有更好的现实意义。例如通过生物作用制备生物燃料、吸收 CO_2 气体肥料等，通过物理作用将 CO_2 用于食用 CO_2、干冰、保护气体等，或者通过化学作用制备碳酸盐、碳酸氢盐、尿素、甲醇、碳酸酯、高碳醇、长链羧酸等。

10.3　生物固碳技术

生物固碳技术是指绿色植物和藻类（细菌）通过光合作用同化 CO_2 和水制造有机物质，具有良好的可持续发展意义，是最有效的固碳方式之一。生物固碳技术具有的优点：以较低成本吸收相对较大体积的二氧化碳气体；保护或改善土壤、水资源、生物栖息地和维持生物多样性；促进和发展可持续的农业和林业。

生物固碳技术的主要途径有森林吸收法和藻类吸收法。

1）森林吸收法。森林作为天然的吸收池可以将 CO_2 捕获到树木的纤维结构和腐殖质中。在美国约有600座发电厂，每座发电厂平均每年产生400万t二氧化碳，而种植能够吸收如此数量二氧化碳的森林所需要的土地、能源和成本是难以实现的。除成本较高外，储存在土壤中的碳会被快速氧化而进入大气或水体中。由于森林火灾、树木倾倒或严重的毁坏使储存在森林中的碳最长几十年就会被释放，如“卡特里娜”飓风摧毁了墨西哥湾沿岸森林约320万棵树木。

2）藻类吸收法。藻类（包括真核藻类和蓝藻）仅占全球生物的0.5%，却产生了全球约70%的氧气。这意味着大量的CO_2通过光合作用被固定在藻类生物质中。藻类的生长周期明显小于陆地生物，3~5天可以使其质量增加1倍。蓝藻的细胞倍增时间仅有4h左右。与此同时，藻类富含丰富的脂质，可用于生产生物燃料。蓝藻和微藻吸收二氧化碳的潜能是可观的，通过理论计算，每kg微藻可以捕获约近1.83kg的CO_2。蓝藻和微藻可以提供三种可持续的吸收二氧化碳的解决方案，即生物质的附加值，如生产单细胞蛋白；用于生产可再生燃料（生物燃料或沼气生物质能）；用于生产重组蛋白的寄主细胞。

10.3.1 CO_2的固定机理

微藻类似植物，也通过光合作用固定CO_2。光合作用主要是经过光能转化反应和酶的催化，将CO_2与光产生的高能化合物和还原力转换成有机物，而有机物再经由生物自身转换成能量或自身的结构物质。光合反应包括两大阶段：一是光反应阶段，产生氧分子、高能化合物ATP和还原力NADPH；第二个是暗反应阶段，即固定CO_2的卡尔文循环阶段，利用在光反应阶段中产生的ATP和NADPH还原CO_2形成碳水化合物。

对于真核微藻来说，光合作用发生在其质体（叶绿体）中，其中光反应在类囊体的膜上进行，而碳固定则在叶绿体的基质中进行。而对于原核微藻，由于其无结构上有序的亚细胞质体结构，光反应在其类囊体膜上进行，碳固定则在细胞质基质中进行。

光反应阶段主要包括光合色素蛋白复合体吸收转化光能、传递电子、高能化合物ATP和还原力NADPH的合成。暗反应阶段主要是基于光反应所产生的高能化合物ATP为能量，以NADPH为还原力，通过各种酶的氧化还原反应，将空气中的CO_2固定，形成储存在生物体内的碳水化合物，该阶段称作卡尔文循环（Calvin Cycle）。

10.3.2 人工固碳

天然固碳途径存在一些缺陷，如固碳酶活性低导致途径的固碳效率较低；需要经过多步反应，对固碳效率有较大影响；有些天然固碳途径的固碳酶比较复杂且难以异源表达等。这些问题影响了天然固碳途径的应用。

近年来，在合成生物学思想指导下，人工固碳途径得到广泛重视。大多数研究集中在利用天然固碳途径来固定CO_2生产化学品，或对天然固碳途径进行改造来提高它们的固碳效率。从设计新的高效人工固碳途径角度来看，固碳酶的选择和设计是关键。天然固碳途径中一些酶活性很高，如磷酸烯醇式丙酮酸羧化酶等。除了这些酶外，大自然中可以固碳的羧化酶非常多，其中有一些酶活性很高，但是在生物进化的过程中却并没有用于固碳途径中。以这些高活性的羧化酶为基础，有可能设计出更高效的人工合成固碳途径，提高固碳途径的效率。因此，挖掘或设计新型、高效固碳酶，并用于人工固碳途径的设计与应用，是重要的方向。

10.4 工业固碳技术

碳及碳材料与人类生活及工业生产密不可分，既然 CO_2 排放如此巨大，换个角度，可以考虑将它作为一种清洁廉价的碳源，即对 CO_2 进行资源化利用。CO_2 可以经过提纯作为饮料、香烟的添加剂和焊接的保护气，也可以经过适当反应转化为可利用的化学品。

1. 化学法（加氢化与非加氢化）

CO_2 是一种强的亲电试剂，可以与亲核试剂及碱反应生成含碳化合物。由于 CO_2 中的碳处于最高氧化态并且能级很低，是一种非常稳定的化合物。要改变 CO_2 中碳的能级，必须从外界施加能量。工业上每年通过化学法利用 CO_2 约 1.2×10^7t，主要生产尿素、甲醇、无机碳酸盐、有机碳酸盐、水杨酸、食品及在技术上使用。合成尿素所需的 CO_2 大约占工业上需求 CO_2 的 50%。

2. 光化学法

光化学法主要是模拟植物光合作用，利用能够接受太阳光能量的催化剂来催化 CO_2 生成含碳化合物。过渡金属的络合物通常被用来作催化剂，比如金属钌、钴的络合物就是一种很好的光催化剂。

3. 化学和电化学还原法

由于 CO_2 中碳的能级非常低，改变 CO_2 中低能级的方法可通过与高能级、提供电子能力强的还原剂反应，或者在电解质溶液中通过改变电极的电位来降低电极的费米能级从而使 CO_2 可以在电化学界面得电子而被还原。用化学方法还原 CO_2 的还原剂一般是 C 或者氧气，在高温和添加催化剂条件下还原 CO_2。电化学反应主要发生在电极表面，在常温介质（水溶液体系和离子液体体系）中采用催化剂来加快 CO_2 还原的动力学过程。高温熔盐电解质往往具有宽的电位窗口，在高温条件下电化学还原 CO_2 的热力学和动力学过程都可能是比较有利的。

4. CO_2 与甲烷重整

合成天然气是通过 CO_2 与甲烷反应制得。反应温度一般控制在 800~1000℃，用镍基催化剂（Ni/MgO，$Ni/MgAl_2O_3$ 等），此反应强烈吸热，不需要水蒸气，称为干法重整。

5. 无机吸收

CO_2 是一种酸性气体，可以与碱性溶液反应而被吸收。常用碱性溶液 $Ca(OH)_2$、KOH 吸收 CO_2 生成碳酸钙和碳酸钾。工业上每年需要大量的碳酸，利用石灰乳吸收 CO_2 既可起到固定作用，又可以实现其资源化。然而考虑到制备生石灰过程要释放等量的 CO_2，所以石灰乳吸收法从全程来看不能做到 CO_2 的减排。

10.5 建筑固碳技术

混凝土的碳化反应机理是由于混凝土材料中水泥产物与空气中的 CO_2 产生的化学反应。水泥熟料的主要成分为 CaO，在其水化过程中生成水化硅酸钙（$CaO \cdot 2SiO_2 \cdot 3H_2O$，简称 CSH）与氢氧化钙［$Ca(OH)_2$］。随着水分蒸发，在混凝土内部会形成大小不一的孔隙，环境中的 CO_2 沿孔隙扩散到混凝土内部，与水化后的物质反应生成稳定的碳酸钙（$CaCO_3$）与其他物质。

在建筑使用寿命期间，建筑对 CO_2 的吸收量预计占混凝土生产阶段碳排放的 4.29%左右，占水泥生产的 4.91%；将时间无限延长后即生命周期建筑的固碳潜力占同期水泥碳排放的 41.76%。

10.6 地下工程中的固碳

由于城市地下空间本身具有密闭特性，相对地上空间更加易于捕集 CO_2。直接空气捕集（DAC）技术利用化学吸附材料和物理吸附材料等可实现对分布源排放的 CO_2 进行捕集。相较于地上空间，地下空间更加密闭，与空气直接接触流通的面积有限，且需要辅以通风设备进行室内外空气交换。通过在地下工程通风设施中增加碳捕集设备，如采用液体吸收、固体吸附和膜分离等碳捕集技术，完成对城市地下基础设施运维过程中产生温室气体的收集工作。加大对常温下物理吸附剂的吸附性效果进行研究，开展对高效低成本设备的开发，解决材料吸附效果好但成本高、吸附材料再生容易但吸附效果较差的问题。利用土壤本身的碳捕集能力，研发地基固碳封存技术，可以有效推进地下基础设施碳捕集与封存工作。

课后习题

1. 简述 CO_2 捕集技术的类型及其原理。
2. 简述不同封存技术的优点和缺点。
3. 简述生物固碳和化学固碳的主要途径。

参 考 文 献

[1] 中华人民共和国交通运输部. 公路工程预算定额：JTG/T 3832—2018 [S]. 北京：人民交通出版社股份有限公司，2018.

[2] 中华人民共和国交通运输部. 公路工程机械台班费用定额：JTG/T 3833—2018 [S]. 北京：人民交通出版社股份有限公司，2018.

[3] 中华人民共和国交通运输部. 公路隧道设计规范：第一册　土建工程：JTG 3370. 1—2018 [S]. 北京：人民交通出版社股份有限公司，2018.

[4] 中华人民共和国交通运输部. 公路隧道照明设计细则：JTG/T D70/2-01—2014 [S]. 北京：人民交通出版社股份有限公司，2014.

[5] 中华人民共和国交通运输部. 公路隧道通风设计细则：JTG/T D70/2-02—2014 [S]. 北京：人民交通出版社股份有限公司，2014.

[6] 中华人民共和国国家质量监督检验检疫总局. 用蒙特卡洛法评定测量不确定度：JJF 1059. 2—2012 [S]. 北京：中国质检出版社，2013.

[7] 中华人民共和国交通运输部. 载货汽车运行燃料消耗量：GB/T 4352—2022 [S]. 北京：中国标准出版社，2022.

[8] 中华人民共和国交通运输部. 载客汽车运行燃料消耗量：GB/T 4353—2022 [S]. 北京：中国标准出版社，2022.

[9] 中华人民共和国住房和城乡建设部. 建筑碳排放计算标准：GB/T 51366—2019 [S]. 北京：中国建筑工业出版社，2019.

[10] 中国工程建设标准化协会. 建筑碳排放计量标准：CECS 374：2014 [S]. 北京：中国计划出版社，2014.

[11] 中华人民共和国信息产业部. 信息技术 软件工程术语：GB/T 11457—2006 [S]. 北京：中国标准出版社，2006.

[12] GUSTAVSSON L，JOELSSON A，SATHRE R. Life cycle primary energy use and carbon emission of an eight-storey wood-framed apartment building [J]. Energy and Buildings，2010，42 (2)：230-242.

[13] BLENGINI G A，CARLO T D. The changing role of life cycle phases，subsystems and materials in the LCA of low energy buildings [J]. Energy and Buildings，2010，42 (6)：869-880.

[14] 杨馨. 基于建筑全生命周期碳排放的某工程生态改良实证研究 [D]. 广州：华南理工大学，2017.

[15] 阴世超. 建筑全生命周期碳排放核算分析 [D]. 哈尔滨：哈尔滨工业大学，2012.

[16] 陈莹，朱嬿. 住宅建筑生命周期能耗及环境排放模型 [J]. 清华大学学报（自然科学版），2010，50 (3)：325-329.

[17] 王霞. 住宅建筑生命周期碳排放研究 [D]. 天津：天津大学，2012.

[18] 王上. 典型住宅建筑全生命周期碳排放计算模型及案例研究 [D]. 成都：西南交通大学，2014.

[19] RODRÍGUEZ R，PÉREZ F. Carbon footprint evaluation in tunneling construction using conventional methods [J]. Tunnelling and Underground Space Technology，2020，108 (2017)：103704.

[20] HUANG L Z，JAKOBSEN P D，BOHNE R A，et al. The environmental impact of rock support for road tunnels：the experience of Norway [J]. Science of the Total Environment，2020，172：136421.

[21] 李乔松，白云，李林．盾构隧道建造阶段低碳化影响因子与措施研究［J］．现代隧道技术，2015，52（3）：1-7.

[22] 徐建峰，等．2016中国隧道与地下工程大会（CTUC）暨中国土木工程学会隧道及地下工程分会第十九届年会论文集［C］．成都：现代隧道技术出版社，2016.

[23] 郭春，等．2016中国隧道与地下工程大会（CTUC）暨中国土木工程学会隧道及地下工程分会第十九届年会论文集［C］．成都：现代隧道技术出版社，2016.

[24] 徐建峰．公路隧道施工碳排放计算方法及预测模型研究［D］．成都：西南交通大学，2021.

[25] 陈冲．基于LCA的建筑碳排放控制与预测研究［D］．武汉：华中科技大学，2013.

[26] 潘秀．我国交通运输业碳排放影响因素及预测研究［D］．徐州：中国矿业大学，2018.

[27] 何涛．基于低碳化发展的区域交通碳排放影响因素分析及预测研究［D］．天津：河北工业大学，2017.

[28] 陈灵均．公路隧道交通碳排放特性与影响机制研究［D］．重庆：重庆交通大学，2017.

[29] 郭婧．基于低碳条件的高速公路交通流及运营研究［D］．西安：长安大学，2015.

[30] 潘国兵，刘圳，李灵爱．公路隧道节能照明研究现状与展望［J］．照明工程学报，2017，28（1）：102-106.

[31] 库向阳．基于智能优化算法的通风网络优化算法研究［M］．西安：西北工业大学出版社，2012.

[32] 曹正卯．长大隧道与复杂地下工程施工通风特性及关键技术研究［D］．成都：西南交通大学，2016.

[33] 卢毅，付帅，李论之．矩形大断面水下隧道射流风机布设位置优化仿真［J］．公路交通科技，2021，38（3）：81-86.

[34] 徐志胜，王蓓蕾，孔杰，等．风机横向布置间距对公路隧道污染物分布的影响研究［J］．安全与环境学报，2021，21（1）：321-327.

[35] 储诚赞，刘玉新，燕凌．公路隧道节能方式探究［J］．现代隧道技术，2016（1）：23-27.

[36] 王亚琼，谢永利，赖金星．隧道钠灯与LED灯组合照明试验研究与应用［J］．地下空间与工程学报，2009，5（3）：505-509.

[37] 朱旻，孙晓辉，陈湘生，等．地铁地下车站绿色高效智能建造的思考［J］．隧道建设（中英文），2021，41（12）：2037-2047.

[38] 许昱旻，郭春．基于移动平均和神经网络的公路隧道运营通风折减率修正研究［J］．现代隧道技术，2022，59（S1）：121-127.

[39] 张文俊，郑国平，范媛媛．基于自动追踪的公路隧道太阳能光伏发电照明试验研究［J］．低碳世界，2022，12（5）：133-135.

[40] 马哲，徐琨，方勇刚．公路隧道太阳能自然通风系统设计与实现［J］．交通节能与环保，2017，13（4）：45-48.

[41] 郑晅，郭大伟，李雪．公路隧道竖井-集热棚-烟囱三段式自然通风节能模型及应用［J］．科学技术与工程，2020，20（33）：13872-13880.

[42] 贺晓彤．城市轨道交通明挖车站建设碳排放计算及主要影响因素分析［D］．北京：北京交通大学，2015.

[43] 郭飞，孔恒，孙凯悦，等．地铁深大基坑施工碳排放计算方法［J］．隧道建设（中英文），2022，42（S2）：197-206.

[44] 黄旭辉．地铁土建工程物化阶段碳排放计量与减排分析［D］．广州：华南理工大学，2019.

[45] 杨梦宁. 软件维护中的关键预测问题研究 [D]. 重庆：重庆大学，2016.

[46] 黄斐超. 建设工程施工阶段碳排放核算体系研究 [D]. 广州：广东工业大学，2017.

[47] 关睿. 定制工业软件维护方法研究与应用 [D]. 重庆：重庆大学，2014.

[48] 杨君. 中国交通运输业碳排放测度及减排路径研究 [D]. 南昌：江西财经大学，2022.

[49] 栗明宏. 低浓度 CO_2 工业尾气矿化固碳工艺研究 [D]. 石家庄：河北科技大学，2018.

[50] 魏义杭，佟博恒. 二氧化碳的捕集与封存技术研究现状与发展 [J]. 应用能源技术，2015 (12)：36-39.

[51] 李沛颖，石铁矛，王梓通，等. 基于碳化机理的混凝土建筑固碳量预测模型研究 [J]. 建筑技术，2020，51 (3)：351-353.

[52] 尹华意. 基于高温熔盐化学的减碳和固碳技术研究 [D]. 武汉：武汉大学，2012.

[53] 黄浩. 基于水化惰性胶凝材料的 CO_2 矿化养护建材机制研究 [D]. 杭州：浙江大学，2019.

[54] 李岨. 重组聚球藻固碳和生产海带多糖酶的研究 [D]. 北京：中国地质大学，2017.

[55] 刘永强，赵晓明，张文敬. 浅谈二氧化碳减排技术现状及研究进展 [J]. 纯碱工业，2022 (4)：3-7.

[56] 王国盛，季港澳，路德春，等. 城市地下基础设施低碳发展策略研究 [J]. 中国工程科学，2023，25 (1)：30-37.

[57] 杨博. 普通小球藻稳定遗传体系的建立及基因改造其光合固碳效率的研究 [D]. 广州：华南理工大学，2016.

[58] 肖璐，李寅. 生物固碳：从自然生物到人工合成 [J]. 合成生物学，2022，3 (5)：833-846.

[59] 杨磊. 燃煤电厂烟气固碳研究 [D]. 天津：南开大学，2012.

[60] 徐祥. IGCC 和联产的系统研究 [D]. 北京：中国科学院研究生院，2007.